JN094728

			18
			2He ヘリウム 4.003

13	14	15	16	17	
5B ホウ素 10.81	6C 炭素 12.01	7N 窒素 14.01	8O 酸素 16.00	9F フッ素 19.00	10Ne ネオン 20.18
13Al アルミニウム 26.98	14Si ケイ素 28.09	15P リン 30.97	16S 硫黄 32.07	17Cl 塩素 35.45	18Ar アルゴン 39.95

0	11	12						
Ni ケル .69	29Cu 銅 63.55	30Zn 亜鉛 65.38	31Ga ガリウム 69.72	32Ge ゲルマニウム 72.63	33As ヒ素 74.92	34Se セレン 78.97	35Br 臭素 79.90	36Kr クリプトン 83.80
Pd ウム 6.4	47Ag 銀 107.9	48Cd カドミウム 112.4	49In インジウム 114.8	50Sn スズ 118.7	51Sb アンチモン 121.8	52Te テルル 127.6	53I ヨウ素 126.9	54Xe キセノン 131.3
Pt 金 5.1	79Au 金 197.0	80Hg 水銀 200.6	81Tl タリウム 204.4	82Pb 鉛 207.2	83Bi* ビスマス 209.0	84Po* ポロニウム (210)	85At* アスタチン (210)	86Rn* ラドン (222)
Os* タチウム 81)	111Rg* レントゲニウム (280)	112Cn* コペルニシウム (285)	113Nh* ニホニウム (278)	114Fl* フレロビウム (289)	115Mc* モスコビウム (289)	116Lv* リバモリウム (293)	117Ts* テネシン (293)	118Og* オガネソン (294)

Gd	65Tb	66Dy	67Ho	68Er	69Tm	70Yb	71Lu
ニウム 7.3	テルビウム 158.9	ジスプロシウム 162.5	ホルミウム 164.9	エルビウム 167.3	ツリウム 168.9	イッテルビウム 173.0	ルテチウム 175.0
Cm*	97Bk*	98Cf*	99Es*	100Fm*	101Md*	102No*	103Lr*
リウム 17)	バークリウム (247)	カリホルニウム (252)	アインスタイニウム (252)	フェルミウム (257)	メンデレビウム (258)	ノーベリウム (259)	ローレンシウム (262)

は安定同位体が存在しない.
たのは放射性同位体の質量数の一例である.
のために独自に4桁に端数処理した値(2021年度)である.

基本分析化学
－イオン平衡から機器分析法まで－

北條正司・一色健司　編著

梅谷重夫・森　勝伸・蒲生啓司・西脇芳典　共著

三共出版

ま え が き

"分析化学の大恩師たち，コルトフ（I. M. Kolthoff）およびフライザー（H. Freiser）に本書を捧げたい。"

2010 年，宇宙航空研究開発機構（JAXA）の小惑星探査機「はやぶさ」は，太陽系の小惑星「イトカワ」の岩石微粒子を地球に持ち帰ってきた。一時は行方不明になるなど，数々の困難を克服しての快挙であった。2018 年には，次の探査機「はやぶさ 2」が目的地の小惑星「リュウグウ」へ到着し，そして 2019 年 2 月，タッチダウンに成功した。同年 7 月には，2 回目の着陸を果たし，地下の岩石採取にも成功した。太陽光や放射線の影響の少ない岩石の詳しい化学分析により，太陽系の成り立ちや地球生命起源の謎への手がかりが得られると期待されている。

学問および技術としての化学の発達の過程において，分析化学は常に最重要であった。古代の錬金術の時代から，地球上に存在する土壌や岩石，動植物の中に含まれる物質の成分を調べ，有用成分を取り出し，実生活に利用してきた。物質を分析すること自体が，そのまま化学であったのである。天然に存在する物質だけでなく，人工的に合成された物質がその対象となってきても，分析化学の役割は変わらないどころか，ますます重要性を増してきた。ある化学機器メーカーの創業者は，「分析なくして化学工業は成り立たず」と述べている。

本書「基本分析化学―イオン平衡から機器分析法まで―」は，大学など高等教育機関で分析化学を初めて学び始める学生を対象とした教科書ないし参考書として書かれた。物理化学の知識が十分でなくても，うまく学べるように工夫した。分析化学の基本は溶液内のイオン平衡であると考えられる。本書は，初学者であっても化学平衡の概念が自然と身につき，応用へと展開できる内容になっている。

内容項目の選定に当たっては，既刊の「分析化学―溶液反応を基礎とする」（三共出版 1992 年）を参考にした。しかし，既刊の「分析化学」と異なる点は，「分析化学の実際」の部分は取り上げず，その代わりに機器分析法を加えたことである。本書では，分析手法として汎用性の高い液体クロマトグラフ法や紫外可視分光法，原子吸光・ICP 発光分析法，および近年，非破壊分析法としてますます注目されている蛍光 X 線分析法について原理や使用法を分かり易く，簡潔に記述した。これが既刊の「分析化学」とは異なる新しい本書の特色と言える。

本書は分析化学の専門家 6 名で分担執筆した。北條は 1 ～ 4，8，12 章と 15-1 節を担当した。梅谷は 5，6，9 章を，一色は 7，11 章と 15-2 および 15-3 節を執筆した。森は 10，14 章を，蒲生と西脇はそれぞれ 13 章と 16 章を分担執筆した。全体の調整は北條が行い，一色がそれを補佐したことを記しておく。

執筆にあたっては，国内外の分析化学関係の成書および研究論文等を参考にし，引用させていただいた。特に，第 2 章および 3 章は，H. フライザー，Q. フェルナンド／藤永太一郎，関戸栄一（訳）「イ

オン平衡—分析化学における」のアイデアを存分に活用したことをお断りしておく。

　三共出版株式会社の野口昌敬氏には，本書企画の段階から出版に至るまで，全面的なお世話をいただいた。出版に関係された各位に，厚くお礼申し上げたい。最後に，本書出版の申し出に対し，ご快諾していただいた京都工芸繊維大学名誉教授の木原壯林先生に心からの謝意を表します。

　2019 年 9 月

執筆者を代表して　北條正司

目　次

1 分析化学と溶液

　化学は自然科学の一分野であり，物質についての学問である。それには，物質を取り扱う様々な技術が含まれ，さらには実生活に役立つことを目指す応用化学や化学工学にも広がる。我々の身の回りの物は，全て元素から構成されており，化学はまさに元素に関する科学・技術である。化学の周辺には，物理学，生物学，宇宙・地球科学などがある。自然科学の内容を正確に記述するには数学が必要である。情報科学は，情報処理の技術を提供する。

　化学物質は，無機化合物と有機化合物に大別される。これら化合物についての各論的知識や合成法は，無機化学および有機化学の分野に集積されている。物理化学や量子化学は，物質の特性，化学反応などを物理学の手法を用いて理解するものである。分析化学（analytical chemistry）は，物質の分離，同定，定量に関する基礎理論と方法論の開発を担っている。しかし，これら（1）物質の各論的知識や合成法，（2）物質の特性，化学反応の統一的理解，（3）化学物質の分析およびその方法論の開発は，化学の各分野の限られた領域内に特化されるものでなく，相互に関連しながら総合的に発展してきた（図1.1参照）。

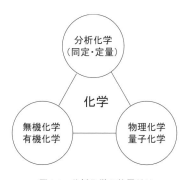

図1.1　分析化学の位置付け

　化学分野の中で，分析化学は，ある物体または物質が「一体何であるのか」を定める役割を担っている。今，目の前にあるフラスコの中のどす黒くネバネバした物質が何であるのか，どのような物質なのかを見極めることは，物質を同定すると言い，これは広義の定性分析（qualitative analysis）である。物質が同定されると，それらの物質がどれだけ多く（または少なく）存在し

ているのかを定める，すなわち，定量分析（quantitative analysis）が行われる。さらには，物質の存在量だけでなく，それらの物質がどのような形態または状態（たとえば，金属の酸化状態，錯形成など）で存在しているのかを詳しく知ることが求められてくるのである。これらいずれの段階においても，分離の操作は不可欠である。

　分析化学の使命は，物質の分離（separation），同定（identification），定量（determination）に加えて，スペシエーション（speciation）を十二分に果たすための方法を開発し，その方法によって得られた結果・知識を体系化することである。そのためには，化学の他の分野で得られ，集大成されてきた知識を活用することは，無論，極めて重要である。しかし，それだけではなく，周辺の分野と密接な連携を取りながら，自ら，新しい化学現象を発見し，体系化し，それを分析化学に生かしていくことが絶え間なく続けられてきた。分析化学は，立ち止まることなく絶えず前進を続け，進化してきている。

　分析化学は物質の固体，液体，気体状態のいずれについてもその対象とする。本書においては，そのうち主に液体を中心に取り扱うことにする。溶液内の平衡論を理解し，その定量的取り扱いに習熟することは極めて重要である。

1-1　化学とモルの概念

　化学はモルに始まりモルに終わると言っても過言ではない。モルについての理解が不十分のままでは，化学が好きにはなれないだろう。

　まず，コップ1杯の水を考えてみることにしよう。このコップの中に入っている水の物質量（モル）がどれほどであるか。180 mLの水の重さ（質量）は180 gであり，水の分子量を18[*1]とすると，180 ÷ 18 ＝ 10モルの水が入っている。しかしモルという用語は，物質量のモルを意味しているのか，あるいは濃度単位のモルなのか混同しやすい。濃度については1-2節で取り扱う。ここでは物質量のモルはmoleと表記し[*2]，濃度のモルはmol/L（モル濃度）で表すことにする。

　このコップの中に入っている水分子の数を数えてみたい。1 moleはアボガドロ数 6.02×10^{23} の分子を含むから，10 moleの水はその10倍もの数の水分子を含んでいる。水を一口飲んだあなたの喉を通った水分子の数を数えたとする。コップ一杯を10回で飲むとして，一口で18 mLとすれば，ちょうど1 moleであり，アボガドロ数と同数 6.02×10^{23} 個の水分子を一度に口に含んだことになるのである。

　今度は，大きめのビーカーで1.0 Lの水を取ってみよう（図1.2）。この1.0 L中の水のmole数を出したい。水1 Lは1000 gであり，水の分子量（モル質量）18で割ると

*1　ある物質の分子量が18であれば，モル質量は18 g mol⁻¹である。

*2　物質量（amount of substance）を表すmole（モル）の単位記号はmolであるが，本章では，物質量であることを強調するために，moleと表記することにする。

$$\frac{1000}{18} = 55.555\ldots$$

となるので，水 1 L は約 55.6 mole であると答えるかも知れない。しかし，水の分子量を詳細に計算すると 18.015 となる。すると

$$\frac{1000}{18.015} = 55.509$$

となり，55.5 がより正しい値となる。これで正しいかと言えば，そうとも言い切れない。それは，水の密度は 4 ℃で 1.000 g/cm³ であるが，20 ℃においては 0.998，25 ℃では 0.997 であり，物質量（mole 数）はそれぞれ 55.4 または 55.3 となる。

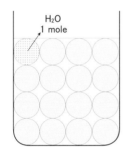

図 1.2　水 1.0 L の物質量（mole 数）は？

多くの化学実験は室温付近で行われ，一般に，25 ℃における測定結果が標準となる。水 1 L に含まれる水分子の物質量（mole 数）は，設定の仕方によって，少しずつ異なる値になるが，本書では 55.5 mole であるとして取り扱うことにする。しかし，1 L の水の物質量（mole 数）が 55.5 であるか 55.3 であるかによって，これからの化学平衡の議論に影響が生じるわけではない。ここで重要なのは，大きめのビーカーあるいはメスフラスコに入った水 1 L の物質量（mole 数）は，約 55.5 程度であることを覚えておくことである。

1-2　溶液の濃度

溶液（solution）*は，溶質と溶媒の両者からなる均質な液体である。溶質（solute）は液体の媒体によって溶かされた物質であり，溶媒（solvent）は溶質を溶かすのに用いられた媒体である。溶媒は必ず液状物質であるが，溶質は気体，液体または固体であることを問わない。

溶液（solution）＝　溶質（solute）＋　溶媒（solvent）

濃度は，化学反応における量的関係を記述するための基礎量であり，誰にでも誤解なく理解できなければならない。以下に，濃度に関する様々な表現法とその計算法を概説する。

*　英語の solution には，問題に対する「解答」という意味もある。

　質量モル濃度（molality）　重量モル濃度ともいう。溶媒 1 kg に溶解した溶質の物質量（mole）であり，記号 m，単位は mol kg^{-1} を用いて表す（図 1.3 参照）。溶媒 w_1 g 中に分子量 M_2 の溶質 w_2 g を溶解させると

$$m = \frac{1000 \, w_2}{w_1 M_2}$$

質量モル濃度は，温度によらず厳密に溶液を調製できるが，体積は規定されない。

　容量モル濃度（molarity）　体積モル濃度といわれることもある。溶液 1 dm^3（= 1 L）中に含まれる溶質の物質量（mole）で，記号は c であり，単位は mol dm^{-3} で表す（図 1.3）。一般にモル濃度（molar concentration）とよばれるのはこの容量モル濃度のことである。ここで mol dm^{-3} は国際単位系（SI）で推奨されている表記法であるが，従来用いられてきた M も使用されている。すなわち 1 mol dm^{-3} = 1 M である。本書では，記述を簡単にするために M を用いることにする。また，必要に応じて mol/L 単位も併用する。体積 V mL の溶液が分子量 M_2 の溶質 w_2 g を含む場合

$$c = \frac{1000 \, w_2}{V M_2}$$

容量モル濃度は，溶液の調製上便利であるが，室温または溶液温度の影響を受ける。

国際単位系
　（SI: Système international d'unités の略）は 7 つの基本単位を組み合わせて，あらゆる物理量の定義を行う。SI 基本単位はメートル m，キログラム kg，秒 s，アンペア A，ケルビン K，モル mol，カンデラ cd である。

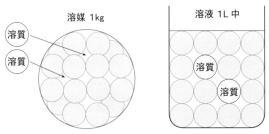

溶媒 1kg

溶液 1L 中

溶質

溶質

溶質

溶質

図 1.3　質量モル濃度（左）と容量モル濃度（右）

　式量濃度（formality）　基本的には，容量モル濃度と同じである。式量濃度と容量モル濃度の違いは，溶質の分子量に対する考え方の違いから生じる。たとえばエタノールやショ糖は，明確に分子として存在するが，塩化ナトリウムなどのイオン結晶中で，塩は普通の概念での分子単位で存在しているわけではない。このような場合，NaCl を形式的な分子とみなし，NaCl の式量 = 58.4 として*，容量モル濃度と同様に処理する。通常は，式量単位のかわりに，簡単に分子量として取り扱い，容量モル濃度とすることが多い。

　モル分率（mole fraction）　混合物を構成する物質の物質量（mole 数）の総和に対する各構成物質の mole 数の分率をモル分率という。mole 数 n_a の

*　形式的な分子とみなした化学式を明示しなければならない。そうしなければ，複塩などの場合，誤解が生じる場合がある。式量濃度の単位は F と表記されることがある（1 F = 1 mol dm^{-3}）。

物質 A と mole 数 n_b の物質 B が混合しているとき,物質 A および B のモル分率 x_a, x_b はそれぞれ次式で表される。ここで,$x_a + x_b = 1$ である。

$$x_a = \frac{n_a}{n_a + n_b} \qquad x_b = \frac{n_b}{n_a + n_b}$$

3 成分以上の多成分系についても,総和に対する各成分のモル分率が計算できる。

規定度（当量濃度）(normality) それぞれ 1.0 M の塩酸と硫酸（いずれも 1 L）を対比してみると,HCl はそのまま 1.0 mole の水素イオンを提供する。しかし 1.0 M H_2SO_4 は,2.0 mole の水素イオンを供給できる。このような状況を考慮して,1.0 M 硫酸の規定度を 2.0 N として表すことがある。規定度は対象とする反応によって異なる場合がある[*]。

百分率,千分率など 溶液の質量（重量）または体積に対する溶質の質量（重量）または体積の割合を表す。溶液の重量に対する溶質の重量の百分率（パーセント percent）は wt.%, w/w% または %（w/w）とし,体積百分率は vol.%, v/v% または %（v/v）と表記する。必要に応じて w/v% または %（w/v）などの単位が使われることもある。千分率（パーミル per mil）は,海水中の塩分濃度を表すときなどに使われてきた。たとえば室戸海洋深層水の塩分濃度が 3.5% であれば,これは 35‰ に相当する。

溶質濃度がごく低いときには,ppm (parts per million),ppb (parts per billion),ppt (parts per trillion) などが用いられる。これらはそれぞれ 100 万分の 1（$1/10^6$ = μ），10 億分の 1（$1/10^9$ = n），1 兆分の 1（$1/10^{12}$ = p）を表す。

[*] 古い文献中などでは,モル濃度ではなく,規定度で表示されている場合がある。

室戸海洋深層水
高知県室戸岬の東海岸の水深 3 百数十メートルから,汲み上げている海水である。年間を通して,水温や水質が一定している。海洋学の分野では,塩分 (salinity) は無次元とされる。

1-3 水と水溶液

1-3-1 固体の溶解過程

化学,とりわけ,分析化学においては,溶液中の反応を取り扱うことが多い。まず,NaCl などイオン結晶の溶解について考えてみよう。M^+ と X^- の正負イオンにより交互に組み立てられているイオン結晶が,水などの溶媒に溶解したときのエネルギーについて考える（図 1.4 参照）。

イオン結晶は,主に静電気力を基にした凝集エネルギーまたは格子エネルギーという強い力で結合している。もし,イオン結晶を真空中で,各イオンをばらばらに分けるとすれば,この凝集エネルギー（格子エネルギー）に等しい大きなエネルギーをイオン結晶に加えなければならない。真空中でばらばらになったイオンが溶媒中に解け込んだときには,逆に,大きなエネルギーが放出される。すなわちイオンは真空中では非常に不安定であるが,溶液中では安定に存在できるのである。

凝集エネルギー（格子エネルギー）　　　　溶媒和エネルギー

溶解

図 1.4　イオン結晶の溶解

水和（hydration）
静電気力や水素結合，配位結合などによって，溶質に溶媒分子が結合し，取り囲む現象が溶媒和（solvation）である。溶媒が水である場合，特に水和（hydration）という。

　イオン結晶を水に溶解させたときの溶解熱 Q（$Q = -\Delta H$）[*1] は各塩によって異なり，発熱もあれば吸熱もある。溶解熱は凝集エネルギーと水和エネルギーの差である。もし溶解反応が発熱（$Q > 0: \Delta H < 0$）であれば，反応進行に必要なエネルギーは十分であるが，吸熱（$Q < 0: \Delta H > 0$）であれば，溶解のためのエネルギーが不足していることを意味する。

　溶解過程は，イオン結晶のように秩序のある状態（エントロピー S が小さい）から，溶液中で自由度が高くなった状態（エントロピー S が大きい）への変化を伴う。一般に化学反応においては，ギブズ自由エネルギー（G）が小さくなる方向に進行するのであるが，自由エネルギー変化（ΔG）はエンタルピー変化 ΔH（熱の出入り）とエントロピー変化 ΔS（秩序―無秩序）の両者が関係する[*2]。いま考えている反応が仮にエネルギー不足（エンタルピーの観点では不利）であっても，反応が進行できるのは，エントロピー増大の寄与による。

*2　$\Delta G = \Delta H - T\Delta S$ の関係がある。$A + B \rightleftarrows C + D$ において，$A + B$（反応原系）および $C + D$（生成系）の自由エネルギー（ギブズエネルギー）を比較して，生成系の方が低ければ（$\Delta G < 0$），この反応は左から右に進行する。

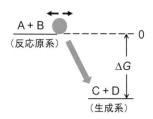

　ところで，正負の電荷（イオン）を媒体中に置くと，正電荷と負電荷の間に静電引力が働く。その力は真空中の誘電率との比である比誘電率（relative permittivity）に反比例する。水の比誘電率の値は約 80 であり，メタノール，エタノールの 33，25 やジエチルエーテルの 4.3 に比べて大きい。誘電率の観点から，水は電解質（electrolyte）をよく溶解する溶媒であることが理解できる。また，水は各種の陽イオンと陰イオンの両方に対してよく溶媒和（水和）するため，両イオンが水中で安定に存在できる。このように，水は塩などの電解質をうまく溶解させるのに必要な条件を備えている。

電解質
溶媒に溶解してイオンを生じる物質（1-4 節参照）。

　電解質の溶解を考えるとき，溶媒である水の量は限られていること，すなわち 1 L 中に含まれる水は，たかだか約 55.5 mole であることを思い出さなくてはならない。たとえば，1 L の水に 0.10 mole の電解質（たとえば NaCl）を溶解させたとする。NaCl が完全解離し，Na^+ と Cl^- の水和数を，それぞれ 6 と 4 とすると，約 55.5 mole のうちの 1.0 mole（0.10 × 10）分の H_2O が水和に使われる。同様にして，1.0 mole NaCl は 10 mole の H_2O を消費する。さらに水和数が変わらないとすれば，5 mole または 10 mole の電解質（たとえば LiCl）は，それぞれ 50 mole または 100 mole の H_2O を消費する計算となる。こうなると，高濃度の強電解質の水和状態は，低濃度の状態とは大きく変化せざるを得ないのは明らかである。水和状態が変わることにより，イオンの見かけの特性が大きく変わることにつながると考えられる。また，多量の塩の存在により，水の水素結合状態も変化する。

1-3-2 水分子と水の特性

　あらゆる化学物質の中で，水はもっとも重要であるといえる。水は動植物など生体やその周りの環境の主要な構成成分である。水は他の物質と比べ，性質が著しく異なっているが，実はそのおかげで，地球上の生物がうまく生存できるのである。

　各物質は温度（T）と圧力（P）の条件により，3 つの異なる状態すなわち固体，液体，気体の状態（三態）をとることができる。大気圧下で，水は 0 ℃ から 100 ℃ において液体状態にある。他の物質，たとえば，メタン（CH_4）やその同属体であるプロパン（C_3H_8），ヘプタン（C_7H_{16}）も水と同様に，三態をとる。このうちメタンおよびプロパンの沸点は，それぞれ −161.5 ℃および−42 ℃である。分子量の大きなヘプタンは，融点の−91 ℃で固体から液体に変わり，沸点は＋98 ℃である。これらヘプタン等の非極性分子間に働く相互作用はファンデルワールス力（van der Waals force）とよばれる化学的相互作用であり，低温時の−91 ℃にあっても高温時の＋98 ℃であっても，ヘプタン液体の持つ化学特性に大きな違いは生じない。

　しかし水の場合は事情が異なる。水の分子間には，ファンデルワールス力よりも強い結合力の水素結合（hydrogen bond）と呼ばれる結合力が働くからである。まず水の分子構造をみると，H−O−H は直線状ではなく 104.5° の角度をもっている（図 1.5）。水素と酸素の電気陰性度（electronegativity）の差により，電荷の偏りができ，水分子内に双極子（dipole）が生じる。このとき 1 個の水素原子 H が，酸素原子 2 個の間に挟まれた水素結合（O…H−O）が働くのである。水素結合は，部分的に静電引力が作用する結合である。

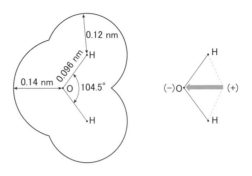

図 1.5　水の分子構造と分子の極性

　氷の結晶中では，水素結合によって水分子がつながり，三次元に広がっている［図 1.6 (a) 参照］。氷中の H_2O 分子の酸素原子のごく近傍には 2 個の水素原子があり，少し離れたところに 2 個の水素原子があるので，合計 4 個の水素原子によって 1 つの酸素原子が取り囲まれている。氷中の酸素原子だけに注目してみると，各酸素原子は正四面体構造になっており，結合の方向が著しく限定される。そのためファンデルワールス力に基づいた水分子の占有体積よりもかなり隙間が大きくなり，かさ高いので密度が低くなっている。

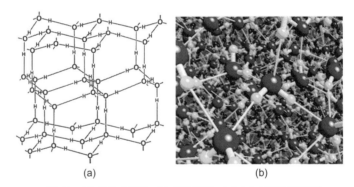

図 1.6　(a) 氷 Ih の構造，(b) 理論計算による水の水素結合構造[*1]

*1　名古屋大学理論化学研究室による理論計算。液体の水についても，1 つの酸素原子（暗色）のまわりに 4 個の水素が結合している様子が理解できる。

*2　ほとんどの物質は，液体が凝固して固体になるとき，（体積が収縮し）密度は増加する。水のように凝固するとき，密度が低下する物質はごく少数しかない。

　0 ℃で，氷の結晶が水に融解したときには，平均的に 10%ほどの水素結合が切断される。そのため固体から液体に相転移したとき，水の密度は高くなる[*2]（図 1.7）。その後，水温が上昇するごとに，水分子間の水素結合は更に切断されるため，密度は上昇する傾向にあるが，他方で，分子の熱運動の活発化により密度は低下する。この両者の相反する傾向により密度が最大値を示すことになるが，その温度は 4 ℃である。図 1.6 (b) には，室温の水について水素結合の様子を示した。固体の氷中と同様に，4 個の水素原子に囲まれた酸素原子が見えているが，酸素原子が構成する四面体構造はかなりくずれていることが分かる。

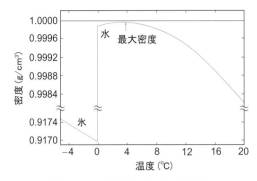

図 1.7　氷と水の密度変化（大気圧下）

　温度上昇と共に水の水素結合は切断され続けるのであるが，沸点 100 ℃の水中でも，水素結合は残存している。気体（水蒸気）となった水は，水素結合が切れてしまい，（理想的には）孤立した H_2O 分子になる。このように考えていくと，液体の水であっても 0 ℃と 100 ℃では，水素結合状態が異なっていることがよく分かる。水の特性は，水分子間の水素結合（構造性）によって生み出されるのであり，何らかの原因により水素結合が著しく失われると，その化学的特性が変化すると考えられる。

　水を溶媒*としたとき，水は反応剤としても機能することがある。水のごく一部は H^+ と OH^- に解離する。生成した H^+ は H_2O と反応して H_3O^+（ヒドロニウムイオン hydronium ion）になっている。また，水は溶質からのプロトン H^+ を受け取ることができるし，逆に，溶質に H^+ を与えることもできる。このようにして，水はプロトン性両性溶媒（単に両性溶媒とも言われる）である。

＊　不純物を（ほとんど）含まない純水は，蒸留法やイオン交換法，逆浸透膜法などによって製造される。炭酸水素イオンを多量に含む水から製造された蒸留水には，CO_2 が溶存（または残存）しやすい。このような場合には，煮沸することにより溶存 CO_2 を取り除く。

1-4　強電解質と弱電解質

　ある物質の水溶液が電流の良導体であるのは，その物質が溶液中でイオン解離しているためである。このような物質を電解質とよぶ。これに対し，物質の水溶液が電気を伝導しないとき，その物質を非電解質とよぶ。電解質のうち，水中で事実上，完全解離するものは強電解質（strong electrolyte）であり，水に溶けたとき，イオンのほか未解離の分子が残在するものは弱電解質（weak electrolyte）という。酸あるいは塩基が強電解質であるとき，それらは強酸あるいは強塩基であり，弱電解質であるときは弱酸あるいは弱塩基である。強電解質および弱電解質の例を表 1.1 に示す。

表 1.1　強電解質と弱電解質の例

強電解質
種々の無機酸：過塩素酸，硝酸，塩酸，臭化水素酸，ヨウ化水素酸
アルカリ金属，アルカリ土類金属および第四級アンモニウムイオンの水酸化物塩，その他多数の塩（例外＝水銀，カドミウム，亜鉛およびその他二，三の金属の塩化物，シアン化物およびチオシアン酸塩）
酸のアルカリ金属塩：過塩素酸塩，硝酸塩，塩化物，臭化物，ヨウ化物，チオシアン酸塩，酢酸塩（およびその他のモノカルボン酸塩），硫酸塩および他の多くの酸の塩

弱電解質
ある種の無機酸：リン酸，亜硫酸，ホウ酸，炭酸
ある種の無機塩基，水酸化物：アンモニア，多くの二価および三価金属の水酸化物，ヒドラジン，ヒドロキシルアミン
ほとんどすべての有機酸（スルホン酸類は例外的）
ほとんどすべての有機塩基

1-5　溶媒の分類と特性

＊　常温で固体の塩を 300〜1000 ℃の高温で融解させたもの。

　溶媒としては，水や有機溶媒が一般的だが，低温では液体アンモニアや二酸化硫黄などの無機溶媒が使われることがある。また，高温で溶融塩＊が溶媒として使われるほかに，常温付近で液体であるイオン液体（1–ブチル–3–メチルイミダゾリウム塩など）が新しい溶媒として研究されている。多数の溶媒の中で，水はもっとも身近で優れた溶媒であり，そのため，水以外の溶媒はまとめて非水溶媒（non-aqueous solvent）と呼ばれる。

　溶媒を分類するには，注目する性質によって異なる方法が考えられる。溶液中での化学反応や平衡に対する溶媒の効果を系統的に考察するには，ブレンステッド（J. N. Brønsted）による分類法が有用である。これは比誘電率 ε_r と（溶媒自身の）酸・塩基の強さにより，表 1.2 のように 8 種類のグループに分類するものである。比誘電率 ε_r の大小は 15 〜 20 あたりを境界とする。溶媒の酸性度というのは，溶媒が溶質にプロトン H^+ を供与する能力であり［式 (1.1)］，塩基性度とは溶媒が溶質からプロトン H^+ を受容する能力である［式 (1.2)］。

《溶媒》（溶質）

$$\text{プロトン供与性：} SH + X^- \rightleftarrows S^- + HX \tag{1.1}$$

$$\text{プロトン受容性：} SH + HX \rightleftarrows H_2S^+ + X^- \tag{1.2}$$

　表 1.2 中の極性非プロトン性溶媒④は，さらに細分化されることがある。(a) 親プロトン性非プロトン溶媒（protophilic aprotic solvent）[N, N-ジメチルホルムアミド，ジメチルスルホキシドなど]，(b) 疎プロトン性非プロトン溶媒（protophobic aprotic solvent）[アセトン，アセトニトリル，ニトロメタン

表 1.2　溶媒の分類

比誘電率の大きい溶媒 $(\varepsilon_r > 15 \sim 20)$		
① プロトン性両性溶媒 (amphiprotic)	酸性，塩基性のいずれも示す	水，メタノール，エタノール
② プロトン供与性溶媒 (protogenic)	酸性を示す	フッ化水素，硫酸，ギ酸
③ プロトン受容性溶媒 (protophilic)	塩基性を示す	テトラメチル尿素
④ 極性非プロトン性溶媒 (dipolar aprotic)	酸性，塩基性いずれも乏しい	アセトニトリル，アセトン，N,N-ジメチルホルムアミド (DMF)
比誘電率の小さい溶媒 $(\varepsilon_r < 15 \sim 20)$		
⑤ プロトン性両性溶媒 (amphiprotic)	酸性，塩基性のいずれも示す	ヘキサノールなど高級アルコール
⑥ プロトン供与性溶媒 (protogenic)	酸性を示す	酢酸
⑦ プロトン受容性溶媒 (protophilic)	塩基性を示す	アミン類
⑧ 不活性溶媒 (inert)	酸性，塩基性いずれも乏しい	ヘキサン，ベンゼン，四塩化炭素

O. Popovych, R. P. T. Tomkins, *Nonaqueous Solution Chemistry*, John Wiley, New York (1981).

など] の 2 分割である。親プロトン性非プロトン溶媒は，溶質に対してプロトン[*1]を供与することはないが，受け入れることは弱いながらも可能である。他方，疎プロトン性非プロトン溶媒は，プロトンを供与することも受容することもしない溶媒である。

　水などの両性溶媒中では，溶質が本来もっている（酸性や塩基性などの）特性は，溶媒和によって覆い隠されやすい。対照的に，極性非プロトン性溶媒は，その乏しい溶媒和のゆえに，溶質の特性を十分に発揮させることになる。そのため水中では，各強酸の強弱の区別がつかない（水平化効果）[*2] のに対し，極性非プロトン性溶媒中では，強酸が差別化（differentiating）されるようになる。

　溶媒の酸性・塩基性の強さは，反応や平衡に大きな影響を与える。特に，誘電率の十分大きな溶媒中では，（溶媒の）酸性・塩基性の差の影響が顕著に現れることがある。そのため，酸性・塩基性の強さを定量的に表す尺度が提案されてきた。もっとも広く用いられている尺度は，グートマン（V. Gutmann）らが提唱したドナー数（donor number, DN）およびアクセプター数（acceptor number, AN）である。

　ドナー数は，溶媒の塩基性（ルイス塩基性）[*3] の尺度である。このドナー数は媒体 1,2-ジクロロエタン中において，強いルイス酸の五塩化アンチモン $SbCl_5$ と「被測定溶媒」D の間で 1 : 1 付加物を生じる際に発生する熱量を基に算出される。

[*1]　溶媒の酸塩基性を議論するときには，プロトンの移動そのものに限らず，水素結合の供与性および受容性が問題となる。

[*2]　強酸の水平化効果（leveling effect）については，第 3 章（3-3 節）参照。

[*3]　ルイス酸・塩基については，第 3 章（3-1 節）で解説する。

$$D: + SbCl_5 \quad \rightleftarrows \quad D - SbCl_5 \tag{1.3}$$

ここで希釈媒体として使われる 1,2-ジクロロエタンは，ドナー数の基準となっている（$DN = 0$）。表 1.3 に種々の溶媒のドナー数を示した。ドナー数の大きい溶媒ほど塩基性（電子対供与性）が強い。

アクセプター数は，溶媒の酸性（ルイス酸性）の尺度である。アクセプター数を求めるには，被測定溶媒そのものの中に，強いルイス塩基のトリエチル

表 1.3 溶媒の化学的性質

溶　媒	ドナー数 DN	アクセプター数 AN	比誘電率 ε_r
1,2-ジクロロエタン（1,2-DCE）	0	16.7	10.4
ヘキサン	0	0	1.88
ベンゼン	0.1	8.2	2.27
ニトロメタン	2.7	20.5	36.7
ニトロベンゼン	4.4	14.8	34.8
無水酢酸	10.5	—	20.7
ベンゾニトリル	12.0	—	25.2
アセトニトリル	14.1	18.9	35.9
スルホラン	14.3	—	43.3
1,4-ジオキサン	14.8	10.8	2.21
炭酸プロピレン（PC）	15.1	18.3	66.1
炭酸エチレン（EC）	16.4	—	89.6
酢酸メチル	16.5	10.7	6.7
ブチロニトリル	16.6	—	20.3
アセトン	17.0	12.5	20.7
酢酸エチル	17.1	9.3	6.0
γ-ブチロラクトン	18	17.3	39
水	(18), 40.3[a]	54.8	78.4
メタノール	(20), 31.3[a]	41.3	32.7
エタノール	(20), 27.8[a]	37.9	24.6
ジエチルエーテル	19.2	3.9	4.3
テトラヒドロフラン（THF）	20.0	8.0	7.6
酢酸	22.1	52.9	6.2
1,2-ジメトキシエタン	23.9	10.2	7.2
N,N-ジメチルホルムアミド（DMF）	26.6	16.0	36.7
N-メチル-2-ピロリドン	27.3	13.3	32.2
N,N-ジメチルアセトアミド（DMA）	27.8	13.6	37.8
テトラメチル尿素	29.6	—	23.6
ジメチルスルホキシド（DMSO）	29.8	19.3	46.5
ピリジン	33.1	14.2	12.9
ヘキサメチルリン酸トリアミド（HMPA）	38.8	10.6	29.6

主に，伊豆津公佑「非水溶液の電気化学」培風館（1995）より引用。

[a] 溶媒のバルク状態についての値，Y. Marcus, *J. Solution Chem.*, **13**, 599 (1984). 水やメタノールなど両性溶媒について，孤立分子状態では DN 数が小さく観測されるが，バルク状態の DN 数は大きな値となる。

ホスフィンオキシド $Et_3P=O$ を溶解し，その ^{31}P NMR 化学シフト値を測定する。ヘキサン中における化学シフト値を基準値（$AN = 0$）とする。表 1.3 には各種溶媒のアクセプター数の値を示した。アクセプター数の大きな溶媒ほど酸性（電子対受容性）が強い。

演習問題

1-1　硫酸アンモニウム鉄(II) $(NH_4)_2Fe(SO_4)_2 \cdot 6H_2O$（モル質量 392 g mol^{-1}）の 0.100 g を純水に溶解して，メスフラスコ中で 1.00 L とした。この溶液中の各化学種 NH_4^+, Fe^{2+} および SO_4^{2-} の容量モル濃度（分析濃度）を計算せよ。

1-2　15 ℃において，65.3 wt.% 硝酸の密度は 1.400 g/cm^3 である。下記の指針にそって，この HNO_3 の質量モル濃度，容量モル濃度，モル分率を計算せよ。ただし，HNO_3 および H_2O の分子量をそれぞれ 63.02 および 18.02 とせよ。《指針》まず硝酸溶液 1000 mL を取り，その中の HNO_3 および H_2O の質量を求める。

1-3　0.160 M の塩酸溶液を 20.0 L 調製するのに何 mL の HCl（38.0 wt.% 密度 1.19 g/cm^3）が必要か。

1-4　水の密度は 0 ℃ではなく，4 ℃において最大になる。このような現象が起こる原因を説明せよ。

1-5　水は両性溶媒とよばれるが，それは水のどのような性質に基づいているのか。

1-6　水のドナー数は 18 であるとされることが多いが，この値は，1, 2-ジクロロエタン中に水をごく微量だけ溶解させた状態で得られた結果である。リチウム電池などの溶媒として使用される炭酸プロピレン（PC）中に残存して含まれる極低濃度の水の状態を考えよ。また，そのドナー数を言え。

分析化学における化学平衡

　一般に，化学反応は化学量論（stoichiometry）だけでは説明できない。多くの反応は正反応の反対方向にも進み，反応が完結しないからである。たとえば常温，常圧の条件で，1 mol の窒素ガスと 3 mol の水素ガスを混合しても，得られるアンモニアの量は 2 mol ではなく，それよりずっと少ない量となる。

$$N_2 + 3\,H_2 \rightleftarrows 2\,NH_3$$

　実際に反応がどの程度進行するかは，様々な実験条件（成分の組成比，温度，圧力）などによって異なる。一定の条件の下で，反応原系（反応式の左側）および生成系（反応式の右側）の各々の化学種の量がもはやそれ以上変化しなくなったとき，その反応系は平衡（equilibrium）に達したとみなされる。

2-1　自由エネルギー変化と化学平衡

　一定容積の条件下でおこる化学変化を，定容変化といい，一定の圧力下でおこる変化を定圧変化という。栓をした容器内でおこる変化は定容変化であるが，大気に開放した容器内や生体内の反応は定圧変化とみなせる。一般に溶液平衡は，大気圧下の現象であるので，ここからは，定圧条件を前提にして議論を進めることにする。

　一定の温度 T および圧力 P の条件下でおこる化学反応の推進力は，ギブズ自由エネルギー*G という量を使って表される。ある 1 つの過程や反応における自由エネルギー変化 ΔG が負の値であれば，その過程や反応は自然に進行する。しかし ΔG が正の値であれば，反対の方向に進行する。自由エネルギー変化 ΔG がゼロのとき，その系は平衡にある。

　溶液中において，ある物質 1 mol の自由エネルギー関数は

$$G = G^0 + RT \ln a$$

であり，ここで G^0 はこの物質の活量（activity）が 1 のときの自由エネルギーである。R は気体定数，T は絶対温度である。溶質の活量 a は，その溶質の「実効濃度」に相当する量である。

　溶液中における一般の反応系

$$aA + bB + \cdots \rightleftarrows pP + qQ + \cdots \tag{2.1}$$

に自由エネルギー関数を適用すると，平衡系について，濃度（または活量）を変数とする式を導き出すことができる。

＊　国際純正・応用化学連合（International Union of Pure and Applied Chemistry, IUPAC）は，ギブズ自由エネルギーの代わりに，ギブズエネルギー（Gibbs energy）の呼称の使用を勧告しているが，本書では「自由エネルギー」を使用する。

　反応式 (2.1) について，生成系の各化学種の自由エネルギーの和から反応原系の各化学種の自由エネルギーの和を差し引くと

$$\Delta G = (pG_P + qG_Q + \cdots) - (aG_A + bG_B + \cdots) \tag{2.2}$$

ところで化学種 A の係数は a であるから，化学種 A に関する自由エネルギーは $aG_A = aG_A^{\,0} + aRT \ln a_A = aG_A^{\,0} + RT \ln a_A^{\,a}$ となる。他の化学種についても同様であり，これらを式 (2.2) に代入して，対数部分を整理すると

$$\Delta G = (pG_P^{\,0} + qG_Q^{\,0} + \cdots) - (aG_A^{\,0} + bG_B^{\,0} + \cdots)$$
$$+ RT \ln \frac{a_P^{\,p} a_Q^{\,q} \cdots}{a_A^{\,a} a_B^{\,b} \cdots} \tag{2.3}$$

式 (2.3) 右辺の対数項以外を ΔG^0 とおくと

$$\Delta G = \Delta G^0 + RT \ln \frac{a_P^{\,p} a_Q^{\,q} \cdots}{a_A^{\,a} a_B^{\,b} \cdots} \tag{2.4}$$

反応が平衡に達しているときには，$\Delta G = 0$ であるから

$$-\Delta G^0 = RT \ln \frac{a_P^{\,p} a_Q^{\,q} \cdots}{a_A^{\,a} a_B^{\,b} \cdots} \tag{2.5}$$

すなわち

$$\frac{-\Delta G^0}{RT} = \ln \frac{a_P^{\,p} a_Q^{\,q} \cdots}{a_A^{\,a} a_B^{\,b} \cdots} \tag{2.6}$$

式 (2.6) の真数をとると

$$e^{-\Delta G^0/RT} = \boldsymbol{K} = \frac{a_P^{\,p} a_Q^{\,q} \cdots}{a_A^{\,a} a_B^{\,b} \cdots} \tag{2.7}$$

G^0 に関する項，すなわち ΔG^0 は，活量の変化によらないので，一定温度で $e^{-\Delta G^0/RT}$ は一定であり，平衡定数 $\boldsymbol{K}$ といわれる。

　活量の概念については 2-4 節で扱うが，活量と濃度の関係について簡単に述べておく。溶液中の化学種 A の活量 a_A は，濃度 [A] または c_A と関連し，次式で表される。

$$a_A = [A] \gamma_A \quad （または \quad a_A = c_A \gamma_A）$$

ここで γ_A は溶液の全組成によって変化する因子で，化学種 A の活量係数 (activity coefficient) とよばれる。ごく希薄な溶液中では，活量係数は 1 に近づくので，活量の代わりに濃度を使うことができる。そのようなときには，濃度平衡定数 K は

$$K = \frac{[P]^p [Q]^q \cdots}{[A]^a [B]^b \cdots} \tag{2.8}$$

2-2　いろいろな型の反応の平衡式

　すべての成分が溶液中にある場合，その平衡式は式 (2.8) のようになる。もし反応に気体成分が含まれれば，その成分は分圧で表し，一方，純粋な液

体や固体は1とする。溶媒（H_2O）が化学方程式（chemical equation）に出てくるときは，その自由エネルギーは純粋な液体の自由エネルギーにごく近いと考えられるので，平衡式では1とする。

しばしば出てくる平衡式の例を示す。

(a) 水の自己解離

$$2H_2O \rightleftarrows H_3O^+ + OH^- \qquad K_w = [H_3O^+][OH^-]$$

(b) アンモニアの解離

$$NH_3 + H_2O \rightleftarrows NH_4^+ + OH^- \qquad K_b = \frac{[NH_4^+][OH^-]}{[NH_3]}$$

(c) 炭酸の逐次解離

$$H_2CO_3 + H_2O \rightleftarrows H_3O^+ + HCO_3^- \qquad K_1 = \frac{[H_3O^+][HCO_3^-]}{[H_2CO_3]}$$

$$HCO_3^- + H_2O \rightleftarrows H_3O^+ + CO_3^{2-} \qquad K_2 = \frac{[H_3O^+][CO_3^{2-}]}{[HCO_3^-]}$$

(d) ジアンミン銀(I)錯体の逐次生成

$$Ag^+ + NH_3 \rightleftarrows Ag(NH_3)^+ \qquad K_1 = \frac{[Ag(NH_3)^+]}{[Ag^+][NH_3]}$$

$$Ag(NH_3)^+ + NH_3 \rightleftarrows Ag(NH_3)_2^+ \qquad K_2 = \frac{[Ag(NH_3)_2^+]}{[Ag(NH_3)^+][NH_3]}$$

＊ 解離定数と生成定数は互いに逆数の関係にある。

錯体平衡では，解離定数よりも生成定数がよく使われる＊。

(e) クロム酸銀の溶解反応

$$Ag_2CrO_{4(固体)} \rightleftarrows 2Ag^+ + CrO_4^{2-} \qquad K_{sp} = [Ag^+]^2[CrO_4^{2-}]$$

(f) Fe(III)-Fe(II) と Ce(IV)-Ce(III) の間の酸化還元反応

$$Fe^{2+} + Ce^{4+} \rightleftarrows Fe^{3+} + Ce^{3+} \qquad K = \frac{[Fe^{3+}][Ce^{3+}]}{[Fe^{2+}][Ce^{4+}]}$$

(g) 炭酸カルシウムの熱分解

$$CaCO_{3(固体)} \rightleftarrows CaO_{(固体)} + CO_2 \qquad K = p_{CO_2}$$

上記の例でも分かるように平衡式は，同一溶液内の反応ばかりではなく，異なる相間の反応，たとえば固体—液体間，固体—気体間の反応についても問題なく成り立つ。

2-3 平衡定数に影響を及ぼす因子

(a) 組成の影響

活量係数の値を1としてよいのは，溶液が非常に希薄な特別の場合に限られるから，式(2.8)によって定義される平衡定数の値は，本当は一定ではない。濃度定数とよばれるこれらの定数の値 K は，溶液の組成によって変化する。たいていの場合，溶液の組成は明確に規定されるから，濃度定数を用いて正

確な計算ができる。ただし，それぞれの組成に対し，適当な K の値を用いることは絶対に必要である。電解質溶液において K の値を定める最も重要なパラメータはイオン強度（ionic strength）であり，K とイオン強度の関係は次節（2-4 節）で述べる。

（b）温度の影響

化学反応には吸熱反応もあれば発熱反応もある。吸熱反応であれば，熱エネルギーを加え温度を上げると，温度変化の影響を少なくする方向へ反応が進むことになる。吸熱反応の例をあげると，水のイオン化（自己解離）がある。

$$H_2O \rightleftarrows H^+ + OH^- \qquad \Delta H^0 = 55.8 \text{ kJ mol}^{-1}$$

ここで ΔH^0 は標準エンタルピー変化（反応熱）* であり，水の解離は 20 ℃ よりも 100 ℃ のときのほうが大きくなると予測できる。逆に，もし発熱反応であれば，温度の上昇によって反応は減少する（反対方向に進む）。ほとんどの弱酸はわずかな解離熱しかもたない。たとえば酢酸の ΔH^0 は -0.4 kJ mol^{-1}，ギ酸は -0.04 kJ mol^{-1}。このような場合，解離反応は温度によってほとんど変化しない。

平衡定数に対する温度の影響は

$$K = Ae^{-\Delta H^0/RT}$$

によって定量的に表現される。絶対温度 T による平衡定数 K の変化は，ΔH^0 の関数である。

* ある系が外界から熱を獲得すると，エンタルピー変化 ΔH は正の値（$\Delta H > 0$）となる。この現象は外界から観測すると，吸熱反応（$Q < 0$）である。

（c）溶媒の影響

多くの化学反応では水が溶媒として用いられる。先にも述べたが（第 1 章 1-3-1 節），水の比誘電率の値は約 80 であり，メタノール，エタノールの 33，25 やジエチルエーテルの 4.3 に比べて高い値である。溶媒の比誘電率が高くなるほど，酸や塩など電解質の解離はおこりやすくなる。表 2.1 に，異なる比誘電率をもった溶媒中での酢酸の解離定数を示した。

表 2.1　酢酸の解離定数（25 ℃）と溶媒の比誘電率

溶媒	比誘電率 ε_r	酸解離定数 K_a
水	78.4	2×10^{-5}
メタノール	32.7	5×10^{-10}
エタノール	24.6	5×10^{-11}

水に 1,4-ジオキサン（$\varepsilon_r = 2.21$）を混合すると，比誘電率は大きく低下する。それにあわせて水の自己解離定数（水のイオン積）K_w も低下する。図 2.1 には，1,4-ジオキサン混合溶媒の比誘電率（$100/\varepsilon_r$ で表示）と pK_w（$-\log K_w$）

の関係を描いた。純水（$\varepsilon_r = 78.4$）の $pK_w = 14.0$ は，1,4-ジオキサン70 wt.% 混合（$\varepsilon_r = 17.7$）によって $pK_w = 17.85$ になる。

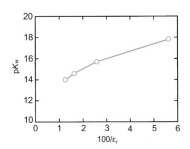

図 2.1　1,4-ジオキサン混合による水の pK_w の変化（25 ℃）

2-4　イオンの活量と活量係数

2-4-1　活量の概念

　理想溶液であれば，溶存する化学種 A の活量はその濃度と等しい。

$$a_A = c_A \tag{2.9}$$

しかし，ほとんどの溶液は非理想溶液であり，特に，強電解質を含有する溶液中では，（化学種の）活量と濃度の間には差異が生じてくる。化学種 A の活量は，次式のように濃度と関連づけられる。

$$a_A = c_A \gamma_A \tag{2.10}$$

実在物質を扱うとき，活量とは「補正された」濃度，または「実効」濃度ということができる。活量係数 γ は，実在物質の非理想的な挙動によって生じるずれを補正するものであり，その単位は濃度の逆数である。無限希釈溶液では，すなわち，溶液中ですべての溶質濃度がゼロに近づけば，活量係数 γ は 1 になると定められている。

2-4-2　活量と化学平衡式

　一般的に，化学反応の平衡式は次のように表される。

$$aA + bB \rightleftarrows cC + dD \tag{2.11}$$

$$K = \frac{a_C{}^c \times a_D{}^d}{a_A{}^a \times a_B{}^b} \tag{2.12}$$

K は温度により変化するが，それ以外のすべての変数に無関係な定数であり，熱力学的平衡定数を呼ばれる。この正確な熱力学的平衡定数を，モル濃度および活量係数を用いて表すには，式 (2.12) に式 (2.10) の関係を代入すればよい。

$$K = \frac{c_C{}^c \times c_D{}^d}{c_A{}^a \times c_B{}^b} \times \frac{\gamma_C{}^c \times \gamma_D{}^d}{\gamma_A{}^a \times \gamma_B{}^b} \tag{2.13}$$

　濃度で表した式 (2.8) の定数 K は，熱力学的平衡定数 $\boldsymbol{K}$ とは区別される。式 (2.13) は次のように書くことができる。

$$\boldsymbol{K} = K \times \left\{ \frac{\gamma_C{}^c \times \gamma_D{}^d}{\gamma_A{}^a \times \gamma_B{}^b} \right\} \tag{2.14}$$

一般的には K ではなく，$\boldsymbol{K}$ の値が表に示されることが多い。K の値は活量係数の値によって変化するからである。本書の巻末付表には，様々な反応の $\boldsymbol{K}$ の値を表示している。

　溶液中でイオンが理想的に挙動すれば，換言すれば，各イオンが互いに静電的な影響を及ぼさなければ，各イオンの活量係数は 1 であり，式 (2.14) 中の活量係数の商 $(\gamma_C{}^c \times \gamma_D{}^d)/(\gamma_A{}^a \times \gamma_B{}^b)$ の項は 1 になるはずである。

　イオン間力による効果は，次に述べるイオン強度を基に評価することができる。

2-4-3　溶液のイオン強度

　溶液のイオン強度は，溶液中のイオンの電荷と濃度によって決まる。イオン強度は次式で表される。

$$\mu = \frac{1}{2} \sum c_i \times z_i^2 \tag{2.15}$$

ここで c_i はイオン i を mol/L で表した濃度，z_i はイオンの電荷である。

　0.10 M KCl の水溶液で，K^+ および Cl^- の濃度は共に 0.10 M であり，K^+，Cl^- は電荷 1 である。溶液のイオン強度は次のようになる。

$$\mu = \frac{1}{2}(0.10 \times 1^2 + 0.10 \times 1^2)$$

$$\mu = 0.10$$

0.10 M K_2SO_4 のイオン強度は

$$\mu = \frac{1}{2}(0.10 \times 2 \times 1^2 + 0.10 \times 2^2) = 0.3$$

に等しい。このように電解質のイオン強度は濃度に比例する。こうしてモル濃度 c について，次の電解質のイオン強度は

$$A^+B^- \qquad\qquad \mu = \frac{c_A z_A{}^2 + c_B z_B{}^2}{2} = \frac{c + c}{2} = c$$

$$A^{2+}(B^-)_2 \qquad c_A = c \qquad c_B = 2c \qquad \mu = \frac{4c + 2c}{2} = 3c$$

$$A^{2+}B^{2-} \qquad c_A = c \qquad c_B = c \qquad \mu = \frac{4c + 4c}{2} = 4c$$

$$A^{3+}(B^-)_3 \qquad c_A = c \qquad c_B = 3c \qquad \mu = \frac{9c + 3c}{2} = 6c$$

次に複数の電解質が混合している場合について考える。

例題 2.1

0.100 M NaCl, 0.030 M KNO$_3$ および 0.050 M K$_2$SO$_4$ が含まれる溶液のイオン強度を計算せよ。

解 答

方法 A:

$$c(Na^+) = c(Cl^-) = 0.100 \text{ M}$$

$$c(K^+) = 0.030 + 0.050 \times 2 = 0.130 \text{ M}$$

$$c(NO_3^-) = 0.030 \text{ M}$$

$$c(SO_4^{2-}) = 0.050 \text{ M}$$

ゆえに $\quad \mu = \dfrac{1}{2}(0.100 + 0.100 + 0.130 + 0.030 + 0.050 \times 2^2) = 0.280$

方法 B:

$\mu = kc$ の関係を用いる。NaCl および KNO$_3$ について $k = 1$ であり, K$_2$SO$_4$ は $k = 3$ であるから,

$$\mu = 1 \times 0.100 + 1 \times 0.030 + 3 \times 0.050 = 0.280$$

2-4-4 デバイ‐ヒュッケル（Debye-Hückel）の理論

1923 年, P. Debye と E. Hückel は, 強電解質溶液の活量係数について理論式を提案した[*1]。電解質溶液中のイオンの理想的挙動からのずれは, 溶液中のイオン間の相互作用に基づくものであると考えられている。溶液中のイオンは次の 2 つの相反する作用が均衡しているとの考えから理論式は導かれる。（1）静電的相互作用による拘束力, （2）熱運動により自由な動きをしようとする作用である。

分析化学においてよく使われる Debye-Hückel の理論式は次式である。

$$-\log \gamma_\mathrm{i} = \frac{Az_\mathrm{i}^2 \sqrt{\mu}}{1 + Ba\sqrt{\mu}} \tag{2.16}$$

A と B はそれぞれ定数であり, 水溶液中 25 ℃ でそれぞれ 0.51, 3.3×10^7 である。a は水和イオン径に相当するイオン径パラメータ[*2]である。多くのイオンの a の値を表 2.2 にあげておく。この式 (2.16) は, 活量係数がイオン強度の関数であることを示している。溶液のイオン強度は, 溶液中に存在するすべてのイオン濃度によるものであり, 特定のイオン種のみによるものではないことに注意が必要である。強電解質溶液であれば簡単に $\mu^{1/2}$ の値は計算できるが, イオンの活量係数を求めるには, 定数 A, B とイオン径パラメータ a を知っておく必要がある。

[*1] 実験的には塩の平均活量係数 $\gamma_\pm$ が得られる。電解質の各イオンの活量係数 γ_i の値は理論的に計算される。強電解質だけでなく, 弱電解質にも Debye-Hückel の理論が適用できる。たとえば酢酸の解離によって生じるイオン強度により, 酢酸自身の解離定数が影響を受けるのを補正することができる。

[*2] この場合のパラメータは, その値を使うと最も実験値に合うなど, 経験的な値である。

表 2.2　イオン径パラメータ

イオン	イオン径パラメータ $10^{9} \times a$ (cm)
Sn^{4+}, Ce^{4+}	11
H^{+}, Al^{3+}, Fe^{3+}, Cr^{3+}	9
Mg^{2+}, $(C_3H_7)_4N^{+}$, $Fe(CN)_6^{4-}$	8
Li^{+}, $(C_2H_5)_4N^{+}$, Ca^{2+}, Cu^{2+}, Zn^{2+}, Sn^{2+}, Mn^{2+}, Fe^{2+}, Ni^{2+}, Co^{2+}	6
Sr^{2+}, Ba^{2+}, Cd^{2+}, Hg^{2+}, S^{2-}, CH_3COO^{-}, $(COO)_2^{2-}$	5
Na^{+}, $H_2PO_4^{-}$, Pb^{2+}, CO_3^{2-}, SO_4^{2-}, CrO_4^{2-}, HPO_4^{2-}, PO_4^{3-}	4
OH^{-}, F^{-}, SCN^{-}, SH^{-}, ClO_4^{-}, Cl^{-}, Br^{-}, I^{-}, NO_3^{-}, CN^{-}, K^{+}, NH_4^{+}, Ag^{+}	3

例題 2.2

(a) 0.005 M $Pb(NO_3)_2$ 溶液中の Pb^{2+} の活量係数を計算せよ。

(b) 0.005 M $Pb(NO_3)_2$ および 0.040 M KNO_3 を含む溶液中の Pb^{2+} の活量係数を計算せよ。

解　答

(a) 0.005 M $Pb(NO_3)_2$ のイオン強度 $\mu = 3 \times 0.005 = 0.015$，$Pb^{2+}$ のイオン径パラメータは 4×10^{-8} であるから，その結果

$$-\log \gamma_{Pb^{2+}} = \frac{0.15 \times 4 \times \sqrt{0.015}}{1 + 3.3 \times 10^{7} \times 4 \times 10^{-8} \sqrt{0.015}} = 0.22$$

したがって $\gamma_{Pb^{2+}} = 0.60$

(b) 0.005 M $Pb(NO_3)_2$ および 0.040 M KNO_3 が混合している溶液のイオン強度 $\mu = 3 \times 0.005 + 1 \times 0.040 = 0.055$

その結果

$$-\log \gamma_{Pb^{2+}} = \frac{0.15 \times 4 \times \sqrt{0.055}}{1 + 3.3 \times 10^{7} \times 4 \times 10^{-8} \sqrt{0.055}} = 0.37$$

したがって $\gamma_{Pb^{2+}} = 0.43$

多くの計算では，イオン径パラメータを約 3×10^{-8} (cm) とすることができる。その結果 $a \times B$ はほぼ 1 に等しくなる。式 (2.16) は

$$-\log \gamma_i = \frac{A \times z_j^2 \times \sqrt{\mu}}{1 + \sqrt{\mu}} \tag{2.17}$$

例題 2.3

式 (2.17) を用いて，例題 2.2 とおなじ溶液中における Pb^{2+} の活量係数を計算せよ。

解　答

(a)　$-\log \gamma_{Pb^{2+}} = \dfrac{0.15 \times 4 \times \sqrt{0.015}}{1 + \sqrt{0.015}} = 0.22$

　　　$\gamma_{Pb^{2+}} = 0.60$

(b) $\quad -\log \gamma_{Pb^{2+}} = \dfrac{0.15 \times 4 \times \sqrt{0.055}}{1 + \sqrt{0.055}} = 0.39$

$\quad \gamma_{Pb^{2+}} = 0.41$

Debye-Hückel の理論的な予測は，希薄な溶液について実験式とよく合うので式 (2.16) および式 (2.17) は希薄溶液について適用される。しかしながら溶液のイオン強度が 0.1 程度に上がっても，計算には式 (2.16) や式 (2.17) を適用することが可能と考えられる。

非常に希薄な溶液では，$\mu^{1/2}$ が 0.01 よりも小さくなるから，式 (2.17) の分母は 1 となる。そうすると 25 ℃の水溶液において，最も簡単な式が得られる。この式は Debye-Hückel の限界則とよばれる。

$$-\log \gamma_i = 0.51 \times z_i^2 \times \sqrt{\mu} \tag{2.18}$$

例題 2.4

Debye-Hückel の限界則を用いて，例題 2.2 と同じ溶液中における Pb^{2+} の活量係数を計算せよ。

解 答

(a) $\quad -\log \gamma_{Pb^{2+}} = 0.51 \times 4 \times \sqrt{0.015} = 0.25$

$\quad \gamma_{Pb^{2+}} = 0.56$

(b) $\quad -\log \gamma_{Pb^{2+}} = 0.51 \times 4 \times \sqrt{0.055} = 0.48$

$\quad \gamma_{Pb^{2+}} = 0.33$

限界則 (2.18) は，1 価のイオンの場合はイオン強度が 0.05 あるいはそれ以下，2 価の場合は $\mu \leq 0.014$ のとき，3 価の場合は $\mu \leq 0.005$ で正確な活量（log 単位で±0.02）をあたえる。

イオンの活量係数に対し，電荷およびイオン強度が著しい影響を与えることが分かった。そのほかに，影響を及ぼす因子として，温度 T（絶対温度）と比誘電率 ε_r がある。式 (2.16) 中の A は，これらの因子の 3/2 乗の積に反比例する。

$$A \propto \dfrac{1}{\varepsilon_r^{3/2} \times T^{3/2}}$$

A は，室温付近の温度変化によって大きく変化することはないが，比誘電率の変化によって直接的に大きな変化を受ける。50% (v/v) エタノール—水混合溶媒の比誘電率は 49 であり，A の値は水に比べ約 2 倍になる。

イオン強度が 0.1 を超えるような条件下では Debye-Hückel の理論式からのずれが大きくなるので，イオン活量係数を正しく見積もるための研究が続けられている。

2-4-5　イオン強度と平衡定数

　化学平衡の問題を解くためには，式 (2.13) のように，化学種の濃度と活量係数の両方が分かっている必要がある。Debye-Hückel の理論から，活量係数はイオン強度の関数として計算することができる。しかし，各イオンの活量係数をそれぞれ計算することをしなくても，熱力学平衡定数 $\boldsymbol{K}$ に，単に係数を掛けることによっても濃度平衡定数 K を算出できる。

　式 (2.14) を K について書きかえると

$$K = \boldsymbol{K} \times \left\{ \frac{\gamma_A{}^a \times \gamma_B{}^b}{\gamma_C{}^c \times \gamma_D{}^d} \right\} \tag{2.19}$$

式 (2.19) の対数をとると

$$pK = p\boldsymbol{K} + c \log \gamma_C + d \log \gamma_D - a \log \gamma_A - b \log \gamma_B$$

ここで　$pK = -\log K$, $p\boldsymbol{K} = -\log \boldsymbol{K}$ である。γ の値に式 (2.17) を代入すると

$$pK = p\boldsymbol{K} + 0.51\{a\,z_A{}^2 + b\,z_B{}^2 - c\,z_C{}^2 - d\,z_D{}^2\} \times \frac{\sqrt{\mu}}{1+\sqrt{\mu}} \tag{2.20}$$

もし，化学種が荷電していないならば，その化学種について $z = 0$ である。$0.51\{a\,z_A{}^2 + b\,z_B{}^2 - c\,z_C{}^2 - d\,z_D{}^2\}$ の項は，与えられた平衡の型によって一定の数値になる。

　たとえば，難溶性塩 $A_m B_n$ の溶解平衡を考えると

$$A_m B_n \rightleftarrows mA^{n+} + nB^{m-} \quad (A_2 B_3 \rightleftarrows 2A^{3+} + 3B^{2-})$$

この反応では $a = 0, b = 0, z_A = 0, z_B = 0$ であり，$c = m, d = n, z_C = n, z_D = m$ である。したがって，式 (2.20) は次のようになる。

$$pK = p\boldsymbol{K} - 0.51(m\,n^2 + n\,m^2) \times \frac{\sqrt{\mu}}{1+\sqrt{\mu}} \tag{2.21}$$

AgCl のような 1：1 型の難溶性塩の場合（0.51 は簡略化して 0.5 とする）

$$pK = p\boldsymbol{K} - \frac{1 \times \sqrt{\mu}}{1+\sqrt{\mu}}$$

Ag_2CrO_4 や $PbCl_2$ のような 1：2 型の難溶性塩の場合

$$pK = p\boldsymbol{K} - \frac{3 \times \sqrt{\mu}}{1+\sqrt{\mu}}$$

$BaSO_4$ のような 2：2 型の難溶性塩の場合

$$pK = p\boldsymbol{K} - \frac{4 \times \sqrt{\mu}}{1+\sqrt{\mu}}$$

H_3X のようなポリプロトン酸については

$$pK_1 = p\boldsymbol{K}_1 - \frac{1 \times \sqrt{\mu}}{1+\sqrt{\mu}} \quad (\text{HX や } H_2X \text{ にも適用できる})$$

$$pK_2 = pK_2 - \frac{2 \times \sqrt{\mu}}{1 + \sqrt{\mu}}$$

$$pK_3 = pK_3 - \frac{3 \times \sqrt{\mu}}{1 + \sqrt{\mu}}$$

アンモニウムイオンのような陽イオン酸（$BH^+ \rightleftarrows H^+ + B$）は，いずれのイオン強度でも $pK = pK$ である。

一般に

$$pK = pK - \frac{N \times \sqrt{\mu}}{1 + \sqrt{\mu}}$$

である。ここに N は上例にあげたように平衡の型によって定まる整数である。上記の方法により pK の値は，pK 値とイオン強度 μ から与えられる。

例題 2.5

室温で，イオン強度 0.050 の溶液中における炭酸の pK_2 値を求めよ。

解 答

$$HCO_3^- \rightleftarrows H^+ + CO_3^{2-}$$

$$pK_2 = pK_2 - \frac{2 \times \sqrt{\mu}}{1 + \sqrt{\mu}}$$

$\mu = 0.050$ であるから，$\sqrt{\mu}/(1 + \sqrt{\mu}) = 0.183$ である。

$$pK_2 = pK_2 - 2 \times 0.183$$

$pK_2 = 10.33$ であるので，$pK_2 = 9.96$

pK と pK を関連づけるすべての式（例外を除く）から，pK の値はイオン強度の増大と共に減少することがわかる。これは電荷分離する平衡において真である。したがって，平衡には無関係な電解質（支持電解質）の濃度の増大とともに，平衡反応の割合は増加する。

これ以降，たいていの計算は濃度平衡定数 K の値を使いながら行う。熱力学的平衡定数 K を使うと，各イオンの活量の補正が必要だが，K の場合はそのわずらわしさがない。しかし K はイオン強度によって変化する値であるから，その条件に合う K 値を採用しなければならない。

2-5 物質均衡，電荷均衡，プロトン均衡

これから3章以降において，化学反応の平衡問題を解決していくとき，必要になるいくつかの均衡式がある。

物質均衡（mass or material balance）

物質均衡は，ある物質が解離して，様々な化学種ができるとき，それらの化学種の濃度を合計すると元の物質濃度になるという均衡式である。たとえ

ば，0.1 M の酢酸（HA）は一部解離して H^+ と酢酸イオン（A^-）になるが，大部分は酢酸分子として残っている。このようなとき，酢酸の濃度（分析濃度）[*1] を c_a とすると，物質均衡式は

$$c_a = [HA] + [A^-]$$

である。[HA] および [A^-] は，酢酸分子および酢酸イオンの平衡濃度を表している。

リン酸の場合，分析濃度を c_a と表記すると

$$c_a = [H_3PO_4] + [H_2PO_4^-] + [HPO_4^{2-}] + [PO_4^{3-}]$$

アンモニウムイオン $NH_4^+(Cl^-)$ の場合

$$c_a = [NH_4^+] + [NH_3]$$

*1　モル濃度は，分析濃度（analytical concentration）と平衡濃度（equilibrium concentration）に大別できる。分析濃度は，「0.1 M の酢酸」というような場合に使われる濃度であり，記号 c で表される。平衡濃度は現存する濃度であり，[HA] のように表記される。分析濃度は，仕込み濃度や全濃度と言い換えて使われることがある。

電荷均衡（charge balance）

すべての溶液は電気的に中性であり，溶液中の正電荷の総和は負電荷の総和に等しい。この原理に基づくと，正に荷電したイオン濃度と負に荷電したイオン濃度の間に有用な関係が見出せる。

ここで（濃度 10^{-7} M 程度の）[*2] HCl 溶液について考えてみる。溶液中には水の解離による H^+ と OH^- があり，HCl から生じた H^+ と Cl^- がある。溶液中の正電荷は，出所に係わらず [H^+] によるものであり，負電荷は [OH^-] と [Cl^-] によるものである。電荷均衡により次式を得る。

$$[H^+] = [OH^-] + [Cl^-]$$

リン酸溶液中で，正電荷をもつイオンは H^+ だけである。負電荷をもつイオンは，OH^- や $H_2PO_4^-$ のような 1 価のイオンのほかに，HPO_4^{2-}，PO_4^{3-} のように多価のイオンもある。-2 に荷電した HPO_4^{2-} の 1 mol は，-1 に荷電したイオンの 2 mol と同量の電荷をもつ。そのような結果，電荷均衡は

$$[H^+] = [OH^-] + [H_2PO_4^-] + 2[HPO_4^{2-}] + 3[PO_4^{3-}]$$

塩化アンモニウム溶液について，正電荷をもつイオンは，NH_4^+ と H^+ であり，負電荷をもつイオンは，OH^- と Cl^- である。

$$[NH_4^+] + [H^+] = [OH^-] + [Cl^-]$$

*2　HCl 濃度に関係することなく，電荷均衡式は成り立つ。ただし，HCl 濃度が充分高くなると，水から生成する [H^+]（= [OH^-]）濃度は無視できるようになり，[H^+] = [Cl^-] としてよい。逆に，HCl 濃度が極端に低いと，[Cl^-] が無視できる。

プロトン均衡（proton balance）

電気的に中性であるという代わりに，別の均衡式を考える。プロトンを放してできた化学種の濃度の総和は，プロトンを消費することによってできた化学種の濃度の総和に等しいとした式を考える。たとえば，HCl 水溶液の場合，出発点となる化学種は HCl と H_2O である。HCl が H^+ を放してできた化学種は Cl^- であり，H_2O が H^+ を放してできた化学種は OH^- である。逆にプロトンを消費してできた化学種は，H_3O^+ であるが，これを H^+ と表記すると

$$[H^+] = [Cl^-] + [OH^-]$$

この場合プロトン均衡式は，結果的に，電荷均衡式と同じである。

同様に，H_3PO_4 溶液において生成する $H_2PO_4^-$, HPO_4^{2-}, PO_4^{3-} 化学種ごとに，プロトンがそれぞれ 1, 2 および 3 個放出された。こうして

$$[H^+] = [H_2PO_4^-] + 2[HPO_4^{2-}] + 3[PO_4^{3-}] + [OH^-]$$

別の例として，Na_2HPO_4 の溶液について考えてみる。ここで出発点となる化学種は，HPO_4^{2-} と H_2O である。まず，HPO_4^{2-} がプロトンを放すと化学種 PO_4^{3-} ができる。逆に，HPO_4^{2-} がプロトンを消費することによりできた化学種は，H_3PO_4 と $H_2PO_4^-$ であるが，それぞれ 2 個と 1 個のプロトンを消費している。結局，次式をえる。

$$[H^+] + 2[H_3PO_4] + [H_2PO_4^-] = [PO_4^{3-}] + [OH^-]$$

Na^+ はプロトンの放出や消費の反応には関与しないから，プロトン均衡に影響を与えない。プロトン均衡を使うと，物質均衡と電荷均衡の差し引き計算により導かれる式が，より簡単に得られる。

演習問題

2-1　次の各反応系の平衡定数式を書け。特記されていない限り，化学種は水溶液中にある。

(a)　$BaSO_{4(固体)} \rightleftarrows Ba^{2+} + SO_4^{2-}$

(b)　$NH_3 + H_2O \rightleftarrows NH_4^+ + OH^-$

(c)　$H_{2(気体)} + I_{2(気体)} \rightleftarrows 2\,HI_{(気体)}$

(d)　$H_2S \rightleftarrows 2\,H^+ + S^{2-}$

(e)　$BaSO_{4(固体)} + CO_3^{2-} \rightleftarrows BaCO_{3(固体)} + SO_4^{2-}$

(f)　$Ag(CN)_2^- \rightleftarrows AgCN_{(固体)} + CN^-$

(g)　$2\,H_2O_2 \rightleftarrows 2\,H_2O + O_{2(気体)}$

(h)　$Hg_2Cl_{2(固体)} \rightleftarrows Hg_2^{2+} + 2\,Cl^-$

2-2　ある反応の平衡定数 $\boldsymbol{K}$ は 298 K において 1.5×10^{-5} であり，318 K においては 7.5×10^{-5} である。反応の標準反応熱 ΔH^0 を計算せよ。

2-3　次の各溶液のイオン強度を計算せよ。

(a)　0.05 M KNO_3

(b)　0.05 M KNO_3 および 0.01 M $NaNO_3$ の混合溶液

(c)　0.01 M C_2H_5OH

(d)　0.10 M CH_3COOH

2-4　次の溶液の Na^+ および Cl^- の活量係数を計算せよ。表 2.2 のイオン径

パラメータを参照すること。

(a)　0.01 M NaCl

(b)　0.01 M NaCl および 0.03 M $NaNO_3$ の混合溶液

(c)　0.05 M $NaClO_4$ および 0.02 M HCl の混合溶液

2-5　次の系の K（濃度定数）と $\boldsymbol{K}$（熱力学定数）の間の関係を導け。イオン径パラメータはすべて 3×10^{-8} とする。

(a)　$H_2O \rightleftarrows H^+ + OH^-$

(b)　$AgCl_{(固体)} \rightleftarrows Ag^+ + Cl^-$

(c)　$Ag_2CrO_{4(固体)} \rightleftarrows 2\,Ag^+ + CrO_4^{2-}$

(d)　$BaSO_{4(固体)} \rightleftarrows Ba^{2+} + SO_4^{2-}$

(e)　$NH_3 + H_2O \rightleftarrows NH_4^+ + OH^-$

(f)　$NH_4^+ \rightleftarrows H^+ + NH_3$

(g)　$CH_3COOH \rightleftarrows H^+ + CH_3COO^-$

(h)　$CH_3COO^- + H_2O \rightleftarrows CH_3COOH + OH^-$

2-6　次の酸について，各解離段階の K と $\boldsymbol{K}$ の間の関係を導け。

(a)　$H_2C_2O_4$（シュウ酸）　　(b)　H_3PO_4

2-7　KH_2PO_4 水溶液液中に存在するすべての化学種を列挙せよ。また，電荷均衡式，プロトン均衡式を書け。

3 酸塩基平衡

3-1 ## 酸および塩基の概念

レモンや食酢はすっぱい味がするが，木灰汁には苦味があり，これら両者は互いに反対の性質を持つことは古くから知られていた。ところで8世紀のアラビアの錬金術師ゲーベル（Geber）による書物の中には，金 Au を溶かす王水（*aqua regia*）[*1] についての記述がある。17世紀に，ボイル（R. Boyle）は酸溶液がリトマス紙の色を赤変させることを観察し，酸が体系的に理解される契機となった。1789年，ラボアジェ（A. Lavoisier）は，当時の近代的な教科書「化学要論」の中で，硫黄 S や窒素 N など非金属の酸化物が酸であると提唱した。しかし，この説では，塩酸などの酸化物でない酸は，酸でないことになる。ゲイリュサック（J. Gay-Lussac）はラボアジェの概念を継承し，非金属の酸化物を酸素酸，水素を含む酸を水素酸と命名した。酸素酸については，その後も数々の概念が提起されてきた。次に体系化された酸塩基の理論をあげる。

（1）**アレニウス（Arrhenius）理論**　1884年にスウェーデンの S. A. アレニウスが提唱した理論であり，電離説といわれる。ドイツのオストワルド（F. W. Ostwald）らの協力によって，アレニウスの説が一般に認められることになった。酸などの電解質溶液は導電性を示すが，その機構は19世紀末まで正しく認識されていなかったのである。電解質は水溶液中で，分子として存在するのではなく，イオンに解離するという根本的な原理[*2] の提唱であり，現在では，誰にも認められている考えである。この電離説によって，水溶液中の多くの化学反応は，イオンの存在をもとにして理解されるようになった。

結局，水溶液中で水素イオンを生じる物質は酸であり，水酸化物イオンを生じる物質は塩基であると定義される。しかし，この定義では，水酸基（OH）を含んでいないアンモニアが塩基として機能する機構をうまく説明できていない。また非水溶媒中の酸塩基反応を説明するにも不十分であった。

（2）**ブレンステッド—ローリー（Brønsted–Lowry）理論**　1923年に，デンマークの J. N. ブレンステッドとイギリスの T. M. ローリーがそれぞれ独立して提唱した。酸とは，塩基に水素イオン（プロトン）を与える物質（プロトン供

*1　王水（*aqua regia*）は，濃塩酸と濃硝酸の混合物であり，通常，体積比で濃塩酸3と濃硝酸1を混ぜたものをいう。

アレニウス説の概念図

*2　NaCl や HCl などの電解質が，水中で自発的にイオン解離することは，当時の化学者にとってはあまりにも斬新な考えであった。2つの電極間に電圧をかけたときだけ，MX 分子が数珠つなぎに配列して，導電するなどの考えがあった。

与体 proton donor）であり，塩基とは，水素イオンを受け取ることのできる物質（プロトン受容体 proton acceptor）であると定義された。この理論により，水溶液だけでなく非水溶媒中の酸塩基反応は矛盾なく統一的に説明できるようになった。一般的には，この理論が溶液中における酸塩基の基本概念とされる。

　この理論が，アレニウス理論と特に大きく異なるのは，塩基の定義においてである。塩基は，「水酸化物イオンを生じる物質」から拡張定義され，水素イオンと結合する物質，すなわち「プロトン受容体」とされた。

　（3）**ルイス（Lewis）理論**　1923 年に，G. N. ルイスによって提唱された。酸とは，非共有電子対を受け取る物質であり，塩基とは，非共有電子対を供与する物質であると定義された。この理論によって酸塩基の概念は，さらに拡張され，プロトンだけでなく金属イオンが酸とされ，配位反応または錯生成反応は（広義の）酸塩基反応とみなされる。

3-2 　ブレンステッド―ローリー理論

　アレニウス理論においては，水酸化物イオン OH^- が塩基であると定義された。OH^- はプロトンを受け取ることができる（プロトンと反応する）のであるから，ブレンステッド―ローリー（BL）理論においても，確実に塩基である。BL 理論においては，塩基は OH^- にとどまらず，他にも多数存在することになる。

　酸（HA）が解離して水素イオンを離すことを考えてみると，生じた陰イオン（A^-）は，もともと水素イオンに対して親和力をもっていたはずである。とすれば，陰イオン（A^-）は塩基である。このように酸 HA から生じた陰イオン A^- は共役塩基と呼ばれる。酸 HA と塩基 A^- は合わせて共役酸塩基対（conjugate acid-base pair）である。

　水溶液中の酢酸 CH_3COOH の酸解離反応を考えてみよう。このとき溶媒 H_2O は塩基として働く[*]。

$$CH_3COOH（酸1） + H_2O《塩基2》 \rightleftarrows H_3O^+《酸2》 + CH_3COO^-（塩基1）$$

ここで CH_3COOH は CH_3COO^- の共役酸（conjugate acid）であり，逆に，CH_3COO^- は CH_3COOH の共役塩基（conjugate base）である。同様に，H_2O は H_3O^+ の共役塩基であり，逆に，H_3O^+ は H_2O の共役酸である。

　酸は HCl や H_2SO_4 のように中性分子だけでなく，アンモニウムイオン NH_4^+ のような陽イオン，硫酸水素イオン HSO_4^- のような陰イオンの場合もある。H_2SO_4 の第 1 解離は強酸として働くが，第 2 解離（HSO_4^- の解離）は弱酸として作用する。

$$H_2SO_4 + H_2O \Rightarrow H_3O^+ + HSO_4^-$$
$$HSO_4^- + H_2O \rightleftarrows H_3O^+ + SO_4^{2-}$$

[*]　酸の強度は，プロトンを受け取る塩基の強さにも依存する。水溶液中の酸塩基反応において，溶媒 H_2O は基準塩基である。逆に，塩基の強度はプロトンを放出する酸の強さにも依存する。水溶液中の基準酸は溶媒 H_2O である。

NH_4^+ はプロトンを H_2O に供与する弱酸である。

$$NH_4^+ + H_2O \rightleftarrows H_3O^+ + NH_3$$

次に塩基である酢酸イオンやアンモニアの塩基解離反応について考えてみる。これらの塩基に対して，溶媒 H_2O は酸として機能する。

$$CH_3COO^-（塩基1）+ H_2O《酸2》\rightleftarrows OH^-《塩基2》+ CH_3COOH（酸1）$$
$$NH_3（塩基1）+ H_2O《酸2》\rightleftarrows OH^-《塩基2》+ NH_4^+（酸1）$$

ここで H_2O と OH^- はやはり共役酸塩基対である。

3-3 酸および塩基の強さと酸解離定数

水溶液中において，水にプロトンを与える度合いが高いほど強い酸である。濃度の比較的低い（〜 0.1 M 程度まで）HCl は，完全解離*するので強酸であり，溶液中に HCl 分子は全く残存しないものとして取り扱われる。

$$HCl + H_2O \Rightarrow H_3O^+ + Cl^-$$

HCl は，本来，H_3O^+ よりも強いプロトン供与体である。HCl に限らず，$HClO_4$ や HNO_3 は H_3O^+ よりも強いプロトン供与体であるが，水中ではいずれもすべて H_3O^+ になる。結局，水溶液中でもっとも強い酸は H_3O^+ である。このように水溶液中の強酸の強さは，H_3O^+ の強さにならされてしまい，強さに差が出ない。このような現象を水平化効果（leveling effect）という。水中では $HClO_4$ や HCl は強酸であったが，用いる溶媒によっては弱酸となり，強さの差（$HClO_4 \gg HCl$）が明白に観測できるようになる。

同様に，塩基にも水平化効果があり，OH^- より強い塩基は，OH^- の強さに水平化される。たとえば，強いプロトン受容体である酸化物イオン O^{2-} やアミドイオン NH_2^- は，水中でいずれも OH^- の強さに平準化される。

弱酸である酢酸 CH_3COOH とフェノール PhOH の酸としての強さの違いについて考えることにする。

$$CH_3COOH + H_2O \rightleftarrows H_3O^+ + CH_3COO^- \tag{3.1}$$
$$PhOH + H_2O \rightleftarrows H_3O^+ + PhO^- \tag{3.2}$$

ここで，非解離の酸分子に対する共役塩基の濃度比（$[A^-]/[HA]$）について比較すると

$$\frac{[CH_3COO^-]}{[CH_3COOH]} > \frac{[PhO^-]}{[PhOH]}$$

酢酸についての濃度比の方が，フェノールについての比よりも大きい。しかし，これら比の値は，各々の酸類の仕込み濃度（分析濃度 $c_a = 0.10$ M, 0.010 M, または 0.0010 M ?）に依存するので厳密ではない。これらの濃度比の（分母ではなく）分子側にプロトン濃度 $[H_3O^+]$ を（積として）付け加えると，それはちょうど化学平衡式（質量作用の法則）であり，その値は分析濃度に依存しない定数となる。

* 本章では，酸や塩などの電解質が完全解離する場合には，矢印（⇒）を用いて表記することにする。

式 (3.1) および (3.2) に対する酸解離の平衡式, 平衡定数はそれぞれ式 (3.3) および (3.4) で表される。

$$K_a = \frac{[H_3O^+][CH_3COO^-]}{[CH_3COOH]} = 10^{-4.76} \tag{3.3}$$

$$K_a = \frac{[H_3O^+][PhO^-]}{[PhOH]} = 10^{-10.0} \tag{3.4}$$

明らかに $10^{-4.76} > 10^{-10.0}$ であり, 酢酸のほうがフェノールよりも強い酸である。ここで $K_a = 10^{-4.76}$ の両辺の対数をとり, さらに負符号を付けて $(-\log K_a = pK_a)$ 表記すると $pK_a = 4.76$ となる。同様にフェノールは $pK_a = 10.0$ となる。こうしてみると酸の pK_a 値の小さい方が強い酸であることが分かる。

酸のなかでもオキソ酸 (酸素酸) の強さには, 法則性がある。オキソ酸の化学式を, X を中心とした $XO_m(OH)_n$ と表記すると, m の値が大きいほど, 酸強度が増大する[*1]。たとえば X = Cl のとき, $Cl(OH) < ClO(OH) < ClO_2(OH) < ClO_3(OH)$ の順に酸強度は増加し, $m = 0 \sim 3$ について, pK_a はそれぞれ 7.53, 1.95, -2.7, -7.3 である。

3-4 中性溶液と強酸または強塩基水溶液

3-4-1 中性溶液の概念と pH

水溶液中の酸塩基平衡において, 水の解離平衡は極めて重要である。酸または塩基溶液について計算を始める前に, まず中性である純水について考えてみる。室温において 1 L の純水中には, 約 55.5 mole の水分子が存在するが, そのうちごく一部がイオンに解離する[*2]。

$$H_2O \rightleftarrows H^+ + OH^- \qquad K_w = [H^+][OH^-]$$
$$[H^+] = [OH^-] \tag{3.5}$$

水素イオン濃度 $[H^+]$ は, その対数に負号を付すと, 水素イオン指数 pH となる。

$$pH = -\log[H^+]$$

同様に, 水酸化物イオン濃度 $[OH^-]$ は

$$pOH = -\log[OH^-]$$

と表記できる。$K_w = [H^+][OH^-]$ は, 対数表記すると

$$pK_w = pH + pOH$$

となる。

式 (3.5) の関係は, 純水に限らず, 酸, 塩基または塩の溶液を取り扱ったとしても, 中性を決定する条件である。すなわち, 式 (3.5) は中性水溶液を定義する。酸性溶液中においては $[H^+] > [OH^-]$ であり, 逆に塩基性溶液では $[H^+] < [OH^-]$ である。室温において水の自己プロトン解離定数

平衡定数
プロトン H^+ (またはヒドロニウムイオン H_3O^+) を生じさせる酸解離の平衡定数 (酸解離定数 acid dissociation constant) には K_a のように添え字 a を付けて表示する。OH^- が生じる塩基解離定数 (base dissociation constant) は K_b とする。水の解離平衡 ($H_2O \rightleftarrows H^+ + OH^-$) は $K_w = [H^+][OH^-]$ である。

*1 オキソ酸の強さに関するポーリング (L. Pauling) の第1則。

*2 水素イオン (プロトン) H^+ は, 非常にエネルギーが高く, そのままでは存在できない。まず水分子と結合し H_3O^+ となり, さらに水和され $H_3O^+(H_2O)_3$ または $H^+(H_2O)_n$ ($n \gg 1$) となって安定化する。通常, H^+ または H_3O^+ と記述される。

対数の負号
負号を付すのは, 通常, $[H^+] < 1\,M$ ($pH > 0$) を取り扱う場合が多いからである。水素イオン指数は「水素イオン濃度の逆数の対数」として, 1909 年, デンマークのセーレンセン (S. P. L. Sørensen) により導入された。当初は P_{H^+} の記号であったが, その後, pH を経て, 今日では記号 pH が用いられている。水素イオン活量を基にした $pH = -\log a_{H^+}$ は, 概念上の pH の定義である (第 12 章参照)。

＊ autoprotolysis constant は自己
プロトリシス定数と訳されるこ
とがある。また K_w は簡単に，
水の解離定数または水のイオン
積ともいわれる。

(autoprotolysis constant)* $K_w = 1.00 \times 10^{-14}$ であるので，中性溶液の水素イオン濃度は

$$[\text{H}^+] = \sqrt{K_w} = 1.00 \times 10^{-7}\,(\text{M})$$

または

$$\text{pH} = \frac{1}{2}\,\text{p}K_w = 7.00$$

水溶液で 7 という pH 値は，酸性溶液と塩基性溶液を分割する境目を表している。

　しかし，このことから全ての場合において，pH = 7.00 が中性溶液を定義すると結論してはならない。K_w 値は濃度定数であるので，厳密に言えば，電解質の存在によるイオン強度によって変化する。また，他の溶媒の混合や温度変化（表 3.1 参照）によっても変化する。その結果，「中性溶液の pH」は変化するのである。

例題 3.1

　100 ℃の純水の pH はいくらか。100 ℃において $K_w = 49 \times 10^{-14}$ である。

解　答

$$K_w = [\text{H}^+][\text{OH}^-] = 49 \times 10^{-14}$$

ここで，$[\text{H}^+] = [\text{OH}^-]$ であるから，$[\text{H}^+]^2 = K_w$ となるので $[\text{H}^+] = \sqrt{K_w} = 7 \times 10^{-7}$ または $\text{pH} = \frac{1}{2}\,\text{p}K_w = \frac{1}{2} \times 12.3 = 6.15$。

　この溶液は中性であるけれども，室温の水に比べて非常に高い水素イオン濃度 $[\text{H}^+] = 7 \times 10^{-7}\,\text{M}$ であることに注目しておくべきである。

表 3.1　K_w の温度変化

温度（℃）	$10^{14} \times K_w$
0	0.114
25	1.01
50	5.47
75	19.9
100	49

3-4-2　強酸または強塩基水溶液の pH

　ある程度希釈された強酸溶液中の，水素イオン濃度または pH の計算は簡単である。強酸に由来する水素イオンだけに注目すればよい。しかし酸が極端に希薄になってくると，水の解離による水素イオンを考慮しなければならなくなる。たとえば，0.10 M HCl を希釈していき，1.0×10^{-5} M にすると，pH は 5.0 となるが，1.0×10^{-9} M まで希釈すると，はたして pH は 9.0 にな

るだろうか。いや，溶液の pH は 9.0 ではなく 7.0 となる。塩酸から生じる水素イオンは，確かに 1.0×10^{-9} M であるが，水の解離による水素イオンが関与するからである。強酸が希釈され，水からの水素イオンを計算に入れなくてはならない問題を考えてみる。

例題 3.2

5.00×10^{-8} M HCl 溶液の水素イオン濃度および pH を計算せよ。HCl は非常に希薄なので水の解離によって生じる水素イオンは，全 $[H^+]$（平衡水素イオン濃度）に対して大きな寄与をする。

解 答

塩酸によって与えられる水素イオンは，$[Cl^-]$ と等しい。一方，水の解離によって生じる水素イオンの量（濃度）は，平衡反応の結果によるものであり，未知数ではあるが，確実に $[OH^-]$ と等しい。平衡時の全 $[H^+]$ は，塩酸から生じる水素イオン（既知）と水の解離による水素イオン（未知）の総和であり，次式で表される[*1]。

$$[H^+] = [Cl^-] + [OH^-] \tag{3.6}$$

水の解離定数から $[OH^-] = K_w / [H^+]$ を上式に代入すると

$$[H^+] = [Cl^-] + \frac{K_w}{[H^+]} \tag{3.7}$$

整理すると 2 次方程式

$$[H^+]^2 - [Cl^-][H^+] - K_w = 0$$

または

$$[H^+]^2 - c_a [H^+] - K_w = 0$$

が得られる。ここで，$[Cl^-] = c_a = 5.00 \times 10^{-8}$ であり，$K_w = 1.00 \times 10^{-14}$ として，$[H^+]$ を計算すると $[H^+] = 1.28 \times 10^{-7}$ となり，pH = 6.89 を得る。$[H^+]$ は正の実数であるから，2 次方程式の根は 1 つだけである。

この問題で，全水素イオンのうち 0.50×10^{-7} M は，HCl からもたらされる。残りの 0.78×10^{-7} M は水の解離（$[H^+] = [OH^-] = 0.78 \times 10^{-7}$ M）によるものである。このように 5.00×10^{-8} M HCl の存在により，水の解離が幾分抑えられることを理解しなければならない[*2]。

強酸溶液において，酸濃度だけに注目すればよい場合もあるが，酸濃度と水の解離を同時に考慮しなければならない場合があることが分かった。その濃度領域を知るために，図 3.1 を調べてみよう。この図では，10^{-4} M HCl 溶液が例示されている。$[H^+]$ と $[OH^-]$ を表す線（それぞれ傾斜 -1 と 1）に加えて，溶液中の Cl^- 濃度を表す水平な線が描かれている。HCl の完全解離を前提とすれば，$[Cl^-]$ はどの pH でも一定であり，この線はゼロ勾配である。ここで，例題 3.2 で出された式 (3.6) を用いる。

*1 電荷均衡を考えても，式 (3.6) となる。

*2 ここでは模式的に，$K_w = [H^+][OH^-] = 100$ と設定してみる。強酸由来の 5 個のプロトンが加わると，K_w（積）を一定値 100 に保つために，水の解離は 78% に抑制される。

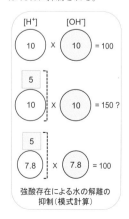
強酸存在による水の解離の抑制（模式計算）

$$[H^+] = [Cl^-] + [OH^-]$$

$[H^+]$ 線が $[Cl^-]$ と交わる点 A は，この式の解を表している。この点における $[OH^-]$ 濃度（$\log [OH^-] = -10$）は $\log [Cl^-]$ に比べると，無視できるほど小さいからである。しかし HCl 濃度が次第に低下していくと，$[Cl^-]$ 濃度を表す平行線は，自然に低下し，交点 A は N 点に近づくので，AB 間の距離はより小さくなる。点 B が示す $[OH^-]$ が 5% $[Cl^-]$ に達したとき，距離 AB は $\log 0.05$（-1.30）* であり，その結果，長さは 1.3 log 単位に等しい。そのとき，この点は AM $= 0.65$ log 単位の位置になる。この解析から分かることは，HCl が中性（pH $= \dfrac{1}{2}$ p$K_w = 7.0$）の点から 0.65 log 単位以内に入ったとき，水の解離を考慮することが必要となることである。しかし，HCl 濃度が N 点より低くなり，それが 0.65 log 単位を越えて下方に離れると，溶液の pH は実質上純水の pH と等しくなる。$[H^+] = [Cl^-] + [OH^-]$ は，単純化され $[H^+] = [OH^-]$ となるのである。

* 本書では，2 つのプロトン源があるとき，もし 5%$[H^+]_1 > [H^+]_2$（すなわち $[H^+]_1 > 20[H^+]_2$）であれば，$[H^+]_1$ に比べ $[H^+]_2$ は無視できることにする。このとき $[H] = [H^+]_1 + [H^+]_2$ ではなく，$[H^+] = [H^+]_1$ としてよい。これは pH メーターによる測定の精度が ± 0.02 程度であることに基づく。プロトン濃度 5% の誤差は $\varDelta$pH $= \pm 0.02$ を生じる [$\log (1 \pm 0.05) = \pm 0.02$]。

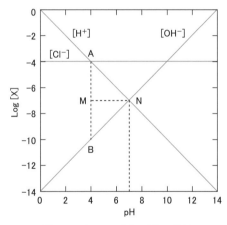

図 3.1　10^{-4} M HCl 成分のグラフ表示

上記の内容をまとめると

(1) 強酸濃度 $c_a > 10^{-6.35}$ すなわち $> 4.5 \times 10^{-7}$ M のとき，水素イオン濃度はそのモル濃度に等しい。

(2) 強酸濃度 $c_a < 10^{-7.65}$ すなわち $< 2.2 \times 10^{-8}$ M のとき，水素イオン濃度は中性の水に等しい。

(3) 強酸濃度 c_a がこれら 2 つの限界内の領域にあるとき，例題 3.2 の方法を使って計算する。

NaOH のような強塩基の水酸化物イオン濃度は，強酸の水素イオン濃度と同様な方法で計算できる。

$$[OH^-] = [Na^+] + [H^+] \tag{3.8}$$

水の解離定数から $[H^+] = K_w/[OH^-]$ を代入すると，次の2次方程式が得られる。

$$[OH^-]^2 - [Na^+][OH^-] - K_w = 0$$

または

$$[OH^-]^2 - c_b[OH^-] - K_w = 0 \tag{3.9}$$

強酸の場合と同様に，強塩基についても濃度範囲内（$10^{-7.65} < c_b < 10^{-6.35}$）においてのみ，この式を適用する。

3-5 弱酸の水溶液

3-5-1　解離度と酸解離定数

強電解質と弱電解質の違いは，強電解質は適当な濃度の溶液（～ 0.1 M まで）中では完全にイオン解離するが，弱電解質はそうではないことである。その結果，弱酸である酢酸 CH_3COOH 溶液中には，CH_3COO^-，H^+，OH^- に加えて，非解離の CH_3COOH 分子が含まれている。無電荷のモノプロトン酸（monoprotic acid, 一塩基酸）を HA と記す[*]。

水の解離により生成する水素イオンを無視できる条件下において，分析濃度 c_a の弱酸 HA が解離して H^+ と A^- がそれぞれ x（モル濃度）生成すると設定する。

$$HA \rightleftharpoons H^+ + A^-$$
$$(c_a - x) \quad x \quad x$$

$$K_a = \frac{x^2}{c_a - x} \tag{3.10}$$

解離度（degree of dissociation）$\alpha = x/c_a$ から $x = c_a\alpha$ であり，式 (3.10) に代入すると，式 (3.11) が得られる。

$$K_a = \frac{c_a\alpha^2}{1 - \alpha} \tag{3.11}$$

酸解離定数 K_a 一定では，分析濃度 c_a が大きくなると解離度は低下することになる。式 (3.10) または式 (3.11) は，弱酸の分析濃度 c_a および酸解離定数 K_a を既知とすれば，解離の大きさが計算できることを示している。

式 (3.10) または 式 (3.11) は，$c_a \gg x$ または $1 \gg \alpha$ のとき単純化できる。すなわち

$$K_a = \frac{x^2}{c_a} \quad \text{または} \quad K_a = c_a\alpha^2 \tag{3.12}$$

アンモニアのような弱塩基についても，弱酸と類似した式が導かれる。アンモニアの塩基解離定数 K_b，分析濃度 c_b，解離度 α を使うと

$$NH_3 + H_2O \rightleftharpoons NH_4^+ + OH^-$$

[*]　H_2A はジプロトン酸（diprotic acid 二塩基酸），一般的に，H_nA はポリプロトン酸（polyprotic acid 多塩基酸）を表す。酸 HA の共役塩基は A^- であるが，H_2A の共役塩基は HA^- であり，さらに HA^- の共役塩基は A^{2-} である。

$$K_b = \frac{[\mathrm{NH_4^+}]\,[\mathrm{OH^-}]}{[\mathrm{NH_3}]} = \frac{c_b \alpha^2}{1 - \alpha} \tag{3.13}$$

となる。

3-5-2　pH 変化に伴う酸塩基化学種の分布

　弱酸の解離は，共存する水素イオンの濃度によって大きく影響を受ける。まわりに水素イオンが多量に存在していれば，弱酸の解離は妨げられる。まず分析濃度 c_a のモノプロトン酸 HA について，未解離の酸分子 HA とその共役塩基 $\mathrm{A^-}$ の濃度分布（存在割合）を調べる。

　弱酸の解離平衡は，溶液中に共存する（強酸などからの）水素イオンの有無にかかわらず成り立つ。

$$\mathrm{HA} \rightleftarrows \mathrm{H^+} + \mathrm{A^-} \qquad K_a = \frac{[\mathrm{H^+}]\,[\mathrm{A^-}]}{[\mathrm{HA}]} \tag{3.14}$$

HA および $\mathrm{A^-}$ の平衡濃度の合計は，分析濃度 c_a と等しい（物質均衡）。

$$c_a = [\mathrm{HA}] + [\mathrm{A^-}] \tag{3.15}$$

$[\mathrm{HA}] = [\mathrm{H^+}][\mathrm{A^-}]/K_a$ を代入して整理すると

$$c_a = \left\{ \frac{[\mathrm{H^+}]}{K_a} + 1 \right\} [\mathrm{A^-}] \tag{3.16}$$

となり，$[\mathrm{A^-}]$ について整理し，また $[\mathrm{HA}]$ についても計算する。

$$[\mathrm{A^-}] = c_a \left\{ \frac{K_a}{[\mathrm{H^+}] + K_a} \right\} \tag{3.17}$$

$$[\mathrm{HA}] = c_a \left\{ \frac{[\mathrm{H^+}]}{[\mathrm{H^+}] + K_a} \right\} \tag{3.18}$$

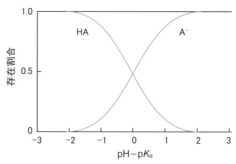

図 3.2　弱モノプロトン酸 HA および共役塩基 $\mathrm{A^-}$ の存在割合

　図 3.2 は，$[\mathrm{HA}]$ および $[\mathrm{A^-}]$ の存在割合（α_{HA} および $\alpha_{\mathrm{A^-}}$）を溶液全体の pH に対してプロットしたものである。pH を下げると HA 濃度が増加し，逆に pH を上げれば $\mathrm{A^-}$ 濃度が増加する。また，$[\mathrm{H^+}] = K_a$（すなわち pH = pK_a）のとき HA と $\mathrm{A^-}$ が等量に存在することがわかる。この関係は，式(3.14)

の対数形

$$pK_a = pH - \log \frac{[A^-]}{[HA]} \tag{3.19}$$

に $[A^-] = [HA]$ を代入しても得られる。

　次はポリプロトン酸（多塩基酸）について考えてみる。ジプロトン酸（二塩基酸）やトリプロトン酸（三塩基酸）は段階的に順次酸解離していく。たとえば，リン酸 H_3PO_4 は次のように 3 段階で逐次解離する。

$$H_3PO_4 \rightleftharpoons H^+ + H_2PO_4^- \qquad pK_1 = 2.15$$
$$H_2PO_4^- \rightleftharpoons H^+ + HPO_4^{2-} \qquad pK_2 = 7.20$$
$$HPO_4^{2-} \rightleftharpoons H^+ + PO_4^{3-} \qquad pK_3 = 12.4$$

リン酸 $O=P(OH)_3$ 中の 3 個の OH は，P 原子のまわりに対称的に配置されており，プロトンが解離する確率はどれも同じである。すると解離定数はどれも同じ値になるのではないかと考えられないだろうか。すなわち $pK_1 = pK_2 = pK_3$（？）ではないかと。確かにどの OH プロトンにも，最初に脱プロトンする可能性は一様にある。しかし，いずれかのプロトンが解離したとたんに，第 2 のプロトン解離が極端に困難になる。これは第 1 プロトン解離の際には，-1 に荷電した陰イオンから陽イオンが離脱するが，第 2 解離では，-2 から離れなければならないことによる。もちろん第 3 解離は -3 からとなる*。リン酸の場合，逐次解離定数はちょうど約 10^{-5} ずつ小さくなっている。他の多塩基酸についても解離定数は大きく減少していく。しかしジプロトン酸の中には，例外的に解離定数があまり大きく離れていないものもあることに留意すべきである。たとえば，コハク酸の pK_1 および pK_2 はそれぞれ 4.21 および 5.64 であり，その差（比）は 1/30 以下に過ぎない。

　ジプロトン酸 H_2A の平衡式は次の通りである。ここで H_2A の逐次解離定数を K_1, K_2 とする。

$$H_2A \rightleftharpoons H^+ + HA^- \qquad K_1 = \frac{[H^+][HA^-]}{[H_2A]} \tag{3.20}$$

$$HA^- \rightleftharpoons H^+ + A^{2-} \qquad K_2 = \frac{[H^+][A^{2-}]}{[HA^-]} \tag{3.21}$$

酸解離の第 1 段階と第 2 段階を加え合わせると（このとき解離定数 K_1 と K_2 の積となる）式(3.22)が得られる。

$$H_2A \rightleftharpoons 2H^+ + A^{2-} \qquad K = K_1 K_2 = \frac{[H^+]^2[A^{2-}]}{[H_2A]} \tag{3.22}$$

H_2A の分析濃度を c_a とすると，物質均衡式は

$$c_a = [H_2A] + [HA^-] + [A^{2-}] \tag{3.23}$$

式(3.20)および(3.21)を使って $[H_2A], [HA^-]$ を消去すると

*　静電的な効果を考察したが，プロトンが離れることにより，リン酸分子内の電子構造変化により，第2，第3解離が一層困難になるとも考えられる。

$$c_\mathrm{a} = \left\{ \frac{[\mathrm{H^+}]^2}{K_1 K_2} + \frac{[\mathrm{H^+}]}{K_2} + 1 \right\} [\mathrm{A^{2-}}] \tag{3.24}$$

となり，$[\mathrm{A^{2-}}]$ を求めると

$$[\mathrm{A^{2-}}] = \frac{c_\mathrm{a} K_1 K_2}{[\mathrm{H^+}]^2 + K_1 [\mathrm{H^+}] + K_1 K_2} \tag{3.25}$$

$[\mathrm{HA^-}]$ および $[\mathrm{H_2A}]$ については，それぞれ

$$[\mathrm{HA^-}] = \frac{c_\mathrm{a} K_1 [\mathrm{H^+}]}{[\mathrm{H^+}]^2 + K_1 [\mathrm{H^+}] + K_1 K_2} \tag{3.26}$$

$$[\mathrm{H_2A}] = \frac{c_\mathrm{a} [\mathrm{H^+}]^2}{[\mathrm{H^+}]^2 + K_1 [\mathrm{H^+}] + K_1 K_2} \tag{3.27}$$

pH を極端に下げたり，逆に，大きく上げたりすると，$\mathrm{H_2A}$ または $\mathrm{A^{2-}}$ の存在割合が 1.0 に近づくことは容易に予想できる。しかし，これら両者に挟まれた中間の化学種 $\mathrm{HA^-}$ の存在割合はどのようになるのだろうか。式 (3.26) を $[\mathrm{H^+}]$ で微分して計算すると，最終的に，存在割合 $\alpha_{\mathrm{HA^-}} = [\mathrm{HA^-}]/c_\mathrm{a}$ は，$[\mathrm{H^+}] = (K_1 K_2)^{1/2}$ のとき最大値

$$\alpha_{\mathrm{HA^-\ max}} = \frac{1}{1 + 2\,(K_2/K_1)^{1/2}} \tag{3.28}$$

をとる。仮に $K_2/K_1 = 10^{-4}$ であれば，$\mathrm{pH} = \dfrac{1}{2}\,(\mathrm{p}K_1 + \mathrm{p}K_2)$ のとき $\alpha_{\mathrm{HA^-\ max}}$ は 0.98 となる。式 (3.26) および (3.27) を比較すると，$[\mathrm{H_2A}] = [\mathrm{HA^-}]$ のとき，$[\mathrm{H^+}] = K_1$ であることが分かる。また式 (3.25) および (3.26) からは，$[\mathrm{HA^-}] = [\mathrm{A^{2-}}]$ のとき，$[\mathrm{H^+}] = K_2$ となる。

トリプロトン酸についても，ジプロトン酸と同様にして，式を導くことができる。リン酸 $\mathrm{H_3PO_4}$ の各化学種の存在割合と pH の関係を図 3.3 に示した。

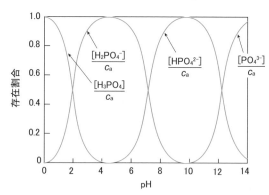

図 3.3　リン酸 $\mathrm{H_3PO_4}$ の各化学種の存在割合と pH の関係

3-5-3　弱モノプロトン酸溶液の水素イオン濃度

強酸または強塩基水溶液の pH の計算法については，3-4-2 節で述べた。

強酸や強塩基の濃度が低下すると，水から生じる H^+（または OH^-）を考慮しなくてはならない場合があることが分かった。これからは弱酸および弱塩基水溶液の pH の計算法について学んでいくことにする。

「この酸は強酸として働く」と宣言したとすると，それは完全解離を前提とすることを意味し，水素イオン濃度の計算においては，解離定数 K_a は無限大 ∞ と見なされることになる。たとえば，$HClO_4$ および HNO_3 の酸解離定数はそれぞれ pK_a ＝ 約 -7 および -1.3 と見積もられているが，これらの酸解離定数にこだわることなく，すべて $pK_a = -\infty$ として扱うのである[*]。しかし弱酸の場合には，確実に，計算式に解離定数 K_a が組み込まれる。

酸解離定数 $pK_a = 4.0$，分析濃度 $c_{HA} = 0.010$ M の弱モノプロトン酸 HA について考えることにする。図 3.4 は，pH 変化による共役酸塩基対 HA － A^- の組成変化を対数表示している。

＊ $pK_a = -1.0$（$K_a = 10$）のモノプロトン酸を，強酸（完全解離する）として水素イオン濃度を計算すると，分析濃度 $c_a = 1 \times 10^{-3}$, 1×10^{-2} および 1×10^{-1} M のとき，それぞれ，0.01, 0.10 および 1.0%の誤差が生じる。$pK_a = 0$（$K_a = 1.0$）の酸を同様に強酸として扱うと，誤差はそれぞれ 0.10, 1.0 および 8.4%に拡大する。

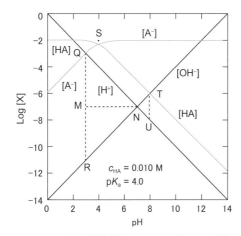

図 3.4 pH による共役酸塩基対 HA － A^- 組成変化の対数表示

HA 水溶液の電荷均衡式（またはプロトン均衡式）は次の通りである。

$$[H^+] = [A^-] + [OH^-]$$

図 3.4 から，$[H^+]$ 線は $[OH^-]$ 線に交わるよりずっと高い位置の点 Q で $[A^-]$ と交差することが分かる。このことは，$[OH^-]$ は $[A^-]$ と比べて無視できること意味し，$[H^+] = [A^-]$ が十分に正しいことになる。この溶液の pH は点 Q の値（pH ＝ 3.0）で与えられる。$[A^-] > 20 [OH^-]$（すなわち 5% $[A^-] > [OH^-]$）とき，図中では QR の長さが 1.30 log 単位以上あるかぎり正しい。

次に，$[OH^-]$ を考慮しなければならない条件を探してみる。第 1 の条件は，すでに強酸で示したように，HA の分析濃度 c_{HA} が非常に低い場合である（3-4-2 節参照）。すなわち HA 溶液がだんだん希薄になると，$[A^-]$ 線は（$[HA]$ 線も同様に）下方へ移行する。その結果，点 Q は $[OH^-]$ 線に近づく。第 2 の条件は，酸の pK_a 値である。pK_a が増大するほど交点 Q は（右に移動し）$[OH^-]$

線に近づく。しかしながら，強酸の解析と同様にして，点 Q の pH が 6.35 未満のときは，[OH⁻] を無視することができる。

　[OH⁻] を無視することができない場合には，弱酸 HA 溶液の [H⁺] は次の方法で計算する。溶液中には，H⁺, OH⁻, HA および A⁻ が存在するので，[H⁺] を明確に決定するには，次の 4 つの式が必要である。

(1) 酸の解離
$$K_a = \frac{[H^+][A^-]}{[HA]} \tag{3.29}$$

(2) 水の解離
$$K_w = [H^+][OH^-] \tag{3.30}$$

(3) 電荷均衡
$$[H^+] = [A^-] + [OH^-] \tag{3.31}$$

(4) 物質均衡
$$c_a = [HA] + [A^-] \tag{3.32}$$

式 (3.31) から [A⁻] = [H⁺] − [OH⁻] であり，また式 (3.32) から，[HA] = c_a − [A⁻] = c_a − ([H⁺] − [OH⁻]) となるから，これら 2 者，すなわち [A⁻] および [HA] を式 (3.29) に代入すると

$$K_a = \frac{[H^+] \times ([H^+] - [OH^-])}{c_a - ([H^+] - [OH^-])} \tag{3.33}$$

水の解離定数から [OH⁻] = K_w/[H⁺] であり，これを式 (3.33) に代入する。

$$K_a = \frac{[H^+] \times ([H^+] - K_w/[H^+])}{c_a - ([H^+] - K_w/[H^+])} \tag{3.34}$$

すなわち

$$[H^+]^3 + K_a[H^+]^2 - (K_w + c_a K_a)[H^+] - K_a K_w = 0 \tag{3.35}$$

式 (3.35) は [H⁺] に関する 3 次方程式であり，モノプロトン酸の水素イオン濃度を与える正確な式である。結局，弱酸 HA（分析濃度 c_a）の溶液中のすべての化学種の濃度は，2 つの平衡反応の定数 K_a および K_w によって決定される。

　しかしながら，水溶液中のモノプロトン酸の水素イオン濃度を計算するのに，必ずしも 3 次方程式を解かなくてもよい。たいていの場合，式 (3.35) よりもずっと簡単な式が十分に有効である。

　酸溶液であるから，たいていの場合，OH⁻ 濃度は非常に低いので無視できる。[H⁺] ≫ [OH⁻] すなわち 5% [H⁺] > [OH⁻]（[H⁺] > 20 [OH⁻]）ならば，([H⁺] − [OH⁻]) ≃ [H⁺] としてよい。そうすると式 (3.33) は次のようになる。

$$K_a = \frac{[H^+] \times [H^+]}{c_a - [H^+]} \tag{3.36}$$

これは [H⁺] についての 2 次方程式である。

$$[H^+]^2 + K_a[H^+] - K_a c_a = 0 \tag{3.37}$$

さらに，もし 5% c_a > [H⁺]（c_a > 20 [H⁺]）ならば式 (3.36) はもっと簡単になる。

$$K_a = \frac{[H^+]^2}{c_a} \tag{3.38}$$

すなわち

$$[H^+] = (K_a c_a)^{1/2} \tag{3.39}$$

この式は弱酸の水素イオン濃度計算において最も簡単な式である。この式を対数形で表すと

$$pH = \frac{1}{2}(pK_a - \log c_a) \tag{3.40}$$

弱モノプロトン酸の水素イオン濃度を計算するのに，式 (3.35), (3.37) あるいは (3.39) を用いることができる。しかしながら，最も重要なのは，与えられた問題に適した式を見定めて用いることである。次に典型的な計算例を示す。

例題 3.3

5.00×10^{-3} M 酢酸溶液の水素イオン濃度を計算せよ。ここでは酢酸の酸解離定数を $K_a = 1.90 \times 10^{-5}$ とする。

解 答

$$[H^+] = (K_a c_a)^{1/2} = (1.90 \times 10^{-5} \times 5.00 \times 10^{-3})^{1/2} = (9.5 \times 10^{-8})^{1/2} = 3.08 \times 10^{-4}$$

この結果，$[OH^-] = K_w/[H^+]$ は明らかに 5% $[H^+]$ よりも小さいので無視できる。しかし，$[H^+]$ の暫定値（概算）は「5% c_a よりも小さい」との条件を満たしていない。すなわち $[H^+]_{概算} > 2.5 \times 10^{-4}\, (= 0.05\, c_a)$ である。それゆえ，この場合，2 次方程式 (3.37) を用いなければならない。

$$[H^+]^2 + 1.90 \times 10^{-5}\,[H^+] - 9.5 \times 10^{-8} = 0$$

$$[H^+] = \frac{-1.90 \times 10^{-5} + \sqrt{3.61 \times 10^{-10} + 38.0 \times 10^{-8}}}{2} = 3.00 \times 10^{-4}\ \text{M}$$

弱モノプロトン酸の水素イオン濃度は，次のような段階を経て計算を行う。

1. まず最も簡単な次式を使って $[H^+]$ の概算値を計算する。

   $$[H^+]_{概算} = (K_a c_a)^{1/2}$$

2. 次式から $[OH^-]$ を計算する。

   $$[OH^-] = K_w/[H^+]_{概算}$$

もし 5% $[H^+]_{概算} > [OH^-]$ であり，さらに 5% $c_a > [H^+]_{概算}$ ならば，$[H^+]_{概算}$ は十分正確である。

3. もし 5% $[H^+]_{概算} > [OH^-]$ であるが，5% $c_a < [H^+]_{概算}$ ならば，$[H^+]$ は 2 次方程式を解くことによって得られる。

   $$K_a = \frac{[H^+] \times [H^+]}{c_a - [H^+]}$$

4. もし弱酸の溶液が近似的に中性であるならば，$[H^+]$ と $[OH^-]$ の差は非

常に小さい。それゆえ，$5\% \, c_a > ([H^+]_{概算} - [OH^-])^*$ であれば，式 (3.33) は

$$K_a = \frac{[H^+] \times ([H^+] - [OH^-])}{c_a}$$

すなわち $K_a = \dfrac{[H^+]^2 - K_w}{c_a}$

その結果，$[H^+] = (K_a c_a + K_w)^{1/2}$ \hfill (3.41)

もし $5\% \, [H^+]_{概算} < [OH^-]$ であり，$5\% \, c_a < [H^+]_{概算}$ であれば，$[H^+]$ を得るためには3次方程式を解く必要がある。式 (3.35) の解を得るには，コンピューターを使うか，試行錯誤法による。まず $[H^+]_{概算}$ の値を手がかりにして，左辺がゼロに等しくなるまで値を調整する。

例題3.4

1.00×10^{-4} M HCN 溶液の水素イオン濃度を計算せよ。HCN の K_a は 4.00×10^{-10} であるとせよ。

解　答

$$[H^+]_{概算} = (K_a c_a)^{1/2} = (4.00 \times 10^{-14})^{1/2} = 2.00 \times 10^{-7}$$

したがって

$$[OH^-] = \frac{1.00 \times 10^{-14}}{2.00 \times 10^{-7}} = 5.00 \times 10^{-8}$$

この溶液は近似的に中性であり，また $5\% \, c_a > ([H^+]_{概算} - [OH^-])$ であるから，式 (3.41) を適用する。

$$[H^+] = (K_a c_a + K_w)^{1/2} = (4.00 \times 10^{-14} + 1.00 \times 10^{-14})^{1/2} = 2.24 \times 10^{-7} \text{ M}$$

正電荷をもった酸，たとえばアンモニウムイオン NH_4^+ (Cl^-) についても，酸解離定数 K_a （または共役塩基の解離定数 K_b）を用いて，無電荷の酸 （HA）と同様に，水素イオン濃度が計算できる。塩化アンモニウム塩は，まず完全解離するとして

$$NH_4^+(Cl^-) \Rightarrow NH_4^+ + Cl^-$$

NH_4^+ の酸解離反応は

$$NH_4^+ \rightleftarrows H^+ + NH_3 \qquad\qquad K_a = \frac{[H^+][NH_3]}{[NH_4^+]} \qquad (3.42)$$

ここで，互いに共役関係にある酸と塩基について，K_a と K_b の間にはどのような関係があるか考えてみる。NH_3 の塩基解離反応は

$$NH_3 + H_2O \rightleftarrows OH^- + NH_4^+ \qquad\qquad K_b = \frac{[OH^-][NH_4^+]}{[NH_3]} \qquad (3.43)$$

式 (3.42) および (3.43) より

$$K_a K_b = \frac{[H^+][NH_3]}{[NH_4^+]} \times \frac{[OH^-][NH_4^+]}{[NH_3]} = [H^+][OH^-] = K_w \tag{3.44}$$

一般に共役酸塩基対について，K_a または K_b のいずれかが与えられていれば，他方は

$$K_a \times K_b = K_w$$

あるいは

$$\mathrm{p}K_a + \mathrm{p}K_b = \mathrm{p}K_w \tag{3.45}$$

によって，簡単に計算できる。

例題 3.5

2.6×10^{-2} M NH$_4$Cl 溶液の水素イオン濃度を計算せよ。アンモニアの $K_b = 2.5 \times 10^{-5}$, 水の $K_w = 1.4 \times 10^{-14}$ とせよ。

解　答

　共役塩基であるアンモニアの解離定数が与えられているので，NH$_4^+$ の酸解離定数は $K_a = K_w/K_b$ によって計算する。

$$[H^+]_{概算} = (K_a c_a)^{1/2} = \left(\frac{1.4 \times 10^{-14} \times 2.6 \times 10^{-2}}{2.5 \times 10^{-5}}\right)^{1/2} = 3.8 \times 10^{-6} \text{ M}$$

$[H^+]_{概算}$ から $[OH^-] = 3.7 \times 10^{-9}$ となり，これは 5% $[H^+]_{概算}$ よりも小さい。また $[H^+]_{概算}$ は 5% c_a よりも小さい。したがって $[H^+]_{概算}$ は十分正確である。

例題 3.6

1.0×10^{-3} M NaHSO$_4$ 溶液の水素イオン濃度を計算せよ。HSO$_4^-$ の $K_a = 1.0 \times 10^{-2}$ とせよ。

解　答

　H$_2$SO$_4$ の第 1 解離は強酸であるので，その共役塩基イオン HSO$_4^-$ は塩基性を示さない。したがって NaHSO$_4$ 溶液中の HSO$_4^-$ は単にモノプロトン酸として取り扱えばよい。

$$[H^+]_{概算} = (K_a c_a)^{1/2} = (1.0 \times 10^{-2} \times 1.0 \times 10^{-3})^{1/2} = 3.2 \times 10^{-3}$$

明らかに酸性であり $[OH^-]$ は無視できるが，5% $c_a < [H^+]_{概算}$ であるから 2 次方程式を用いる。

$$[H^+]^2 + 1.0 \times 10^{-2}\,[H^+] - 1.0 \times 10^{-5} = 0$$

$$[H^+] = \frac{-1.0 \times 10^{-2} + \sqrt{1.0 \times 10^{-4} + 4.0 \times 10^{-5}}}{2} = 9.2 \times 10^{-4} \text{ M}$$

3-6　弱塩基の水溶液

　弱酸について導いた式と類似した式を，弱塩基について導くことができる[*]。無電荷の一酸塩基を B とし，分析濃度 c_b, 解離定数を K_b とすると

---

[*]　弱酸と弱塩基では，$[H^+]$ と $[OH^-]$ の関係が対称的に入れ替わる。

$$B + H_2O \rightleftarrows BH^+ + OH^- \qquad\qquad K_b = \frac{[BH^+] \times [OH^-]}{[B]} \qquad (3.46)$$

$$K_w = [H^+][OH^-] \qquad (3.47)$$

物質均衡：$c_b = [B] + [BH^+]$ $\qquad (3.48)$

電荷均衡：$[H^+] + [BH^+] = [OH^-]$ $\qquad (3.49)$

式 (3.46) 中の [B] および [BH$^+$] に，式 (3.48) および (3.49) を使って置換すると

$$K_b = \frac{[OH^-]([OH^-] - [H^+])}{c_b - ([OH^-] - [H^+])} \qquad (3.50)$$

この式は，モノプロトン酸の式 (3.33) と完全に対称的であり，[OH$^-$] に関する 3 次方程式となっている。式 (3.50) を省略化した式は次の条件下で用いられる。

もし 5% [OH$^-$] > [H$^+$] ならば

$$K_b = \frac{[OH^-]^2}{c_b - [OH^-]} \qquad (3.51)$$

もし 5% [OH$^-$] > [H$^+$] で，さらに 5% c_b > [OH$^-$] であれば

$$K_b = \frac{[OH^-]^2}{c_b} \quad \text{すなわち} \quad [OH^-] = (K_b c_b)^{1/2} \qquad (3.52)$$

もし溶液がほぼ中性であり，5% c_b > ([OH$^-$]$_{概算}$ − [H$^+$]) ならば

$$[OH^-] = (K_b c_b + K_w)^{1/2} \qquad (3.53)$$

例題 3.7

0.10 M CH$_3$COONa 溶液の水素イオン濃度を計算せよ。酢酸の $K_a = 2.8 \times 10^{-5}$，$K_w = 1.5 \times 10^{-14}$ とせよ。

解　答

CH$_3$COONa は完全解離し，生じた CH$_3$COO$^-$ は水と反応（加水分解）する。

$$CH_3COO^- + H_2O \rightleftarrows CH_3COOH + OH^-$$

共役酸塩基対については $K_a \times K_b = K_w$ であるので

$$K_b = \frac{1.5 \times 10^{-14}}{2.8 \times 10^{-5}} = 5.36 \times 10^{-10}$$

$$[OH^-]_{概算} = (K_b c_b)^{1/2} = (0.10 \times 5.36 \times 10^{-10})^{1/2} = 7.32 \times 10^{-6}$$

$$[H^+] = \frac{1.5 \times 10^{-14}}{7.32 \times 10^{-6}} = 2.0 \times 10^{-9}$$

5% [OH$^-$] > [H$^+$] で，さらに 5% c_b > [OH$^-$] であるから，[OH$^-$]$_{概算}$は十分に正確である。したがって，溶液の水素イオン濃度は 2.0×10^{-9} M である。

3-7　共役酸塩基対の溶液と pH 緩衝液

3-7-1　共役酸塩基対の混合液

分析濃度 c_a の弱酸（HA）を水に溶解させると，一部が解離して，HA と A^- が共存する。この場合，共役酸塩基対の供給源は片方だけ（HA）であり，酸解離定数 K_a により，$[H^+]$ 値と共に，濃度比（$[A^-]/[HA]$）は規定される。

今度は，弱酸（たとえば CH_3COOH）とその共役塩基の塩（CH_3COONa）を混合してみる。このようにすると，少量の強酸あるいは強塩基を加えても，pH 変化がほとんど変化しない溶液，すなわち緩衝液（buffer solution）ができる。弱塩基 NH_3 とその共役酸の塩 NH_4Cl を共存させても，同様に緩衝液ができる。

分析濃度 c_a の弱モノプロトン酸（無電荷種，荷電種を問わない）と分析濃度 c_b の共役塩基が混合されている溶液を考えると

$$[HA] \text{ または } [BH^+] = c_a - ([H^+] - [OH^-]) \tag{3.54}$$

$$[A^-] \text{ または } [B] = c_b + [H^+] - [OH^-] \tag{3.55}$$

が導かれる[*1]。

化学平衡式は

$$K_a = \frac{[H^+][A^-]}{[HA]} \quad \text{または} \quad K_a = \frac{[H^+][B]}{[BH^+]}$$

これらの平衡式中の共役酸および共役塩基の濃度を，式(3.54)および式(3.55)で置き換えると

$$K_a = \frac{[H^+] \times (c_b + [H^+] - [OH^-])}{c_a - ([H^+] - [OH^-])} \tag{3.56}$$

式(3.56)において，もし $c_b = 0$ ならば，モノプロトン酸の水素イオンを与える式になる。すなわち

$$K_a = \frac{[H^+] \times ([H^+] - [OH^-])}{c_a - ([H^+] - [OH^-])}$$

となり，式(3.33)と同一である。

式(3.56)は，$[H^+]$ に関して 3 次方程式となるが，大抵の場合，簡略化できる。もし（$[H^+] - [OH^-]$）の絶対値[*2]が十分に小さな値であれば，すなわち，$5\% c_a > |[H^+] - [OH^-]|$ であり，また $5\% c_b > |[H^+] - [OH^-]|$ であれば，最も簡単な式を得る。

$$K_a = \frac{[H^+] c_b}{c_a} \tag{3.57}$$

式(3.57)は，弱モノプロトン酸（HA または HB^+X^-）とその共役塩基（M^+A^- または B）が混合した水溶液について，水素イオン濃度を与える汎用式である[*3]。

[*1]　HA と NaA の混合液について考えると
電荷均衡：$[Na^+] + [H^+] = [OH^-] + [A^-]$
物質均衡：$c_a + c_b = [HA] + [A^-]$
ここで $[Na^+] = c_b$ である。

[*2]　（$[H^+] - [OH^-]$）の「絶対値」としておけば，$[H^+] > [OH^-]$ または $[H^+] < [OH^-]$ のいずれの場合にも対応できる。

[*3]　一般に，化学平衡式を構成する濃度は，いずれも平衡濃度でなければならない。しかし式(3.57)中の c_a と c_b は共に仕込み濃度（すなわち分析濃度）であり，決して平衡濃度ではない。要点としては，c_a および c_b が共に十分高い濃度に設定されると，c_a, c_b に比して $[H^+], [OH^-]$ の相対濃度が低くなる。それゆえ，式(3.54)および(3.55)から $[HA] \fallingdotseq c_a$ および $[A^-] \fallingdotseq c_b$ となり，実質上，平衡濃度が分析濃度と等しくなるのである。

例題 3.8

0.10 M HCOOH および 0.050 M HCOONa を含む溶液の pH を計算せよ。ギ酸の K_a 値は 2.5×10^{-4} とせよ。

解　答

この溶液は弱酸とその共役塩基の混合溶液である。$c_a = 0.10$, $c_b = 0.050$ であり、この溶液の水素イオン濃度は式 (3.57) で与えられる。

$$K_a = \frac{[\mathrm{H}^+] \, c_b}{c_a}$$

すなわち $2.5 \times 10^{-4} = [\mathrm{H}^+] \times \dfrac{0.05}{0.1}$

したがって $[\mathrm{H}^+] = 5.0 \times 10^{-4}$

$[\mathrm{H}^+]$ および $[\mathrm{OH}^-]$ は共に c_a, c_b の 5％ よりも小さいことは明白であり、式 (3.57) の適用に支障はない。したがって pH = 3.30 となる。

3-7-2　pH 緩衝液

水溶液でおこる様々な反応は、pH 変化による影響を受けることが多い。それゆえ pH 変化を最小限に抑制することが必要とされる。少量の酸または塩基を加えても実質的に pH が変わらない溶液は、pH 緩衝液*である。

pH の両極端の領域（0 ～ 2 または 12 ～ 14）では、強酸や強塩基が緩衝液として作用する。

＊　金属イオン緩衝液は、低濃度の金属イオン（M^{n+}）を一定に保つことができる。

例題 3.9

0.10 M HCl の 100 mL 溶液に、0.10 M NaOH を 0.50 mL 加えると、pH はどれほど変化するか。

解　答

溶液の最初の pH は

pH $= -\log 0.1 = 1.0$

NaOH を加えた HCl 溶液の最終濃度、すなわち H^+ 濃度は

$$[\mathrm{H}^+] = \frac{0.10 \times 100 - 0.1 \times 0.5}{100 + 0.5} = 0.099$$

最終の pH の計算値は $1.00_{(4)}$ であり、pH 変化は 0.01 未満である。このとき、元あった 0.10 mol/L × 100 mL = 10 mmol（ミリモル）の酸のうち、わずかに 0.5％ の酸（0.05 mmol）が中和によって失われたことになる。

当初の酸濃度が希薄な場合にはどうなるか。

例題 3.10

0.0010 M HCl の 100 mL 溶液に、0.10 M NaOH を 0.50 mL 加えると pH は

どれほど変化するか。

解 答

溶液の最初の pH は

pH = −log 0.0010 = 3.0

HCl 溶液の最終濃度，すなわち H⁺ 濃度は

$$[H^+] = \frac{0.0010 \times 100 - 0.1 \times 0.5}{100 + 0.5} = 5.0 \times 10^{-4}$$

最終の pH は 3.30 であり，pH 変化は +0.30 である。このとき 50% の酸が中和によって消費された。もし最初の HCl 濃度を 0.00050 M（pH = 3.30）に設定すれば，例題 3.10 と同量の NaOH を加えれば，HCl はすべて中和され pH は 7.0 になる。

中間的な pH 値（2 〜 12）において溶液が緩衝作用をもつためには，弱酸と共役塩基を共に十分量含む溶液を用いる。式 (3.57) を対数の形で表すと

$$pH = pK_a + \log \frac{c_b}{c_a} \tag{3.58}$$

弱酸 HA とその共役塩基 A⁻ の混合溶液に NaOH を少量加えると，弱酸 HA のプロトンが一部消費されることにより，HA 濃度が減少し，A⁻ は増加する。

HA + (Na⁺)OH⁻ → (Na⁺)A⁻ + H₂O

逆に，HCl を少量加えると，共役塩基が一部消費され，共役酸 HA が増加する。

(Na⁺)A⁻ + H⁺(Cl⁻) → HA + (Na⁺)(Cl⁻)

いずれにせよ NaOH または HCl の添加により，c_a および c_b が増減して，c_b/c_a の比が変化する。この比の変化が 1.5，2.0 または 10 であれば，pH はそれぞれ 0.18，0.30 または 1.0 変化することになる。

具体的な例として，5.0×10^{-3} M CH₃COOH（pK_a = 4.76）と 5.0×10^{-3} M CH₃COONa を含む溶液を考える。この溶液の pH は式 (3.58) より pH = 4.76 である。この溶液に 1.0×10^{-3} M の HCl を加えたとすると，CH₃COO⁻ の一部は CH₃COOH に変化する。c_a, c_b はそれぞれ

$c_a = 5.0 \times 10^{-3} + 1.0 \times 10^{-3} = 6.0 \times 10^{-3}$ (M)

$c_b = 5.0 \times 10^{-3} - 1.0 \times 10^{-3} = 4.0 \times 10^{-3}$ (M)

となり，それゆえ pH = 4.58 となる。逆に，1.0×10^{-3} M の NaOH が加えられると，CH₃COOH の一部は消費されて CH₃COO⁻ に変化する。

$c_a = 5.0 \times 10^{-3} - 1.0 \times 10^{-3} = 4.0 \times 10^{-3}$ (M)

$c_b = 5.0 \times 10^{-3} + 1.0 \times 10^{-3} = 6.0 \times 10^{-3}$ (M)

このときは pH = 4.94 となる。

緩衝液を選ぶときの注意点は，設定 pH に近い pK_a 値をもつ弱酸を利用することである*。pH = $pK_a \pm 1$ 以内であれば，c_b/c_a の比は 10 または 1/10 の

* 式 (3.58) は，酸性側の溶液だけでなく，中性付近や pH の高い緩衝液（たとえば NH₄Cl−NH₃ 系）にも，そのまま適用される。ただし，酸性側の緩衝液の場合と同様に，c_a および c_b が共にある程度高い濃度に設定されることにより，([H⁺] − [OH⁻])（の絶対値）が，十分に小さな値となることが条件である。

範囲内にある。強酸あるいは強塩基の添加によって，弱酸またはその共役塩基の片方が（化学量論的に）全て消費されてしまうと，緩衝能力は失われる。

3-8 多塩基酸および多酸塩基溶液

3-8-1 ジプロトン酸の水溶液

ジプロトン酸の解離により，水溶液中には次の5種類の化学種が存在する。

$$[H_2A],\ [HA^-],\ [A^{2-}],\ [H^+],\ [OH^-]$$

一般に，ポリプロトン酸溶液の水素イオン濃度を，正確に求めるには複雑な計算が必要である。ここでは詳細は述べないが，ジプロトン酸 H_2A 溶液中の平衡 $[H^+]$ 濃度を表す式は4次方程式となる。しかし，たいていの場合，水からの $[H^+]$ および $[OH^-]$ の寄与は無視できるので3次方程式になる。さらに第1解離定数 K_1 に比べて第2解離定数 K_2 が十分に小さい場合（$K_1 \gg K_2$）には，K_2 に関する項はなくなり，2次方程式となる。

$$[H^+]^2 + K_1[H^+] - K_1 c_a = 0$$

この式は，モノプロトン酸に関する式 (3.37) と同じものである。モノプロトン酸のときと同様の条件（$5\%\ c_a > [H^+]$）がそろえば，結局，次式に簡略化される。

$$[H^+] = (K_1 c_a)^{1/2}$$

分析化学で重要なジプロトン酸の解離定数の比は，ほとんどの場合10倍を大きく超える。しかし K_1 と K_2 の相異がせいぜい約10倍程度のときでも，高次方程式を解かなくても，水素イオン濃度を求めることができる。その方法は次の手順による。

まず第1近似として第2解離を無視する。すなわち式 (3.20) および (3.21) のうち，式 (3.20) の反応（$H_2A \rightleftarrows H^+ + HA^-$）だけが進行すると

$$[H^+] = [HA^-]$$

ここで第2解離段階がおきるとすれば，生成する A^{2-} の濃度は K_2 に等しくなる。なぜなら，式 (3.21) すなわち $K_2 = [H^+][A^{2-}]/[HA^-]$ において，$[H^+] = [HA^-]$ であるからである。

第2解離段階においては，A^{2-} が生成するごとに同量の H^+ が生成するので，溶液中の全水素イオン濃度は

$$[H^+]_全 = [H^+]_1 + [A^{2-}]$$

すなわち

$$[H^+]_全 = [H^+]_1 + K_2 \tag{3.59}$$

ここで $[H^+]_1$ は第1の解離段階で放出される水素イオン濃度である。たいていの場合，式 (3.59) によって，ジプロトン酸の（平衡）水素イオン濃度の正確な値が得られる。

簡便法を要約すると，ジプロトン酸溶液の水素イオン濃度の計算は，まず，

酸がモノプロトン酸であるとして水素イオン濃度を定める。そしてこの水素イオン濃度の値と K_2 の数値との和が溶液中の全水素イオン濃度となる。ただし，$[H^+]_1$ に比べ K_2 が十分に小さければ（5% $[H^+]_1 > K_2$），K_2 を加えなくてもよい。

例題 3.11

0.050 M H_2S 溶液の水素イオン濃度を計算せよ。酸解離定数は $K_1 = 1.00 \times 10^{-7}$ および $K_2 = 1.3 \times 10^{-13}$ とする。

$$H_2S \rightleftarrows H^+ + HS^- \qquad K_1 = \frac{[H^+][HS^-]}{[H_2S]}$$

$$HS^- \rightleftarrows H^+ + S^{2-} \qquad K_2 = \frac{[H^+][S^{2-}]}{[HS^-]}$$

解　答

まず H_2S がモノプロトン酸であるとして考え，水素イオン濃度を計算してみる。モノプロトン酸の最も簡単な式を用いて

$$[H^+] = (1.0 \times 10^{-7} \times 0.050)^{1/2} = 7.1 \times 10^{-5} \, M$$

$[H^+] \gg [OH^-]$ および $c_a \gg [H^+]$ は明らかであるので，（2次方程式を解くことなく）この $[H^+]$ は，第1解離段階から生じる水素イオン濃度として正しい。

$$[H^+]_{\text{全}} = [H^+]_1 + K_2$$

であるから，第2解離を含めたジプロトン酸 H_2S からの水素イオン濃度は

$$[H^+] = 7.1 \times 10^{-5} + 1.3 \times 10^{-13}$$
$$= 7.1 \times 10^{-5} \, M$$

例題 3.12

1.0×10^{-3} M コハク酸溶液中の水素イオン濃度を計算せよ。コハク酸の2つの酸解離定数は $K_1 = 6.2 \times 10^{-5}$ および $K_2 = 2.3 \times 10^{-6}$ である。

解　答

コハク酸の逐次解離および平衡定数式は

$$H_2A \rightleftarrows H^+ + HA^- \qquad K_1 = \frac{[H^+][HA^-]}{[H_2A]}$$

$$HA^- \rightleftarrows H^+ + A^{2-} \qquad K_2 = \frac{[H^+][A^{2-}]}{[HA^-]}$$

K_1 と K_2 の差異はかなり小さいが，まず第2解離段階を無視して，モノプロトン酸として水素イオン濃度を計算する。最も簡単な式を用いると

$$[H^+] = (6.2 \times 10^{-5} \times 1.0 \times 10^{-3})^{1/2} = 2.49 \times 10^{-4}$$

この $[H^+]$ 値は，$[H^+] \gg [OH^-]$ の条件を満たしているが，$c_a \gg [H^+]$（すなわち 5% $c_a > [H^+]$）の条件を満たしていないので，2次方程式を解かねばな

らない。

$$[H^+]^2 + K_1[H^+] - K_1 c_a = 0$$

$$[H^+] = \frac{-6.2 \times 10^{-5} + \sqrt{38.4 \times 10^{-10} + 24.8 \times 10^{-8}}}{2} = 2.2 \times 10^{-4}\,M$$

この値は，第1解離から生じる水素イオン濃度である。第2解離から生じる水素イオンを考慮すると

$$[H^+]_\text{全} = [H^+]_1 + K_2 = 2.2 \times 10^{-4} + 2.3 \times 10^{-6}$$

ここで注意することは，2.3×10^{-6} は 2.2×10^{-4} の5%よりも小さいので，加えなくてよいことである。このように K_1 と K_2 の差異が小さい場合でさえ，第2解離段階からの水素イオンの寄与は無視できる。

3-8-2　ポリプロトン酸の水溶液

ジプロトン酸についての考えは，そのまま他のポリプロトン酸に適用される。ポリプロトン酸の逐次解離定数が連続的に減少するからである。分析化学で常用される酸では，最初の2つの解離定数だけが水素イオン濃度の計算に重要である。

例題 3.13

$3.0 \times 10^{-3}\,M$ リン酸溶液中の水素イオン濃度を計算せよ。リン酸の逐次解離定数は $K_1 = 7.4 \times 10^{-3}, K_2 = 6.9 \times 10^{-8}, K_3 = 5.1 \times 10^{-13}$ とする。

解　答

まず第1の解離段階だけが重要として，モノプロトン酸として取り扱う。

$$[H^+]_\text{概算} = (K_1 c_a)^{1/2} = (7.4 \times 10^{-3} \times 3.0 \times 10^{-3})^{1/2} = 4.7 \times 10^{-3}$$

第2の解離段階で与えられる水素イオン濃度の近似値は K_2 であるが，5% $[H^+]_\text{概算}$ よりも小さい。それゆえ第2の解離段階の寄与は無視できるし，さらに第3の解離段階も無視できる。

$[H^+]_\text{概算}$ が正確であるかを調べると，$[H^+] \gg [OH^-]$ の条件は満たしているが，$c_a \gg [H^+]$（すなわち 5% $c_a > [H^+]$）の条件を満たしていないので，2次方程式を解かねばならない。

$$[H^+]^2 + K_1[H^+] - K_1 c_a = 0$$

$$[H^+] = \frac{-7.4 \times 10^{-3} + \sqrt{54.6 \times 10^{-6} + 88.8 \times 10^{-6}}}{2} = 2.3 \times 10^{-3}\,M$$

例題 3.14

$3.0 \times 10^{-3}\,M$ クエン酸溶液中の水素イオン濃度を計算せよ。クエン酸の逐次解離定数は $K_1 = 8.0 \times 10^{-4}, K_2 = 2.0 \times 10^{-5}, K_3 = 4.9 \times 10^{-7}$ とせよ。

解答

　この場合，最初の2つの酸解離定数は互いに接近している。しかし第3の解離段階の寄与はあらかじめ無視できる。まずモノプロトン酸として取り扱い，2次方程式を解き，$[H^+] = 1.2 \times 10^{-3}$ M を得る。第2解離段階から生じる水素イオン濃度はわずかに 2.0×10^{-5} M であり無視できる。

　その結果，3.0×10^{-3} M クエン酸溶液中の水素イオン濃度は 1.2×10^{-3} M である。

3-8-3　多酸塩基の水溶液

　ポリプロトン酸溶液中の $[H^+]$ を計算する場合には，最初の2つの解離平衡（K_1 および K_2）のみを考慮すればよいことが分かった。同様の処理は多酸塩基の溶液にも適用できる。ここでは硫化物イオン（S^{2-}）やエチレンジアミン（$H_2NCH_2CH_2NH_2$）のような二酸塩基について考えてみる。

　無電荷の二酸塩基を B とし，分析濃度 c_B の溶液について，塩基の解離反応は次の式で書かれる。

$$B + H_2O \rightleftarrows BH^+ + OH^- \qquad K_{B1} = \frac{[BH^+][OH^-]}{[B]} \qquad (3.60)$$

$$BH^+ + H_2O \rightleftarrows BH_2^{2+} + OH^- \qquad K_{B2} = \frac{[BH_2^{2+}][OH^-]}{[BH^+]} \qquad (3.61)$$

　上述したように，ジプロトン酸 H_2A 溶液中の平衡 $[H^+]$ 濃度を表す式は4次方程式となるが，二酸塩基についても同様に，平衡 $[OH^-]$ 濃度を表す式は4次方程式となる。しかし，たいていの場合，水からの $[OH^-]$（および $[H^+]$）の寄与は無視できるので3次方程式になる。さらに第1解離定数 K_{B1} に比べて第2解離定数 K_{B2} が十分に小さい場合（$K_{B1} \gg K_{B2}$）には，K_{B2} に関する項はなくなり，2次方程式となる。

$$[OH^-]^2 + K_{B1}[OH^-] - K_{B1}c_b = 0 \qquad (3.62)$$

この式は，一酸塩基に関する式 (3.51) と同じものである。一酸塩基のときと同様に条件（$5\% \, c_b > [OH^-]$）がそろえば，結局，次式に簡略化される。

$$[OH^-] = (K_{B1}c_b)^{1/2} \qquad (3.63)$$

　K_{B1} と K_{B2} が互いに接近しているとき，簡便法として 3-8-1 節に示したような方法を用いることができる。

例題 3.15

　1.0×10^{-4} M Na_2CO_3 溶液中の水酸化物イオン濃度を計算せよ。炭酸 H_2CO_3 について酸解離定数 $K_1 = 4.2 \times 10^{-7}$，$K_2 = 4.8 \times 10^{-11}$ であり，$K_w = 1.0 \times 10^{-14}$ とする。

解 答

まず Na_2CO_3 は完全解離するとして

$$Na_2CO_3 \Rightarrow 2Na^+ + CO_3^{2-}$$

生成した炭酸イオンの塩基解離（加水分解）反応は

$$CO_3^{2-} + H_2O \rightleftarrows HCO_3^- + OH^- \qquad K_{B1} = \frac{[HCO_3^-][OH^-]}{[CO_3^{2-}]}$$

$$HCO_3^- + H_2O \rightleftarrows H_2CO_3 + OH^- \qquad K_{B2} = \frac{[H_2CO_3][OH^-]}{[HCO_3^-]}$$

$K_b = K_w/K_a$ を用いて，酸解離定数 $K_1 = 4.2 \times 10^{-7}$ および $K_2 = 4.8 \times 10^{-11}$ から，それぞれ $K_{B2} = 2.4 \times 10^{-8}$ および $K_{B1} = 2.08 \times 10^{-4}$ を得る。

簡便法の前提として，まず対象の二酸塩基を一酸塩基として取り扱うこととする。重要なのは塩基解離定数の大きい K_{B1} が関与する反応である。式 (3.63) から

$$[OH^-]_{概算} = (2.08 \times 10^{-4} \times 1.0 \times 10^{-4})^{1/2}$$
$$= 1.44 \times 10^{-4}$$

明らかに $[OH^-]_{概算} \gg [H^+]$ であり，水からの OH^- の寄与は無視できるが，5% $c_b > [OH^-]$ の条件は満たすことができないので，二次方程式 (3.62) を用いる。

$$[OH^-]^2 + 2.08 \times 10^{-4}[OH^-] - 2.08 \times 10^{-8} = 0$$

第 1 解離段階で生じる OH^- 濃度は，十分正確に

$$[OH^-] = 7.4 \times 10^{-5}\,M$$

第 2 解離で生じる OH^- 濃度は $K_{B2} = 2.4 \times 10^{-8}$ に等しく，少量であるので無視しうる。結局，$1.0 \times 10^{-4}\,M\ Na_2CO_3$ 溶液中の水酸化物イオン濃度は $7.4 \times 10^{-5}\,M$ である。

演習問題

3-1　水に 1,4-ジオキサンを混合すると，比誘電率が著しく低下するとともに，水の自己解離定数 K_w が減少する。20% (w/w) および 45% (w/w) の 1,4-ジオキサン─水混合溶液における K_w は，25 ℃において，それぞれ 2.40×10^{-15} および 1.81×10^{-16} である。これらの混合液中の水素イオンおよび水酸化物イオン濃度を計算せよ。また溶液の液性は，酸性，中性，塩基性のいずれであるかを言え。

3-2　オキソ酸を一般式で表すと $XO_m(OH)_n$ と書ける。$m = 0, 1, 2, 3$ の実在する酸について，化学式および化学名を書け。m の値による酸の強弱を言え。

3-3 強いプロトン受容体である酸化物イオン O^{2-} やアミドイオン NH_2^- は，水平化効果によって水中でいずれも OH^- の強さにならされる。酸化物イオン O^{2-} と H_2O により OH^- が生じる反応式を書け。同様に，アミドイオン NH_2^- の反応式を書け。

3-4 1.00×10^{-7} M HCl 溶液の水素イオン濃度および pH を求めよ。1.00×10^{-6} および 1.00×10^{-8} M HCl 溶液についても答えよ。

3-5 pH 変化によるジプロトン酸 H_2A の各化学種の存在割合を計算し，pH に対してプロットした図を作製せよ。ただし，酸解離定数 $K_1 = 1.0 \times 10^{-5}$, $K_2 = 1.0 \times 10^{-10}$ とせよ。

3-6 シアン酸の pK_a は 3.66 である。次の各問に答えよ。
(1) 1.00×10^{-3} M 溶液の解離度を計算せよ。
(2) 同濃度のシアン酸溶液の水素イオン濃度を計算せよ。
(3) 濃度を 10 倍にすると，解離度はどのような影響を受けるか。pK_a の値は変化しないものとせよ。

3-7 次の水溶液中の水素イオン濃度および pH を計算せよ。
(a) 0.10 M 酢酸 $\quad\quad\quad\quad\quad\quad$ ($pK_a = 4.73$)
(b) 3.85×10^{-3} M 酢酸 $\quad\quad\quad$ ($pK_a = 4.74$)
(c) 0.0012 M フェノール $\quad\quad\quad$ ($pK_a = 10.0$)
(d) 1.0×10^{-5} M シアン化水素酸 $\quad$ ($pK_a = 9.4$)

3-8 次の水溶液中の pH を計算せよ。
(a) 0.10 M NH_4Cl $\quad\quad\quad\quad\quad$ ($pK_a = 9.24$, $pK_w = 13.76$)
(b) 0.20 M CH_3COONa $\quad\quad\quad$ ($pK_a = 4.45$, $pK_w = 13.69$)
(c) 1.0×10^{-3} M C_6H_5COONa $\quad$ ($pK_a = 4.17$, $pK_w = 13.97$)
(d) 0.020 M NH_3 $\quad\quad\quad\quad\quad$ ($pK_a = 9.24$, $pK_w = 13.97$)

3-9 次の溶液の pH を計算せよ。
(a) 0.20 M 酢酸 + 0.10 M 酢酸ナトリウム $\quad$ ($pK_a = 4.52$)
(b) 0.10 M HF + 0.20 M KF $\quad\quad\quad\quad$ ($pK_a = 2.86$)
(c) 0.10 M NH_3 + 0.050 M NH_4Cl $\quad\quad$ ($pK_a = 9.24$)
(d) 0.010 M NH_3 + 0.0050 M NH_4Cl $\quad$ ($pK_a = 9.24$)

3-10 次の 0.010 M 溶液の pH を計算せよ。

(a) H$_2$S   (pK_1 = 7.0, pK_2 = 12.9)

(b) H$_2$C$_2$O$_4$ (pK_1 = 1.2, pK_2 = 4.14)

(c) H$_3$PO$_4$ (pK_1 = 2.06, pK_2 = 7.03, pK_3 = 12.1)

(d) H$_2$CO$_3$ (pK_1 = 6.35, pK_2 = 10.33)

3-11 次の溶液の pOH 濃度を計算せよ。そのとき用いる pK_{B1} の値を言え。

(a) 0.050 M Na$_2$S   (H$_2$S: pK_1 = 6.8, pK_2 = 12.4, pK_w = 13.76)

(b) 1.0×10^{-3} M Na$_3$PO$_4$

        (H$_3$PO$_4$: pK_1 = 2.09, pK_2 = 7.08, pK_3 = 12.2, pK_w = 13.94)

(c) 0.15 M Na$_2$CO$_3$ (H$_2$CO$_3$: pK_1 = 5.95, pK_2 = 9.53, pK_w = 13.60)

(d) 1.0×10^{-3} M エチレンジアミン

        (H$_2$en: pK_1 = 6.79, pK_2 = 9.90, pK_w = 14.00)

3-12 ポリプロトン酸溶液の水素イオン濃度を計算する簡便法を適用して、0.010 M EDTA(H$_4$Y)溶液の水素イオン濃度を求めよ。pK_1 = 2.0, pK_2 = 2.67, pK_3 = 6.16, pK_4 = 10.26 とする。(H$_4$Y の溶解度は低いが、溶解すると仮想する。)

4 酸塩基滴定

酸塩基滴定（acid-base titration）は中和滴定（neutralization titration）とも呼ばれ，容量分析（volumetric analysis）法の1つである。酸塩基滴定の滴定曲線は，横軸に滴定剤（titrant）の体積（mL）を，縦軸には水素イオン濃度の対数値（pH = $-\log[H^+]$）をとって作成する。滴定剤の体積を示す代わりに，化学量論的に必要な全滴定剤に対する割合（%）または滴定率で表示することもある。一般に，滴定曲線は，加えられた滴定剤の濃度増加に対して変化する値の対数値をグラフに表す。

滴定中の各点における pH を計算するには，滴定の進行にともなう溶液の体積変化に注意を払う必要がある。すなわち，初濃度 c_a^0 の HA 溶液 m mL と初濃度 c_b^0 の BOH溶液 n mLが混合すると，まず互いに希釈されることになる。

$$c_a = \frac{mc_a^0}{m+n}\left[\frac{mL \times mol/L}{mL} = mol/L = M\right]$$

$$c_b = \frac{nc_b^0}{m+n}\left[\frac{mL \times mol/L}{mL} = mol/L = M\right]$$

4-1 強塩基による強酸の滴定

濃度 c_a^0 の強酸 HA 溶液 m mL を，濃度 c_b^0 の強塩基 NaOH により滴定する。

滴定前の pH：強酸は完全解離するとみなされるから

$$[H^+] = c_a^0 \qquad pH = -\log c_a^0 \tag{4.1}$$

当量点前の pH（m mL の HA 溶液に n mL の NaOH を加えたとき）：

$$H^+ + OH^- \longrightarrow H_2O$$

の反応が速やかにおこる。この時点では，H^+ が過剰に存在する。

$$[H^+] = \frac{mc_a^0 - nc_b^0}{m+n}$$

$$pH = -\log\frac{mc_a^0 - nc_b^0}{m+n} \tag{4.2}$$

当量点における pH：当量点においては，過剰な（または不足する）酸または塩基は存在しない。したがって，$[H^+] = [OH^-]$ である。$K_w = [H^+][OH^-]$ から pH = 7.0 となる。

当量点後の pH（m mL の HA 溶液に n mL の NaOH を加えたとき）：この

時点では，（化学量論的に）H^+ が全て消費され，OH^- が過剰に存在する。

$$[OH^-] = \frac{nc_b^0 - mc_a^0}{m + n}$$

$$pOH = -\log \frac{nc_b^0 - mc_a^0}{m + n}$$

$$pH = 14.0 + \log \frac{nc_b^0 - mc_a^0}{m + n} \tag{4.3}$$

図 4.1 の曲線①は，0.10 M HCl 50 mL を 0.10 M NaOH で滴定したときの滴定曲線である。NaOH を加えることによる pH の変化は，滴定初期には小さいが，当量点に近づくと大きく変化しはじめ，当量点の直前および直後では，塩基を 0.01 mL 加えただけで pH は 2.0 も増加する。当量点付近を離れると，再び，滴定液の滴下による pH 変化は小さくなっていく。

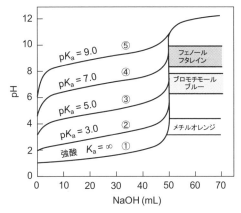

図 4.1　NaOH による強酸または各種弱酸の滴定曲線
（0.10 M モノプロトン酸 50 mL を 0.10 M NaOH で滴定）

4-2　強塩基による弱酸の滴定

4-2-1　強塩基による弱モノプロトン酸の滴定

弱モノプロトン酸 HA（分析濃度 c_a）を NaOH 溶液により滴定する場合について考えよう。滴定混合物は次の 2 つの式で表すことができる。

電荷均衡：$[Na^+] + [H^+] = [OH^-] + [A^-]$ （4.4）

物質均衡：$c_a = [HA] + [A^-]$ （4.5）

滴定曲線上のある点における水素イオン濃度を計算するには，これらの式を酸解離定数の式 (3.29) に代入する。そうすると次式が得られる。

$$K_a = \frac{[H^+] \times ([Na^+] + [H^+] - [OH^-])}{c_a - ([Na^+] + [H^+] - [OH^-])} \tag{4.6}$$

式 (4.6) に，滴定前すなわち $[Na^+] = 0$ を代入すると，弱モノプロトン酸についての式 (3.33) になる。NaOH が加えられたとき，式 (4.6) は便宜的に次の 3

つの領域に分類される。(a) 当量点より前の領域，(b) 当量点，(c) 当量点後の領域。ここでは計算が簡略化しやすいように，適度の酸解離定数 K_a を有する弱酸を対象として取り扱う。

滴定前の pH：滴定を受ける弱酸 HA の解離によるから，$[H^+]$ は，式 (3.36) によって正確に計算できる。しかし，通常，この式は簡略化できる。すなわち

$$[H^+] = (K_a c_a^0)^{1/2}$$

$$pH = -\left(\frac{1}{2}\right) \log K_a c_a^0 = \frac{1}{2}(pK_a - \log c_a^0) \tag{4.7}$$

当量点以前の pH（m mL の HA 溶液に n mL の NaOH を加えたとき）：この領域では共役酸塩基対の混合液ができる（第 3 章 3-7-1 節参照）。すなわち HA と NaA が共存する溶液である。混合による希釈および酸塩基反応の結果，弱酸および共役塩基の分析濃度はそれぞれ

$$c_a = \frac{mc_a^0 - nc_b^0}{m + n}$$

$$c_b = \frac{nc_b^0}{m + n}$$

となる。これらを式 (3.58) に代入すると

$$pH = pK_a + \log \frac{nc_b^0}{mc_a^0 - nc_b^0} \tag{4.8}$$

となる。

当量点での pH：当量点では，$mc_a^0 = nc_b^0$ mmol（ミリモル）量の A^- が生成している。すなわち，A^- の分析濃度は $c_b = mc_a^0 / (m + n)$ [mol/L = M] である。弱塩基である A^- は水と反応（加水分解）する。

$$A^- + H_2O \rightleftarrows HA + OH^-$$

この溶液の OH^- の正確な濃度は，式 (3.50) または (3.51) により計算できるが，簡略化すると，$[OH^-] = (K_b c_b)^{1/2}$ となり

$$pOH = -\left(\frac{1}{2}\right) \log K_b c_b$$

$$pH = 14.0 + \left(\frac{1}{2}\right) \log K_b c_b \tag{4.9}$$

が得られる。この式は，共役酸塩基対に関する $K_a \times K_b = K_w$ [式 (3.44)] を使って書き直すこともできる。

$$pH = 7.0 + \left(\frac{1}{2}\right) \log \left(\frac{c_b}{K_a}\right) \tag{4.10}$$

当量点後の pH（m mL の HA 溶液に n mL の NaOH を加えたとき）：この領域の溶液中では，HA はすべて A^- に変わり，さらに過剰の OH^- が加わっている。過剰な OH^- を化学量論で計算すると

$$[OH^-] = \frac{nc_b^0 - mc_a^0}{m + n}$$

であるが，この値はそのまま，溶液中の OH^- の平衡濃度としてよい。なぜなら，あらかじめ多量の OH^- が共存していると，A^- の加水分解は大きく抑制され，この加水分解により生じる OH^- は，元の OH^- 濃度に比べて全く無視できるからである。

$$pOH = -\log \frac{nc_b^0 - mc_a^0}{m + n}$$

$$pH = 14.0 + \log \frac{nc_b^0 - mc_a^0}{m + n} \tag{4.11}$$

このようにして当量点後ついては，弱酸の滴定曲線が，式 (4.3) で示した（強塩基による）強酸の滴定曲線とぴったり重なることになる。

4-2-2 強塩基によるポリプロトン酸の滴定

強塩基によるポリプロトン酸の滴定は，複数の異なるモノプロトン酸を滴定するのと非常によく似ている。なぜならポリプロトン酸の逐次解離定数（K_1, K_2, ・・・）の間の相違は，多くの場合，相当に大きいので中和は 1 段階ずつ順次おこるからである[*]。

分析濃度 c_a の弱ジプロトン酸 H_2A を NaOH で滴定する場合を考えることにする。電荷均衡式および物質均衡式は次の通りである。

$$[Na^+] + [H^+] = [OH^-] + [HA^-] + 2[A^{2-}] \tag{4.12}$$

$$c_a = [H_2A] + [HA^-] + [A^{2-}] \tag{4.13}$$

ここで逐次解離定数（K_1, K_2）と物質均衡式を組み合わせた $[HA^-]$ および $[A^{2-}]$ [式 (3.25) および (3.26)] を式 (4.12) に代入して次式を得る。

$$[H^+] - [OH^-] = \frac{c_a(K_1[H^+] + 2K_1K_2)}{[H^+]^2 + K_1[H^+] + K_1K_2} - [Na^+] \tag{4.14}$$

$K_1 \gg K_2$ を前提にすると，第 1 当量点以前においては，K_1 と同程度の $[H^+]$ は K_2 よりずっと大きい。それゆえ K_1K_2 は式 (4.14) の他の項に比べて小さいので無視してもよい。その結果，この式は次のように簡単にできる。

$$[H^+] - [OH^-] = \frac{c_aK_1[H^+]}{[H^+]^2 + K_1[H^+]} - [Na^+]$$

$$= \frac{c_aK_1}{[H^+] + K_1} - [Na^+] \tag{4.15}$$

式 (4.15) はモノプロトン酸の式 (4.6) を配列し直した形である。

第 1 当量点を越えると，$[H^+]$ は K_1 より小さくなり，式 (4.14) の分母の $[H^+]^2$ は無視できるようになるので次式を得る。

*　たとえば，もし 5 mmol の H_3PO_4 に 3 mmol NaOH を加えると，3 mmol NaH_2PO_4 が生成し，2 mmol の H_3PO_4 が残る。決して 1 mmol Na_3PO_4 が生成する（残り 4 mmol H_3PO_4?）のではない。

$$[H^+] - [OH^-] = \frac{c_a K_2}{[H^+] + K_2} - ([Na^+] - c_a) \tag{4.16}$$

式 (4.16) は，モノプロトン酸の滴定について表している。しかしその中では，$[Na^+]$ の代わりに第 1 中和点以降に加えられた過剰の塩基 ($[Na^+] - c_a$) が入っている。このように，ジプロトン酸やポリプロトン酸の滴定曲線の中和段階がモノプロトン酸の滴定曲線の繰り返しであることを示している。ところで，ジプロトン酸の第 1 当量点では，$[H^+] = (K_1 K_2)^{1/2}$ となる。

図 4.2 には，トリプロトン酸 H_3PO_4 の NaOH による滴定曲線を示しておく。この図で興味深いのは，第 3 当量点が明瞭には現れないことある。一般に，溶液濃度が 0.1 M 程度のとき，酸の pK_a 値が約 8 を超えると，当量点付近の垂直部分（立ち上がり）が小さくなり，呈色指示薬による終点決定は困難である。

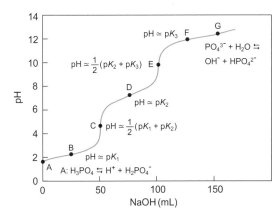

図 4.2 リン酸の滴定曲線（0.10 M リン酸 50 mL を 0.10 M NaOH で滴定）
A：滴定前，B：第 1 段階の半当量点*，C：第 1 当量点，D：第 2 段階の半当量点，E：第 2 当量点，F：第 3 段階の半当量点，G：第 3 当量点

* 「半当量点」は「50%中和点」を意味する。

4-3 強酸による弱塩基の滴定

強酸による弱塩基（B）の滴定曲線は，4-2-1 節で述べた強塩基による弱酸の滴定と（対称的だが）まったく類似している。塩基 B と HCl の混合溶液は，次の電荷均衡および物質均衡式で示すことができる。

$$[BH^+] + [H^+] = [OH^-] + [Cl^-] \tag{4.17}$$

$$c_b = [B] + [BH^+] \tag{4.18}$$

これらの式と塩基解離定数を組み合わせると次式が得られる。

$$K_b = \frac{[OH^-] \times ([Cl^-] + [OH^-] - [H^+])}{c_b - ([Cl^-] + [OH^-] - [H^+])} \tag{4.19}$$

HCl を添加していない場合には $[Cl^-] = 0$ であるので，この式は (3.50) となる。（強塩基による）弱酸の滴定と同様に，3 つの領域に分類できる。すな

わち　(a) 当量点より前の領域，(b) 当量点，(c) 当量点後の領域である。

　図 4.3 に，HCl による様々な弱塩基の滴定曲線を例示している。アンモニアは十分に塩基性が強い（$pK_b = 4.76$ または $pK_a = 9.24$）ので，当量点付近で大きな pH の変化が観測される。しかしピリジンように塩基性が弱すぎる塩基（$pK_b > 8$ すなわち $pK_a < 6$）は，当量点での変化は小さい。このような塩基については，塩基をその共役酸の塩（BH^+X^-）に変換したのち，NaOH により滴定すると，当量点付近で十分大きな変化が生じるようになる。

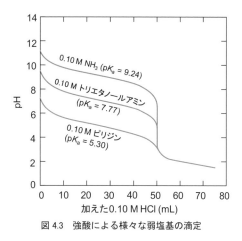

図 4.3　強酸による様々な弱塩基の滴定

　ところで，NaOH による炭酸 H_2CO_3 の滴定曲線上において，第 1 当量点は明確であるが，第 2 当量点は明瞭には現れない。しかし，逆に HCl による炭酸ナトリウム Na_2CO_3 の滴定では，2 段階の当量点が両方とも明確に観測できる（図 4.4）。炭酸 H_2CO_3 の酸解離定数は $pK_1 = 6.35$ および $pK_2 = 10.3$ であるが，炭酸イオン CO_3^{2-} の塩基解離定数（pK_{B1} および pK_{B2}）は，いずれも 8 未満の値となるからである。

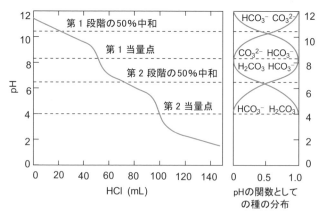

図 4.4　HCl による Na_2CO_3 の滴定（0.10 M Na_2CO_3 50 mL を 0.10 M HCl で滴定）

わち　(a) 当量点より前の領域，(b) 当量点，(c) 当量点後の領域である。

　図 4.3 に，HCl による様々な弱塩基の滴定曲線を例示している。アンモニアは十分に塩基性が強い（$pK_b = 4.76$ または $pK_a = 9.24$）ので，当量点付近で大きな pH の変化が観測される。しかしピリジンように塩基性が弱すぎる塩基（$pK_b > 8$ すなわち $pK_a < 6$）は，当量点での変化は小さい。このような塩基については，塩基をその共役酸の塩（BH^+X^-）に変換したのち，NaOH により滴定すると，当量点付近で十分大きな変化が生じるようになる。

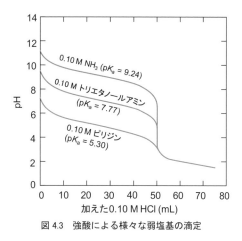

図 4.3　強酸による様々な弱塩基の滴定

　ところで，NaOH による炭酸 H_2CO_3 の滴定曲線上において，第 1 当量点は明確であるが，第 2 当量点は明瞭には現れない。しかし，逆に HCl による炭酸ナトリウム Na_2CO_3 の滴定では，2 段階の当量点が両方とも明確に観測できる（図 4.4）。炭酸 H_2CO_3 の酸解離定数は $pK_1 = 6.35$ および $pK_2 = 10.3$ であるが，炭酸イオン CO_3^{2-} の塩基解離定数（pK_{B1} および pK_{B2}）は，いずれも 8 未満の値となるからである。

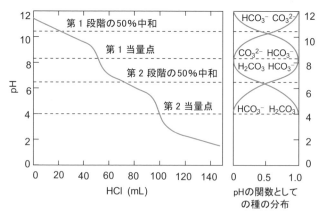

図 4.4　HCl による Na_2CO_3 の滴定（0.10 M Na_2CO_3 50 mL を 0.10 M HCl で滴定）

4-4 酸塩基指示薬

酸塩基指示薬（acid-base indicator）は，通常，有機酸または有機塩基であり，それらの共役酸または共役塩基のいずれかが強く呈色するか，または両者が異なる呈色をする。たとえばフェノールフタレインは無色の弱酸であるが，その共役塩基は赤色である（図 4.5）。このような指示薬は単色指示薬といわれる。一方，共役酸と塩基の両方が呈色する指示薬は二色指示薬である。二色指示薬の例としては，メチルオレンジがあり，その塩基型は黄色で，共役酸型は赤色である（図 4.6）。

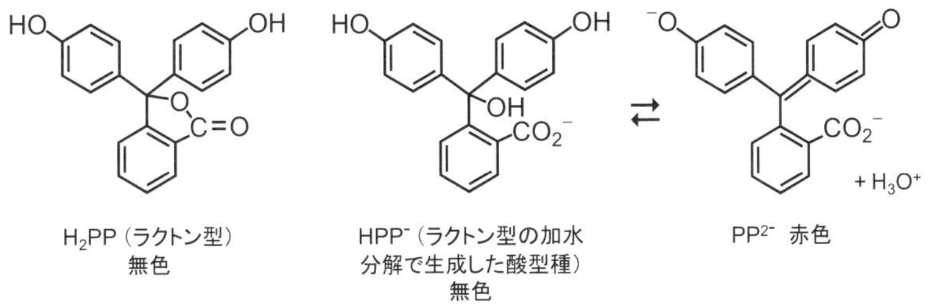
HO
OH
O
C=O
HO
OH
OH
CO2−
⇄
−O
O
CO2−
+ H3O+
H2PP（ラクトン型）
無色
HPP−（ラクトン型の加水
分解で生成した酸型種）
無色
PP2−　赤色

図 4.5　pH によるフェノールフタレインの構造変化*

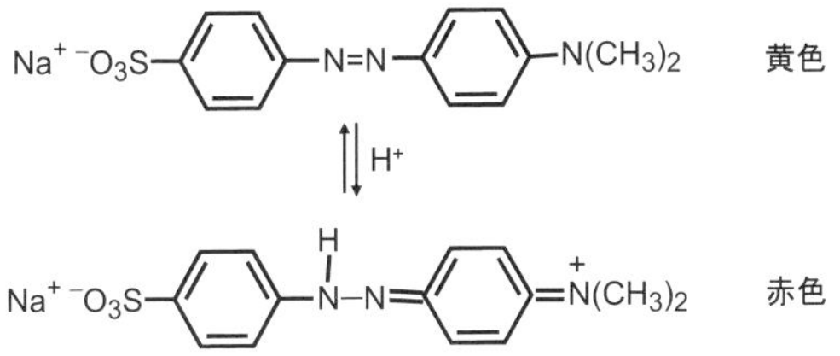
Na+ −O3S
N=N
N(CH3)2
黄色
H+
H
N–N=
=N(CH3)2
+
赤色

図 4.6　メチルオレンジの変色機構

* S. R. Crouch, D. A. Skoog, D. M. West, F. J. Holler, *Skoog and West's Fundamentals of Analytical Chemistry*, 9th ed., Cengage Learning (2013).

滴定曲線は当量点の近傍で，著しい pH 変化を示す。そこで適当な指示薬を少量添加しておくと，当量点の近くで変色するので，終点が決定できる。ここで重要なことは，指示薬がどのような pH 範囲で機能するかを知っておくことである。発色や変色は解離平衡に関係するので，指示薬の $\mathrm{p}K_\mathrm{a}$ 値（$\mathrm{p}K_\mathrm{In}$）は特に重要である。指示薬を HIn とし，その共役塩基を In^- とする。酸塩基指示薬は普通の弱酸と同様の形式で酸解離する。

$$\mathrm{HIn} \rightleftarrows \mathrm{H}^+ + \mathrm{In}^- \qquad K_\mathrm{In} = \frac{[\mathrm{H}^+][\mathrm{In}^-]}{[\mathrm{HIn}]} \tag{4.20}$$

単色指示薬は，塩基型 In^-（フェノールフタレイン場合，実際には PP^{2-} 型）のみが呈色するので，発色や消色は目視で検出しうる In^- 濃度だけが重要となる。フェノールフタレインの着色は非常に強く，約 5×10^{-6} M 程度の低濃度でも検知できる。この呈色がおこる pH は，用いる指示薬の全濃度によって決まる。指示薬の全濃度を c_In とすれば

$$[\mathrm{HIn}] = c_{\mathrm{In}} - [\mathrm{In}^-] \tag{4.21}$$

であり，呈色のおこる $[\mathrm{H}^+]$ は，式 $(4.21)^{*1}$ により計算できる。

*1 この計算は便宜的に簡易化したものであり，無色の化学種 $(\mathrm{H_2PP, HPP^-})$ を一まとめにして取り扱っている。

$$[\mathrm{H}^+] = K_{\mathrm{In}} \left\{ \frac{c_{\mathrm{In}}}{[\mathrm{In}^-]} - 1 \right\} \tag{4.22}$$

例題 4.1

　滴定溶液 100 mL に 0.03 M のフェノールフタレインを 3 滴加えたとき，ピンク色が目視できる pH を求めよ。フェノールフタレインの $pK_a = 9.70$ とする。

解　答

　1 mL を 30 滴と考えると，指示薬溶液 3 滴で 0.1 mL 用いたことになる。

$$c_{\mathrm{In}} = \frac{0.10 \times 0.03}{100} = 3 \times 10^{-5} \,(\mathrm{M})$$

$$[\mathrm{H}^+] = 10^{-9.70} \left[\frac{3 \times 10^{-5}}{5 \times 10^{-6}} - 1 \right] = 10^{-9.00}$$

したがって，pH = 9.00 で発色が確認できる。もし指示薬を 3 滴ではなく 30 滴加えたとしたら，発色する pH は 7.92 と計算される。

　しかし，メチルオレンジなどの二色指示薬の変色挙動は，単色指示薬とは異なっている。変色の pH は指示薬の全濃度そのものとは無関係である。メチルオレンジの酸型は赤色で，塩基型は黄色（黄橙色*）であり，これらの色の強さは人の目には同程度に感じられるとする。式 (4.20) からすると，溶液全体の pH が指示楽の pK_a 値（pK_{In}）に等しくなると，$[\mathrm{HIn}] = [\mathrm{In}^-]$ であるので，赤色と黄色の中間のオレンジ色に見えることになる。ところが，どちらか一方の化学種が多量に存在するとき，少量成分の色は感知されず，多量成分の色だけが認識されることになる。その比がたとえば 1:3（25%：75%）のときには，多量成分の色に変色しているとしてよい。すなわち，もし $[\mathrm{In}^-]/[\mathrm{HIn}] = 1/3$ であれば明らかな赤色になり，逆に 3 であれば黄色になる。式 (4.20) を対数で表すと

*2 メチルオレンジの呈色は，赤色～黄色ではなく，赤色～黄橙色と表記されることもある。

$$\mathrm{pH} = pK_{\mathrm{In}} + \log \frac{[\mathrm{In}^-]}{[\mathrm{HIn}]} \tag{4.23}$$

ここで $\log 3 = 0.5$ であるから

$$\mathrm{pH} = pK_{\mathrm{In}} \pm 0.5$$

中間の pH ではオレンジ色であるが，外側の pH では赤色か黄色である。メチルオレンジなどでは，1:3 の成分比はかなり合理的な値といえるが，個々の二色指示薬については，共役型の呈色の強さに依存する。この成分比を 1:10 および 10:1 とすれば，$\mathrm{pH} = pK_{\mathrm{In}} \pm 1.0$ となる。

　要約すると，単色指示薬および二色指示薬のいずれについても，変色範囲

は指示薬の解離定数に密接に関係する。単色指示薬の変色は，pK_{In} 値よりも約 1 〜 2 程度低い pH から検知できるようになり，pH が pK_{In} 値付近まで上昇するとはっきり認識される。二色指示薬の場合には，pH が pK_{In} 値と一致したとき最も著しい色の変動が起こり，明らかな変色は $pK_{In} \pm 0.5$（または ± 1.0）において認められる。

　表 4.1 に，各種の酸塩基指示薬の変色域を示した。大部分は二色指示薬であり，常用される単色指示薬は，フェノールフタレインの他には少数しかない。繰り返しになるが，酸塩基指示薬はそれ自身が弱酸または弱塩基である。そのため指示薬は少量であっても，滴定剤を消費することに注意しなければならない。

表 4.1　酸塩基指示薬の変色域

指示薬名	変色範囲 pH	変色	酸解離定数 pK_{In}（イオン強度, $\mu = 0.1$）
チモールブルー	1.2 – 2.8	赤〜黄	1.65
	8.0 – 9.6	黄〜青	8.96
メチルイエロー	2.9 – 4.0	赤〜黄	3.3[a]
メチルオレンジ	3.1 – 4.4	赤〜黄橙	3.46, 3.7[b], 4.2[a]
ブロモクレゾールグリーン	3.8 – 5.4	黄〜青	4.66
メチルレッド	4.2 – 6.2	赤〜黄	5.00
ブロモクレゾールパープル	5.2 – 6.8	黄色〜赤紫	6.12
ブロモチモールブルー	6.2 – 7.6	黄〜青	7.10
フェノールレッド	6.8 – 8.4	黄〜赤	7.4[a], 7.81
フェノールフタレイン	8.0 – 9.8	無色〜赤（単色）	9.7[a]
チモールフタレイン	9.3 – 10.5	無色〜青（単色）	9.9[a]
アリザリンイエローR	10.1 – 12.0	黄〜すみれ	

　指示薬酸解離定数は，主に S. R. Crouch, D. A. Skoog, D. M. West, F. J. Holler, *Skoog and West's Fundamentals of Analytical Chemistry*, 9th ed., Cengage Learning (2013) から引用。

a) H. A. Laitinen, W. E. Harris, *Chemical Analysis*, 2nd ed., McGraw-Hill (1975).

b) *Chemical data booklet*, International Baccalaureate Organization 2014.

4-5　滴定誤差

　ここで扱う「滴定誤差」は呈色指示薬の変色が，当量点の前や後におこることにより生じる誤差である。変色により検知された終点が，ちょうど理論上の当量点と一致すれば滴定誤差は 0 %である。ビュレットの読みの不確実さやその他，操作上の不備に由来する誤差はここでは議論しない。

例題 4.2

　0.10 M NaOH により 0.10 M HCl の 50 mL を滴定する。もしメチルオレンジを指示薬として使用し，終点は pH = 4.0 で見いだされるとする。そのと

きの滴定誤差を計算せよ。

解 答

　この場合，終点は当量点の前である。したがって，滴定誤差は負の値になる。pH 4.0 において中和されずに残っている水素イオンの mmol（ミリモル）数は，溶液の全体積が終点で 100 mL であるから $10^{-4} \times 100$ である。

$$\text{滴定誤差（\%）} = -\frac{10^{-4} \times 100}{0.1 \times 50} \times 100 = -0.2$$

　上記の計算では H_2O が解離して生じる水素イオンを無視している。pH = 4.0 では水からの水素イオンは，全 $[H^+]$ に比べ無視できるほど小さいからである。pH = 4.0 において，水の解離によって生じる水素イオン濃度は $[H^+]$ = $[OH^-]$ = 10^{-10} M である。

　もし上述の滴定において，フェノールフタレインによる終点を用いるならば，すなわち変色が pH = 9.0（すなわち pOH = 5.0）でおこるならば，加えられた過剰の NaOH は $10^{-5} \times 100$ mmol となる。

$$\text{滴定誤差（\%）} = +\frac{10^{-5} \times 100}{0.1 \times 50} \times 100 = +0.02$$

　弱酸を滴定する場合，滴定誤差は終点で残っている未中和酸の割合で示されることになる。しかし強塩基による弱酸の滴定終点が，当量点以降にあるならば，強塩基による強酸の滴定誤差の式を用いる。当量点後に関しては，強塩基による弱酸の滴定曲線が強酸のそれと一致するからである。

4-6　緩衝指数

　緩衝剤の効果は緩衝指数（buffer index）β と呼ばれる量で表され，それは中和曲線の勾配の逆数になる。この逆勾配は pH を 1 単位増加させるのに加えなければならない強塩基の量を表す。

$$\beta = \frac{dc_B}{dpH} \tag{4.24}$$

ここで c_B は加えられた強塩基滴定剤のモル濃度である。緩衝指数は式 (4.24) の定義と同様に，加えられた強酸の濃度 c_A で表すこともできる。

$$\beta = -\frac{dc_A}{dpH}$$

この式の負符号は，酸が加わると pH 変化が負になるためである。

　緩衝剤の効果を議論するために，滴定曲線の全域を考える。広範囲にわたり塩基または酸を緩衝する能力を調べることは，滴定曲線を考えることと同じである。

　まず強酸 HCl を強塩基 NaOH で滴定することを考えよう*。電荷均衡は次式となる。

＊　滴定液を加えても，溶液の全体積は変化しないように設定する。

$$[Na^+] + [H^+] = [OH^-] + [Cl^-]$$

すなわち $c_B + [H^+] = [OH^-] + c_A$ と表すことができる。ここで c_A および c_B は，それぞれ HCl および NaOH の分析濃度である。

$$c_B = \frac{K_w}{[H^+]} - [H^+] + c_A$$

c_A を定数として，$[H^+]$ について上式を微分すると

$$\frac{dc_B}{d[H^+]} = \frac{-K_w}{[H^+]^2} - 1$$

ところで

$$dpH = -\frac{1}{2.3}\,dln[H^+] = -\frac{d[H^+]}{2.3[H^+]} \tag{4.25}$$

ゆえに

$$\beta = \frac{dc_B}{dpH} = -2.3[H^+]\frac{dc_B}{d[H^+]} = 2.3[H^+]\left\{\frac{K_w}{[H^+]^2} + 1\right\}$$

$$= \frac{2.3(K_w + [H^+]^2)}{[H^+]} = 2.3([OH^-] + [H^+]) \tag{4.26}$$

式 (4.26) から分かるように，強酸または強塩基溶液の緩衝効果は，強酸または強塩基の濃度に比例する。最小の緩衝指数になるのは，$[H^+] = [OH^-]$ のときである。

　同様の手法により，弱酸溶液の緩衝指数式が得られる。弱酸 HA と強塩基 NaOH の混合には，次の電荷均衡式が書ける。

$$[Na^+] + [H^+] = [OH^-] + [A^-]$$

あるいは

$$c_B = \frac{K_w}{[H^+]} - [H^+] + \frac{c_A K_a}{K_a + [H^+]}$$

ここで c_A および K_a は，それぞれ HA の分析濃度および酸解離定数である。微分すると

$$\frac{dc_B}{d[H^+]} = \frac{-K_w}{[H^+]^2} - 1 - \frac{c_A K_a}{(K_a + [H^+])^2}$$

ゆえに

$$\beta = \frac{dc_B}{dpH} = 2.3\left\{\frac{K_w}{[H^+]} + [H^+] + \frac{c_A K_a [H^+]}{(K_a + [H^+])^2}\right\} \tag{4.27}$$

式 (4.27) をグラフで表すと図 4.7 のようになる。β の極大値は pH = pK_a で得られる。この点で β 値は約 $\frac{2.3}{4}c_A$ であり，もし $c_A = 0.10$ M であれば，$\beta = 0.0575$ となる。NaOH が過剰になり非常に高い pH 領域では，緩衝指数は $[OH^-]$ に比例して高くなる。

このように混合液の緩衝指数は，存在する酸塩基対などの緩衝指数の和であることがわかる。すなわち

$$\beta = \beta_{H^+} + \beta_{OH^-} + \beta_{HA}$$

は式 (4.27) に表わされている。

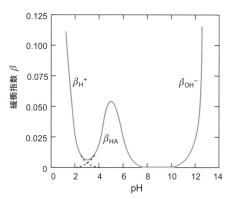

図 4.7　強酸と弱酸 ($c_A = 0.10\ M$) の混合液を強塩基で滴定した場合の緩衝指数の変化

■■■ **演習問題** ■■■

4-1　次のモノプロトン酸 50 mL を 0.10 M NaOH で滴定する。滴定剤を 0, 10, 25, 40, 45, 49, 50, 51, 55, 60, 70 および 100 mL 加えたときの pH を計算し，滴定曲線を描け。

(a)　0.10 M $HClO_4$　　　(b)　0.10 M 弱酸 ($pK_a = 5.0$)

4-2　0.10 M ジプロトン酸 H_2A の 50 mL を 0.10 M NaOH で滴定したとき，次の各点での pH を概算して，滴定曲線を描け。酸解離定数は $pK_1 = 3.0$ および $pK_2 = 7.0$ とせよ。(A) 滴定前，(B) 第 1 段階の半当量点 (50%中和点)，(C) 第 1 当量点，(D) 第 2 段階の半当量点 (50%中和点)，(E) 第 2 当量点，(F) 150 mL NaOH の添加時。

4-3　HCl による Na_2CO_3 の滴定について，次の各点において（化学量論的に）存在する化学種とその比率を，(a) の例にならって言え。

(a)　第 1 段階の 50%中和点 [50% CO_3^{2-} + 50% HCO_3^-]，　(b)　第 1 当量点，
(c)　第 2 段階の 50%中和点，　(d)　第 2 当量点。

4-4　0.10 M HCl（50 mL）を 0.05 M NaOH で滴定するとき，次の各場合における滴定誤差を計算せよ。終点の pH が (a) 3.5, (b) 7.0, (c) 9.0 であるとする。

4-5 次の溶液の緩衝指数を計算せよ。

(a) 0.020 M HCl

(b) 0.050 M HCl

(c) 0.050 M NaOH

(d) 0.050 M NH$_3$ + 0.050 M NH$_4$Cl

(e) 0.050 M NH$_3$ + 0.20 M NH$_4$Cl

錯生成平衡

5-1 錯生成の基礎

一般に，水溶液中で，金属イオンは水和された状態で存在している。水和された銅(Ⅱ)イオンの水溶液にアンモニアを加えると，溶液は濃青色に変化する。これは 水和銅(Ⅱ)イオンの水分子がアンモニア分子によって置換され*，化学種 $[Cu(NH_3)_4]^{2+}$ が生成することによる。銅(Ⅱ)イオンに結合したアンモニア分子は配位子（ligand）であり，このようにして生成した金属化学種を錯体（complex）と呼ぶ。配位子は酸素，窒素，硫黄などの配位原子を含んでいる。これらの原子は非共有電子対を持ち，この電子対と金属イオンの間には配位結合（coordination bond）が形成される。非共有電子対を金属イオンに与える配位子はルイス塩基であり，この電子対を受け取る金属イオンはルイス酸である。配位子は，NH_3 や H_2O のように中性（無電荷）であるか，または CN^-, OH^-，ハロゲン化物イオンなどのように負に荷電している。

NH_3 や H_2O は配位原子を 1 個だけ有する単座配位子である。配位原子を 2 個有するものは二座配位子，複数個有するものは多座配位子という。エチレンジアミン（$NH_2CH_2CH_2NH_2$）は 2 個の窒素原子を有する二座配位子であり，en と略称される。en の 2 個の窒素原子が，金属イオンに配位結合するとキレート環と呼ばれる五員環ができる。一般に，このようなキレート錯体を形成する配位子は，キレート試薬（chelating reagent）と呼ばれる。

錯体中で，中心金属イオンに配位している配位原子の数を配位数（coordination number）という。金属イオンは特有の配位数を持つが，必ずしも一定ではなく，同じ金属イオンでも配位子の種類によって配位数の異なる場合がある。金属錯体は中心金属の配位数によって一定の立体構造をとっている。直線形（配位数 2），正方形（4），四面体（4），八面体（6）などの立体配置が知られている。

* $[Cu(NH_3)_x(H_2O)_{4-x}]^{2+}$
  （$x = 1 \sim 4$）

キレート環
キレート環は，二座配位子など多座配位子が金属イオンを挟むように配位して生成する。キレート（chelate）は「蟹のハサミ」を意味するギリシャ語 chēlē に由来する。

5-2 錯生成の機構と速度

水和金属イオンと配位子（L）から金属錯体を生成する反応は，多くの場合，次式の解離的交替機構によって進行すると言われている。

$$M(H_2O)_n^{a+} + L^{b-} \rightleftarrows M(H_2O)_n^{a+} \cdot L^{b-} \rightleftarrows M(H_2O)_m L^{(a-b)+} + (n-m)H_2O$$

$$(5.1)$$

まず，水和金属イオン $M(H_2O)_n{}^{a+}$ と配位子 L^{b-} が，一種のイオン対[*1]を生成する。この段階は非常に速い反応である。つぎに金属イオンに配位した水分子と L^{b-} が置換する。金属イオンに配位した水分子が切り離される段階での速度は配位子の種類によらず，金属イオンに特有であり，錯生成の反応速度を決定する律速段階となる。イオン対生成定数を K_{os}，金属イオンに配位した水分子の交換速度定数を k_{H_2O} とすると，実験的に求められる速度定数 k_f は次式で表される。

$$k_f = K_{os} k_{H_2O} \tag{5.2}$$

K_{os} は主に金属イオンおよび配位子の電荷によって決まる値である。図 5.1 に水和金属イオンの配位水分子の交換速度定数[*2]を示す。実際には金属錯体の生成速度は多くの原因により変化する。分析実験において金属錯体を利用する際には，3 価の金属イオン，特に Cr^{3+}，Al^{3+}，Fe^{3+} の反応速度が遅いことを考慮しなければならない。Cr^{3+} の錯生成速度は特に遅く，通常の条件では EDTA と錯体を生成しない。

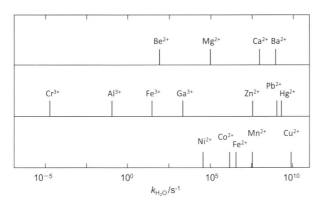

図 5.1 水和金属イオンの配位水分子の交換速度定数

*1 水和金属イオンが水分子を介して配位子イオンと会合している「外圏型錯体」(outer-sphere complex) の生成である。

*2 速度定数 $k/s^{-1} = 10^3$ であれば，半減期は千分の 1 秒以内 (0.693 ms) である。しかし $k/s^{-1} = 10^{-3}$ では，半減期は 10 分間以上 (6.93×10^2 s) となる。

5-3 錯体の生成定数

5-3-1 逐次生成定数と全生成定数

アンモニア分子が銅 (II) イオンに配位する反応を例にして，錯体の生成反応を考える。この反応は次のように，段階的に進行し，$[Cu(NH_3)_4]^{2+}$ が生成する[*3]。

$$Cu^{2+} + NH_3 \rightleftarrows Cu(NH_3)^{2+} \qquad K_1 \tag{5.3}$$
$$Cu(NH_3)^{2+} + NH_3 \rightleftarrows Cu(NH_3)_2{}^{2+} \qquad K_2 \tag{5.4}$$
$$Cu(NH_3)_2{}^{2+} + NH_3 \rightleftarrows Cu(NH_3)_3{}^{2+} \qquad K_3 \tag{5.5}$$
$$Cu(NH_3)_3{}^{2+} + NH_3 \rightleftarrows Cu(NH_3)_4{}^{2+} \qquad K_4 \tag{5.6}$$

それぞれの平衡反応に対する各段階の平衡定数 K_1, K_2, K_3, K_4 は逐次生成定数

*3 錯イオンは $[ML]^{n+}$ のように記されることが正式であるが，簡略化して，[ ] を省いて記述する。また，この反応は配位水分子との配位子交換反応であるが，水溶液中の反応では慣例的に水分子を省略する。

*1 生成定数は安定度定数 (stability constant) とも呼ばれる。

(stepwise formation constant)[*1] と呼ばれる。

$$K_1 = \frac{[Cu(NH_3)^{2+}]}{[Cu^{2+}][NH_3]} \tag{5.7}$$

$$K_2 = \frac{[Cu(NH_3)_2^{2+}]}{[Cu(NH_3)^{2+}][NH_3]} \tag{5.8}$$

$$K_3 = \frac{[Cu(NH_3)_3^{2+}]}{[Cu(NH_3)_2^{2+}][NH_3]} \tag{5.9}$$

$$K_4 = \frac{[Cu(NH_3)_4^{2+}]}{[Cu(NH_3)_3^{2+}][NH_3]} \tag{5.10}$$

4段階のすべての反応をひとまとめにして，$Cu(NH_3)_4^{2+}$ の生成反応および平衡定数を1段階で記述することもできる。

$$Cu^{2+} + 4\,NH_3 \rightleftarrows Cu(NH_3)_4^{2+} \tag{5.11}$$

$$\beta_4 = \frac{[Cu(NH_3)_4^{2+}]}{[Cu^{2+}][NH_3]^4} \tag{5.12}$$

式 (5.11) は全反応 (overall reaction) の平衡式であり，平衡定数 β_4 は全生成定数 (overall formation constant) である。$Cu(NH_3)_n^{2+}$ ($n = 1 \sim 4$) の（全）生成定数 β_n と逐次生成定数の間には次のような関係がある。

$$\beta_1 = K_1 \qquad \beta_2 = K_1 K_2 \qquad \beta_3 = K_1 K_2 K_3 \qquad \beta_4 = K_1 K_2 K_3 K_4 \tag{5.13}$$

一般に，逐次生成定数は段階的に小さくなる[*2]。

*2 例外的に，$Ag(NH_3)_2^+$ の逐次生成定数は $K_1 < K_2$ である。

$$K_1 > K_2 > K_3 > K_4 \tag{5.14}$$

銅 (II) イオンのアンモニア水溶液中では，銅錯体はアンモニアの濃度に応じて $Cu(NH_3)_n^{2+}$ ($n = 0 \sim 4$) として存在している。アンモニアの濃度が与えられれば，それぞれの銅錯体の存在率を計算することができる。銅 (II) イオンの全濃度を c_M とすると，各銅錯体の濃度の分率 (α_n) は次のように表される。

$$\alpha_0 = \frac{[Cu^{2+}]}{c_M} \qquad \alpha_1 = \frac{[Cu(NH_3)^{2+}]}{c_M} \qquad \alpha_2 = \frac{[Cu(NH_3)_2^{2+}]}{c_M}$$

$$\alpha_3 = \frac{[Cu(NH_3)_3^{2+}]}{c_M} \qquad \alpha_4 = \frac{[Cu(NH_3)_4^{2+}]}{c_M} \tag{5.15}$$

水溶液中に存在する銅 (II) イオン全濃度は次式で与えられる。

$$c_M = [Cu^{2+}] + [Cu(NH_3)^{2+}] + [Cu(NH_3)_2^{2+}] + [Cu(NH_3)_3^{2+}] + [Cu(NH_3)_4^{2+}] \tag{5.16}$$

ここで，各錯イオン $Cu(NH_3)_n^{2+}$ ($n = 1 \sim 4$) の平衡濃度は，逐次生成定数または全生成定数を用いると次のように表される。

$$[Cu(NH_3)^{2+}] = K_1[Cu^{2+}][NH_3] = \beta_1[Cu^{2+}][NH_3] \tag{5.17}$$

$$[Cu(NH_3)_2^{2+}] = K_2[Cu(NH_3)^{2+}][NH_3] = K_1 K_2[Cu^{2+}][NH_3]^2 = \beta_2[Cu^{2+}][NH_3]^2 \tag{5.18}$$

$$[\mathrm{Cu(NH_3)_3}^{2+}] = K_3[\mathrm{Cu(NH_3)_2}^{2+}][\mathrm{NH_3}] = K_1K_2K_3[\mathrm{Cu}^{2+}][\mathrm{NH_3}]^3 = \beta_3[\mathrm{Cu}^{2+}][\mathrm{NH_3}]^3 \tag{5.19}$$

$$[\mathrm{Cu(NH_3)_4}^{2+}] = K_4[\mathrm{Cu(NH_3)_3}^{2+}][\mathrm{NH_3}] = K_1K_2K_3K_4[\mathrm{Cu}^{2+}][\mathrm{NH_3}]^4 = \beta_4[\mathrm{Cu}^{2+}][\mathrm{NH_3}]^4 \tag{5.20}$$

これらの式を，式 (5.16) に代入すると

$$c_\mathrm{M} = [\mathrm{Cu}^{2+}] + \beta_1[\mathrm{Cu}^{2+}][\mathrm{NH_3}] + \beta_2[\mathrm{Cu}^{2+}][\mathrm{NH_3}]^2 + \beta_3[\mathrm{Cu}^{2+}][\mathrm{NH_3}]^3 + \beta_4[\mathrm{Cu}^{2+}][\mathrm{NH_3}]^4$$

従って α_0 は次式となる。

$$\alpha_0 = \frac{1}{1 + \beta_1[\mathrm{NH_3}] + \beta_2[\mathrm{NH_3}]^2 + \beta_3[\mathrm{NH_3}]^3 + \beta_4[\mathrm{NH_3}]^4} \tag{5.21}$$

同様にして α_n $(n = 1 \sim 4)$ は次式となる。

$$\alpha_1 = \frac{\beta_1[\mathrm{NH_3}]}{1 + \beta_1[\mathrm{NH_3}] + \beta_2[\mathrm{NH_3}]^2 + \beta_3[\mathrm{NH_3}]^3 + \beta_4[\mathrm{NH_3}]^4} \tag{5.22}$$

$$\alpha_2 = \frac{\beta_2[\mathrm{NH_3}]^2}{1 + \beta_1[\mathrm{NH_3}] + \beta_2[\mathrm{NH_3}]^2 + \beta_3[\mathrm{NH_3}]^3 + \beta_4[\mathrm{NH_3}]^4} \tag{5.23}$$

$$\alpha_3 = \frac{\beta_3[\mathrm{NH_3}]^3}{1 + \beta_1[\mathrm{NH_3}] + \beta_2[\mathrm{NH_3}]^2 + \beta_3[\mathrm{NH_3}]^3 + \beta_4[\mathrm{NH_3}]^4} \tag{5.24}$$

$$\alpha_4 = \frac{\beta_4[\mathrm{NH_3}]^4}{1 + \beta_1[\mathrm{NH_3}] + \beta_2[\mathrm{NH_3}]^2 + \beta_3[\mathrm{NH_3}]^3 + \beta_4[\mathrm{NH_3}]^4} \tag{5.25}$$

図 5.2 には，アンモニア濃度*の増加による CuL_n の分率（存在割合）の推移を示している。

* 銅 (II) と反応していない（余剰）アンモニアの平衡濃度である。アンモニア濃度が非常に高くなると，$\mathrm{Cu(NH_3)_5}^{2+}$ が生成する。

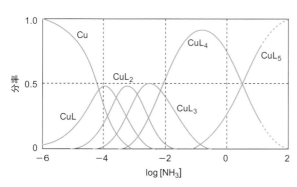

図 5.2 銅錯体の分率とアンモニア濃度の関係

5-3-2 条件付生成定数

前節では，銅 (II) イオンとアンモニア分子による錯体の生成定数について述べた。アンモニアは弱塩基（ブレンステッド塩基）であり，溶液の pH が低くなるとプロトンが付加して共役酸 $\mathrm{NH_4}^+$ になる。共役酸 $\mathrm{NH_4}^+$ に変化したアンモニアは，もはや銅 (II) イオンに配位することはできない。実際の錯生成反応においては，このような配位子の酸塩基平衡のほかに，金属イオン

の加水分解反応，共存する他の配位子との錯生成反応などを考慮しなければ
ならない。

　代表的なキレート試薬であるエチレンジアミン四酢酸（ethylene-
diaminetetraacetic acid，EDTA）を例にとり，金属イオンとの錯生成平衡を
解析する。EDTA は図 5.3 のような構造の（カルボキシ基による）四塩基酸
であり，4 個の酢酸基の酸素原子および 2 個の窒素原子により金属イオンに
配位できる六座配位子である。

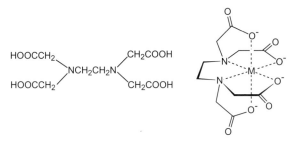

図 5.3　EDTA の化学構造式と金属 EDTA 錯体

＊　Y^{4-} 以外の化学種（H$_3$Y$^-$ など）
と金属イオン間の錯形成力は，
Y^{4-} に比べるとずっと小さい。

　EDTA を H$_4$Y と表記する。EDTA が金属イオンと錯生成する場合には，4
個の水素イオンを放出した Y^{4-} が最も重要となる＊。EDTA は 1 個ずつ水素
を放出し，それぞれの段階の（逐次）酸解離定数を K_{an}（$n = 1 \sim 4$）とする。

$$\mathrm{H_4Y \rightleftarrows H^+ + H_3Y^-} \qquad K_{a1} = \frac{[\mathrm{H^+}][\mathrm{H_3Y^-}]}{[\mathrm{H_4Y}]} = 1.0 \times 10^{-2} \qquad (5.26)$$

$$\mathrm{H_3Y^- \rightleftarrows H^+ + H_2Y^{2-}} \qquad K_{a2} = \frac{[\mathrm{H^+}][\mathrm{H_2Y^{2-}}]}{[\mathrm{H_3Y^-}]} = 2.1 \times 10^{-3} \qquad (5.27)$$

$$\mathrm{H_2Y^{2-} \rightleftarrows H^+ + HY^{3-}} \qquad K_{a3} = \frac{[\mathrm{H^+}][\mathrm{HY^{3-}}]}{[\mathrm{H_2Y^{2-}}]} = 6.9 \times 10^{-7} \qquad (5.28)$$

$$\mathrm{HY^{3-} \rightleftarrows H^+ + Y^{4-}} \qquad K_{a4} = \frac{[\mathrm{H^+}][\mathrm{Y^{4-}}]}{[\mathrm{HY^{3-}}]} = 5.5 \times 10^{-11} \qquad (5.29)$$

　EDTA の全濃度 c_Y は，各化学種濃度の和であり，次式で表される。

$$c_Y = [\mathrm{Y^{4-}}] + [\mathrm{HY^{3-}}] + [\mathrm{H_2Y^{2-}}] + [\mathrm{H_3Y^-}] + [\mathrm{H_4Y}] \qquad (5.30)$$

酸解離定数を用いて表した各化学種濃度を，式 (5.30) に代入すると

$$c_Y = [\mathrm{Y^{4-}}]\left(1 + \frac{[\mathrm{H^+}]}{K_{a4}} + \frac{[\mathrm{H^+}]^2}{K_{a4}K_{a3}} + \frac{[\mathrm{H^+}]^3}{K_{a4}K_{a3}K_{a2}} + \frac{[\mathrm{H^+}]^4}{K_{a4}K_{a3}K_{a2}K_{a1}}\right) \qquad (5.31)$$

ここで全濃度に対する [Y^{4-}] の分率を α_{4Y} とすると，式 (5.31) から

$$\frac{1}{\alpha_{4Y}} = 1 + \frac{[\mathrm{H^+}]}{K_{a4}} + \frac{[\mathrm{H^+}]^2}{K_{a4}K_{a3}} + \frac{[\mathrm{H^+}]^3}{K_{a4}K_{a3}K_{a2}} + \frac{[\mathrm{H^+}]^4}{K_{a4}K_{a3}K_{a2}K_{a1}} \qquad (5.32)$$

この分率 α_{4Y} は，酸解離による副反応係数とも呼ばれる。[Y^{4-}] は

$$[\mathrm{Y}^{4-}] = c_\mathrm{Y}\, \alpha_{4\mathrm{Y}} \tag{5.33}$$

である。このようにして $[\mathrm{Y}^{4-}]$ が求まると，式 (5.29) より $[\mathrm{HY}^{3-}] = [\mathrm{H}^+][\mathrm{Y}^{4-}]/K_{a4}$ となる。同様に $[\mathrm{H_2Y}^{2-}]$, $[\mathrm{H_3Y}^-]$, $[\mathrm{H_4Y}]$ は，順次 K_{an}, $[\mathrm{H}^+]$ で表すことができる。図 5.4 には EDTA の各化学種の存在量と pH の関係を示した[*1]。pH により，EDTA の各化学種がどの程度存在するかを概観することができる。たとえば，pH = 10 においては $\alpha_{4\mathrm{Y}} = 0.35$ である。

*1 実際には pH < 2 において，$\mathrm{H_4Y}$ にプロトン化した $\mathrm{H_5Y}^+$, $\mathrm{H_6Y}^{2+}$ が生成する。ここでは，陽イオン種の生成を考慮していないが，これからの錯形成の議論に支障は生じない。

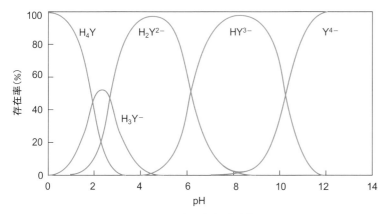

図 5.4 EDTA の各化学種の存在率と pH

金属イオン M^{n+} と Y^{4-} 間の錯生成反応は次式のように書くことができる。

$$\mathrm{M}^{n+} + \mathrm{Y}^{4-} \rightleftarrows \mathrm{MY}^{(n-4)+} \qquad K = \frac{[\mathrm{MY}^{(n-4)+}]}{[\mathrm{M}^{n+}][\mathrm{Y}^{4-}]} \tag{5.34}$$

ここで K は生成定数（平衡定数）であるので，定温では一定値であり，pH などに依存するものではない。ただし，この平衡式に含まれる $[\mathrm{Y}^{4-}]$ は c_Y および pH により規定される。式 (5.33)（$[\mathrm{Y}^{4-}] = c_\mathrm{Y}\alpha_{4\mathrm{Y}}$）を式 (5.34) に代入し，$\alpha_{4\mathrm{Y}}$ を左辺に移すと

$$K\,\alpha_{4\mathrm{Y}} = \frac{[\mathrm{MY}^{(n-4)+}]}{[\mathrm{M}^{n+}]\, c_\mathrm{Y}} = K' \tag{5.35}$$

となる。ここで導入した K' は条件付生成定数（conditional formation constant）と呼ばれる。一般に，各種金属イオンに対して錯生成定数 K が与えられているが，実際の錯生成反応を取り扱う際には，その時の pH 状態により計算された条件付生成定数 K' を使うほうが便利である。

以上はキレート配位子 Y^{4-} の pH による副反応に関する条件付生成定数であった。この他にも，共存する他の配位子（L^-）との錯生成反応および金属イオンの加水分解などを考慮する必要がある。このような場合には，それぞれの副反応係数 $\alpha_{\mathrm{M(L)}}$ および $\alpha_{\mathrm{M(OH)}}$ が $\alpha_{4\mathrm{Y}}$ と共に，平衡定数の数式に組み込まれることになる。このように拡張された条件付生成定数 K' は次式で与え

条件付生成定数
　一般に，錯生成定数など平衡定数は，すべて平衡濃度で構成される。しかし条件付生成定数においては，$[\mathrm{Y}^{4-}]$ が c_Y（全濃度または分析濃度）に置き換えられている。同一の pH 条件下においては，$\alpha_{4\mathrm{Y}}$ は一定値になるので，条件付生成定数 K' があたかも通常の生成定数 K のように取り扱われる。

られる。

$$K = \frac{K'}{\alpha_{\mathrm{M(L,OH)}}\alpha_{4Y}} \qquad (5.36)$$

ここで

$$\alpha_{\mathrm{M(L,OH)}} = (1 + \Sigma\beta_p[\mathrm{L}^-]^p + \Sigma\beta_q[\mathrm{OH}^-]^q)^{-1} \qquad (5.37)$$

であり, β_p および β_q は, それぞれ $\mathrm{ML}_p^{(n-p)+}$ および $\mathrm{M(OH^-)}_q^{(n-q)+}$ の全生成定数である。

$$\mathrm{M}^{n+} + p\mathrm{L}^- \rightleftarrows \mathrm{ML}_p^{(n-p)+} \qquad \beta_p = \frac{[\mathrm{ML}_p^{(n-p)+}]}{[\mathrm{M}^{n+}][\mathrm{L}^-]^p} \qquad (5.38)$$

$$\mathrm{M}^{n+} + q\mathrm{OH}^- \rightleftarrows \mathrm{M(OH^-)}_q^{(n-q)+} \qquad \beta_q = \frac{[\mathrm{M(OH^-)}_q^{(n-q)+}]}{[\mathrm{M}^{n+}][\mathrm{OH}^-]^q} \qquad (5.39)$$

種々の金属 EDTA 錯体の条件付生成定数と pH の関係を, 図 5.5 に示したが, この K' には, 金属イオンの加水分解に関する副反応係数 $\alpha_{\mathrm{M(OH)}}$ が組み込まれている。一般に pH の上昇とともに [Y^{4-}] が増大するため, 条件付生成定数は大きくなる。しかし pH の高い領域では金属イオンの加水分解が進むため, 条件付生成定数は低下する。この現象は OH$^-$ と極めて親和性の高い Fe^{3+}, Al^{3+} などにおいて顕著である。

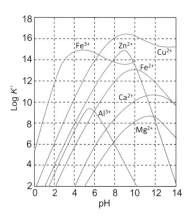

図 5.5　金属 EDTA 錯体の条件付生成定数 K' と pH の関係

5-4　金属錯体の安定性

　金属錯体は金属イオン（ルイス酸）と配位子（ルイス塩基）間の錯形成反応によって生成する。安定度定数の大きさで表される金属錯体生成の安定性は, 金属イオンおよび配位子の化学的性質やキレート構造から説明される。

5-4-1　HSAB 則

　ピアソン（R. G. Pearson）は, ルイス酸とルイス塩基の間に見られる親和性の大小を説明するのに,「硬い（hard）」,「軟らかい（soft）」という概念（HSAB

則）[*1] を提案した。ルイス酸および塩基は，いずれも「硬い」または「軟らかい」に分類される。表 5.1 には，「硬い」または「軟らかい」酸および塩基の分類を示す。

　硬い酸は硬い塩基と安定な錯体を生成し，また，軟らかい酸は軟らかい塩基との間で安定な錯体を生成しやすい。硬い酸 (HA) は N, O, F⁻ などと親和性があるルイス酸であり，アルカリ金属およびアルカリ土類金属イオン[*2]や電荷の大きい Al^{3+}，La^{3+} などの金属イオンなどが含まれる。硬い酸（HA）は電荷密度が大きく，分極率が小さいという特徴を持つ。逆に，軟らかい酸（SA）は，S, P, Se, I⁻ などとの親和性が強い Ag^+, Hg^{2+}, Pb^{2+} などであり，電荷密度が小さく，分極しやすい。一方，硬い塩基（HB）は，サイズが小さく分極しにくい Cl⁻，OH⁻，NH_3 などである。軟らかい塩基（SB）は，電気陰性度の小さい S あるいは P などの配位原子からなる配位子や I⁻ などであり，サイズが大きく分極しやすい。

*1　HSAB は Hard and Soft Acids and Bases の略である。

*2　水溶液中では，アルカリ金属イオンの錯形成は観測されにくい。

表 5.1　HSAB によるルイス酸および塩基

硬い酸

H^+, Li^+, Na^+, K^+, Be^{2+}, Mg^{2+}, Ca^{2+}, Mn^{2+}, Al^{3+}, Ga^{3+}, La^{3+}, Cr^{3+}, Fe^{3+}, Zr^{4+}, Sn^{4+}, UO_2^{2+}, $Cr(VI)$, $I(V)$, $I(VII)$, BF_3, PRO_2^+, RSO_2^+

中間的な酸

Fe^{2+}, Co^{2+}, Ni^{2+}, Cu^{2+}, Zn^{2+}, Pb^{2+}, Sn^{2+}, Bi^{3+}, Rh^{3+}, SO_2, R_3C^+

軟らかい酸

Cu^+, Ag^+, Au^+, Tl^+, Hg_2^{2+}, Hg^{2+}, Pb^{2+}, Cd^{2+}, Pt^{4+}, Tl^{3+}, RS^+

　R はアルキル基を示す。

硬い塩基

H_2O, OH⁻, $CH_3CO_2^-$, PO_4^{3-}, SO_4^{2-}, Cl⁻, CO_3^{2-}, NO_3^-, ROH, RO⁻, NH_3, RNH_2, N_2H_4

中間的な塩基

$C_6H_5NH_2$, C_5H_5N, N_3^-, Br⁻, NO_2^-, SO_3^{2-}

軟らかい塩基

R_2S, RSH, RS⁻, I⁻, SCN⁻, $S_2O_3^{2-}$, R_3P, R_3As, $(RO)_3P$, CN⁻, CO, H⁻, R⁻

　R はアルキル基を示す。

5-4-2　キレート錯体の安定性

　エチレンジアミン（en）などに代表されるキレート試薬は，O, N, S などの配位原子を有し，金属イオンに配位してキレート環を形成する。en は金属イオンに配位して五員環を形成するが，一般にキレート環は五員環が最も安定で六員環がそれに続く。三員環は最小のキレート環であるが，構造的にひずみが大きく存在は知られていない。四員環はジエチルジチオカルバミン酸 $[(C_2H_5)_2NC(=S)SH]$ などの錯体が少数存在するが，配位原子の S の原子半径が大きいため，環のひずみが軽減されると考えられている。七員環以上のキレート錯体はごくわずかしか存在しない。

キレート試薬は多座配位子であり，一般に単座配位子よりも安定な錯体を生成する。表5.2にアンモニア NH_3（単座），エチレンジアミン en（二座），トリエチレンテトラアミン trien（四座）の亜鉛および銅錯体の生成定数を示した。類似した配位子でも，多座配位子の方が単座配位子より安定な錯体を生成することが分かる。

表5.2　単座配位子と多座配位子による錯体の安定性の比較

Zn^{2+}			Cu^{2+}		
NH_3	en	trien	NH_3	en	trien
$\log\beta_1$ 2.2			$\log\beta_1$ 4.0		
$\log\beta_2$ 4.4	$\log\beta_1$ 5.7		$\log\beta_2$ 7.3	$\log\beta_1$ 10.6	
$\log\beta_3$ 6.7			$\log\beta_3$ 10.1		
$\log\beta_4$ 8.7	$\log\beta_2$ 10.4	$\log\beta_1$ 12.1	$\log\beta_4$ 12.0	$\log\beta_2$ 19.6	$\log\beta_1$ 20.4

β_n：全生成定数，$\beta_n = [MX_n]/[M][X]^n$（M：金属イオン，X：配位子）
en：エチレンジアミン NH_2-CH_2-CH_2-NH_2（二座配位子）
trien：トリエチレンテトラミン NH_2-CH_2-CH_2-NH_2-CH_2-CH_2-NH_2-CH_2-CH_2-NH_2（四座配位子）

多座配位子が単座配位子よりも安定な錯体を生成することはキレート効果（chelate effect）と呼ばれている。水和銅(II)イオン[*1]がアンモニアまたはen と錯体を生成する反応を例にとる。

*1　水和銅(II)イオンを詳しく記述すると $Cu(H_2O)_6^{2+}$ である。これらの水和水のうち，2分子は他の4分子よりも少しだけ遠距離にある。

$$Cu(H_2O)_4^{2+} + 4\,NH_3 \rightleftarrows Cu(NH_3)_4^{2+} + 4\,H_2O \tag{5.40}$$

$$Cu(H_2O)_4^{2+} + 2\,en \rightleftarrows Cu(en)_2^{2+} + 4\,H_2O \tag{5.41}$$

前者ではアンモニア4分子が，（銅(II)イオンに配位した）水4分子と交換するので，反応の前後で分子の数は変化しない。後者ではen の2分子が水4分子と交換するので，差し引きすると2分子増加する。これでエントロピーが増加することになり，錯体の生成定数が大きくなる。キレート効果はエントロピー効果とも呼ばれる。表5.3には，メチルアミン（単座配位子）およびen と金属イオン間の錯生成における熱力学的諸量を示す。エンタルピー変化（ΔH）はほぼ同じであるが，エントロピー変化（ΔS）の違いは顕著である。

表5.3　キレート生成の熱力学量

錯体	$\log\beta$	ΔG / kJ mol^{-1}	ΔH / kJ mol^{-1}	ΔS / kJ mol^{-1}
$Cd(en)^{2+}$	5.82	-33.3	-29.4	13.1
$Cd(CH_3NH_2)_2^{2+}$	4.81	-27.4	-29.4	-6.46
$Cd(en)_2^{2+}$	10.62	-60.6	-56.5	13.8
$Cd(CH_3NH_2)_4^{2+}$	6.55	-37.3	-57.3	-66.9

5-4-3　中心金属イオンの性質

金属イオンと配位子間の結合について，イオン結合性と共有結合性に大別

して，それらの寄与を考えてみる。前者では静電相互作用，後者では d 電子の関与が重要である。多くの硬い酸に属する金属イオンでは，静電相互作用の寄与が重要で，電荷とイオン半径が問題となる。同じ電荷の金属イオンではイオン半径の小さいものほど，錯体の生成定数は大きくなる。下記の括弧内はイオン半径（pm）を示す。

$$Mg^{2+} (68) > Ca^{2+} (99) > Sr^{2+} (112) > Ba^{2+} (134)$$

$$Al^{3+} (51) > Sc^{3+} (81) > Y^{3+} (92) > La^{3+} (114)$$

第一遷移系列に属する金属イオンでは，多くの配位子においてキレートの安定度は下記の順になる。

$$Mn^{2+} < Fe^{2+} < Co^{2+} < Ni^{2+} < Cu^{2+} > Zn^{2+}$$

この経験則はアーヴィング―ウイリアムズの系列（Irving–Williams series）と呼ばれる。この系列はイオン半径の順だけでは説明できず，結晶場安定化エネルギーが寄与していると説明される。

演習問題

5-1　n 価の金属イオンと配位子 L は，次式のように 1:1 錯体を生成する。

$$M^{n+} + L \rightleftarrows ML^{n+} \quad K = [ML^{n+}]/[M^{n+}][L]$$

1.0×10^{-4} M の M^{n+} 溶液に同体積の 0.10 M の L 溶液を加えた。この溶液中の ML^{n+} の濃度を求めよ。ただし $K = 2.0 \times 10^2$ とする。

5-2　Cu^{2+} の全濃度が 1.00×10^{-4} M，アンモニアの全濃度が 1.00 M の水溶液がある。この水溶液中の銅イオンの各化学種の濃度を求めよ。アンモニアの $pK_b = 4.76$，銅アンミン錯体の全生成定数を $\log \beta_1 = 3.99$, $\log \beta_2 = 7.33$, $\log \beta_3 = 10.06$, $\log \beta_4 = 12.03$ とする。

5-3　pH 10.0 におけるニッケル EDTA 錯体の条件付生成定数を求めよ。NiY^{2-} の生成定数は $\log K = 18.6$ である。加水分解反応などは無視できるものとする。

キレート滴定法

キレート滴定法は，金属キレート錯体の生成反応を利用して，金属イオンを定量する方法である。たとえば，水道水など飲料水中に含まれるマグネシウムおよびカルシウムイオン濃度，すなわち，水の硬度はEDTAを用いるキレート滴定によって簡単に測定できる。EDTAの他にも多数のキレート滴定剤および指示薬が開発され，大部分の金属イオンが滴定法によって定量できるようになった。

第4章で扱った酸塩基滴定においては，水素イオンH^+は（ブレンステッド）酸であり，OH^-やNH_3は（ブレンステッド）塩基であった。キレート滴定（chelatometric titration）などの錯化滴定[*1]においては，金属イオンM^{n+}はルイス酸であり，配位子はルイス塩基である。キレート滴定曲線は，滴定剤（ルイス塩基）の添加量に対して，pM（$= -\log [M^{n+}]$）の値を縦軸にとって表示する。

単座配位子と金属イオン間の錯化滴定の例は多くない。塩化物イオンなど無機陰イオンが重金属イオンと錯形成することを利用した陰イオンの定量法がある。たとえば，水銀(II)イオンと塩化物イオン間の錯滴定，および銀(I)イオンによるシアン化物イオンの錯滴定（Liebig法）などである。

*1 錯滴定ともいう。

6-1 キレート滴定試薬

代表的なキレート滴定試薬には，EDTAのほかに，ニトリロ三酢酸（NTA），トリエチレンテトラミン（trien）[*2] などがある（図6.1）。いずれも金属イオンと安定な錯体を生成する多座配位子である。

*2 別名はN,N'-ジ (2-アミノエチル)エチレンジアミンであり，他の四座配位子2,2',2''-トリアミノトリエチルアミン（tren）と混同してはならない。

エチレンジアミン四酢酸（EDTA）　　ニトリロ三酢酸（NTA）

トリエチレンテトラミン（trien）

図 6.1　代表的なキレート滴定試薬

　EDTA の錯生成反応については第 5 章で詳細に述べた。無電荷の EDTA（H_4Y）は水に対する溶解度が低いので，通常は，2 ナトリウム塩（$Na_2H_2Y \cdot 2H_2O$）を水に溶かして用いる。EDTA は表 6.1 に示すように多種の金属イオンと安定な水溶性キレート錯体（MY）を生成する。

表 6.1　キレート生成定数（log K）

金属イオン	エチレンジアミン四酢酸（EDTA）	ニトリロ三酢酸（NTA）	トリエチレンテトラミン（trien）
Fe^{3+}	25.1	15.9	
Hg^{2+}	21.8	14.6	25.3
Ga^{3+}	20.3	13.6	
Cu^{2+}	18.8	13.0	20.4
Ni^{2+}	18.6	11.5	14.0
Pb^{2+}	18.0	11.4	
Cd^{2+}	16.5	9.5	10.8
Zn^{2+}	16.5	10.7	12.1
Co^{2+}	16.3	10.4	
Co^{3+}	40.6	—	
Al^{3+}	16.1	9.5	
Ce^{3+}	16.0	10.8	
Mn^{2+}	14.0	7.4	4.9
Fe^{2+}	14.3	8.8	
Ca^{2+}	10.7	6.4	
Mg^{2+}	8.7	5.5	
Sr^{2+}	8.6	5.0	
Ba^{2+}	7.8	4.8	
Ag^+	7.3	5.2	
Li^+	2.8	2.5	
Na^+	1.7	2.2	
Cs^+	0.2	—	

　EDTA による金属イオンの滴定では，生成定数（K）よりも，むしろ pH に依存する条件付生成定数（K'）を用いるほうが便利である（第 5 章 5-3-2 節参照）。表 6.2 に示すように log K' は pH の低下と共に小さくなる。一般に log K' が 8 以上であれば，その金属イオンは滴定可能である。この表の左端側に表示されたアルカリ土類金属イオンと右端側の（遷移）金属イオンを同じ pH について比較すると，log K' には非常に大きな差がある。低い pH 3 において Fe^{3+} は十分に滴定可能であり，アルカリ土類金属イオンが共存していても Fe^{3+} を選択的に定量することができる。

*1 表6.2の条件付生成定数(log K')には，金属イオンの加水分解に関する副反応係数 $\alpha_{M(OH)}$ が組み込まれていないので，第5章の図5.5で示された値とは大きく異なる場合がある。

表 6.2　EDTA キレートの条件付生成定数[*1]（log K'）

pH	金属イオン							
	Mg^{2+}	Ca^{2+}	Ba^{2+}	Zn^{2+}	Pb^{2+}	Cu^{2+}	Hg^{2+}	Fe^{3+}
12	8.7	10.7	7.8	16.5	18.3	18.8	21.8	25.1
11	8.6	10.6	7.7	16.2	18.2	18.7	21.7	25.0
10	8.2	10.3	7.3	15.8	17.9	18.3	21.4	24.7
9	7.4	9.4	6.5	15.0	17.0	17.5	20.5	23.8
8	6.4	8.4	5.5	14.0	16.0	16.5	19.5	22.8
7	5.4	7.4	4.4	12.9	15.0	15.5	18.5	21.8
6	4.0	6.1	3.1	11.6	13.7	14.1	17.2	20.5
5	2.2	4.3	1.3	9.8	11.9	12.3	15.4	18.7
4	0.3	2.3	—	7.8	9.9	10.4	13.4	16.7
3	—	0.1	—	5.7	7.7	8.2	11.2	14.5

6-2　滴定曲線

pH 10.0 に緩衝された 0.010 M Ca^{2+} 溶液 50 mL を，0.010 M EDTA 溶液で滴定する。(a) 滴定前，(b) 25 mL，(c) 50 mL および (d) 75 mL 滴下した時の pCa（= $-\log[Ca^{2+}]$）を計算してみよう。

CaY^{2-} の生成定数は $K = 5.0 \times 10^{10}$ であるが，pH 10.0 において，EDTA の全濃度 c_Y [*2] 中の Y^{4-} の存在割合（$[Y^{4-}] = c_Y \alpha_{4Y}$）は $\alpha_{4Y} = 0.35$ である。したがって pH =10 における条件付生成定数は $K' = 5.0 \times 10^{10} \times 0.35 = 1.8 \times 10^{10}$（$\log K' = 10.25$）となる。

*2 全濃度 c_Y の取扱いにおいて，金属イオンとキレート結合している EDTA は除外されている。金属イオンと結合していない，すなわち，「フリー（未錯化の）」EDTA の全濃度（または分析濃度）である。

（a）滴定前

$$[Ca^{2+}] = 0.010 \text{ M}$$
$$pCa = -\log[Ca^{2+}] = 2.0$$

（b）25 mL 滴下

この時点では，滴定剤 EDTA に比べ Ca^{2+} は過剰に存在しており，K' の値も十分に大きいことから，反応は完結している。したがって未反応の $[Ca^{2+}]$ は

$$[Ca^{2+}] = \frac{0.010 \times 50 - 0.010 \times 25}{50 + 25} = 0.0033 \text{ M}$$

$$pCa = 2.48$$

（c）50 mL 滴下

当量点では，Ca^{2+} は（化学量論的にすべて）CaY^{2-} になると考えられる。

$$[CaY^{2-}] = \frac{0.010 \times 50}{50 + 50} = 5.0 \times 10^{-3} \text{ M}$$

しかし，平衡反応によって CaY^{2-} がごくわずか解離し，遊離の Ca^{2+} 濃度（x）が生成（存在）する。その濃度は，Ca^{2+} とは結合していない EDTA 濃度（c_Y）

に等しい*。

$$K' = \frac{[CaY^{2-}]}{[Ca^{2+}]c_Y} = \frac{5.0 \times 10^{-3} - x}{x^2} \simeq \frac{5.0 \times 10^{-3}}{x^2} = 1.8 \times 10^{10}$$

上式から

$$[Ca^{2+}] = x = 5.27 \times 10^{-7} \, M$$

$$pCa = 6.28$$

（d）75 mL 滴下

過剰に加えられた滴定剤 EDTA 濃度（c_Y）は

$$c_Y = \frac{0.010 \times 75 - 0.010 \times 50}{50 + 75} = 2.0 \times 10^{-3} \, M$$

であり，また

$$[CaY^{2-}] = \frac{0.010 \times 50}{125} = 4.0 \times 10^{-3} \, M$$

である。遊離の Ca^{2+} 濃度（x）は，平衡反応により，すなわち CaY^{2-} のごくわずかな解離によって生じる。

$$K' = \frac{[CaY^{2-}]}{[Ca^{2+}]c_Y} = \frac{4.0 \times 10^{-3} - x}{x \times (2.0 \times 10^{-3})} \simeq \frac{4.0 \times 10^{-3}}{2.0 \times 10^{-3} x} = 1.8 \times 10^{10}$$

上式から

$$[Ca^{2+}] = x = 1.1 \times 10^{-10} \, M$$

$$pCa = 9.96$$

以上のようにして計算した滴定曲線を図 6.2 に示す。pH 10 でキレート滴定すると，pCa は EDTA 溶液を 50 mL 滴下した当量点付近で急激に増大する。この急激な変化を利用すると，滴定の終点を検出できる。pH 12 では更に大

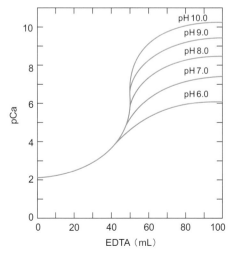

図 6.2　0.010 M EDTA による 0.010 M Ca^{2+}（50 mL）の滴定に及ぼす pH の影響

きく変化するが，pH 8 以下では変化量が小さいので，（指示薬による）終点の検出には適さない。

　キレート滴定曲線に及ぼす錯生成定数 K の大きさの影響を図 6.3 に示す。当量点付近において pM は急激に変化するが，K 値が 10^6 程度では，その変化は小さく滴定には適さない。K が 10^8 より大きければ pM 変化は十分大きく，滴定に使うことができる。

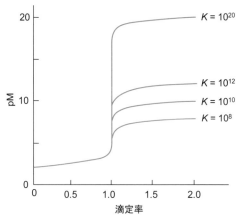

図 6.3　キレート滴定曲線に及ぼす錯生成定数の影響

6-3　金属指示薬による終点の決定

　キレート滴定において当量点付近では，遊離（水和）金属イオンの濃度が急激に減少する。滴定の終点を決定する方法としてイオン選択性電極[*1]を利用する方法もあるが，一般的には金属指示薬（metal indicator）を用いる。金属指示薬は，それ自体が強く着色したキレート試薬であり，金属イオンと反応して指示薬自身とは明確に異なる色を呈色する。指示薬は，滴定 pH において，EDTA などのキレート滴定剤よりずっと小さな生成定数を有するものでなければならない[*2]。

　金属イオン（M）の試料溶液に金属指示薬（In）を加えると，キレート錯体（MIn）が生成し，特異的な色に着色する。これにキレート滴定剤（Y）を滴下すると，Y は遊離の M と反応する。しかし当量点に近づくと，遊離の M 濃度が急激に減少（pM の増大）するので，錯形成力の強いキレート滴定剤 Y は指示薬錯体 MIn からも M を奪い，MY を生成する。このようにして金属イオンを失った金属指示薬（In）は，それ自体の色に戻る（呈色する）ことになる。

　　　MIn ＋ Y　　→　　MY ＋ In

当量点付近で，MIn は In に変化し[*3]，この呈色変化により滴定終点が決定される。なお，通常のキレート滴定の条件下において，金属イオン M およ

*1　イオン選択性電極は，特定のイオン濃度（または活量）が電位差により測定できる電極である。pH 測定用ガラス電極は一種のイオン選択性電極である（第 12 章参照）。

*2　$\log K'_{MIn} \ll \log K'_{MY}$（当量点の pM に近い $\log K'_{MIn}$ 値を有する指示薬が選ばれる）。

*3　指示薬錯体および「フリー」な指示薬の着色強度が同程度であれば，[MIn] = [In] のとき最大の変色となる。

び EDTA 錯体 MY は，いずれも無色である。代表的な金属指示薬を表 6.3 に示す。

表 6.3　主な金属指示薬

金属指示薬（略語）	酸解離定数	測定可能な金属	変色（直接滴定）
エリオクロムブラック T（BT または EBT）	$pK_{a2} = 6.3$ $pK_{a3} = 11.6$	Mg, Ca, Mn(II), Zn, Cd, Pb, Hg(II), In	赤→青
カルマガイト	$pK_{a2} = 7.92$ $pK_{a3} = 12.50$	Mg, Zn, Pb, Cd	赤→青
1- ピリジルアゾ-2-ナフトール（PAN）	$pK_{a1} = 2.9$ $pK_{a2} = 11.6$	Cu, Cd, Ce, Zn, Bi, Ga, In, Tl, UO_2^{2+}	赤紫→黄

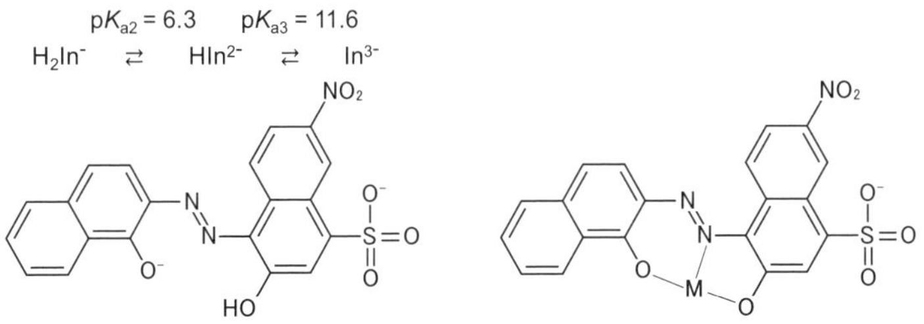

$pK_{a2} = 6.3$　　$pK_{a3} = 11.6$

$H_2In^- \rightleftarrows HIn^{2-} \rightleftarrows In^{3-}$

HIn^{2-}（青色）
EBT

MIn^-（赤色）
EBT キレート

図 6.4　EBT とその金属キレート

　例としてエリオクロムブラック T（BT または EBT）および金属キレートの構造を図 6.4 に示す。この指示薬は pH が 6 以下では H_2In^-（赤色），7～11 では青 HIn^{2-}（青色），12 以上では（橙色）として存在する。pH 7～11 で表 6.3 中の金属イオンと錯生成すると，（青色から）赤色に変色する。その他の金属指示薬としてカルマガイトや PAN などがある*。

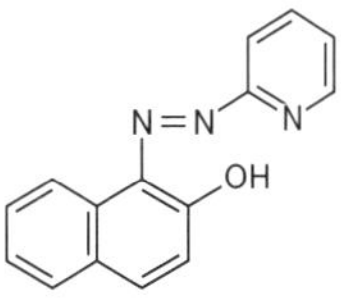

6-4　主な滴定法

EDTA に代表されるキレート試薬を用いて，金属イオンを滴定・定量する主な方法として，直接滴定法，逆滴定法，置換滴定法の 3 つを挙げることができる。

（1）直接滴定法

キレート試薬の標準溶液を用いて，金属イオンの試料溶液を直接滴定し，その濃度を決定する方法である。図 6.2 または図 6.3 のような滴定曲線で示されるように，当量点では急激な金属イオンの濃度の変化が起こる。適当な金属指示薬により，溶液の色の変化から終点が決定される。

*　カルマガイト（Calmagite）

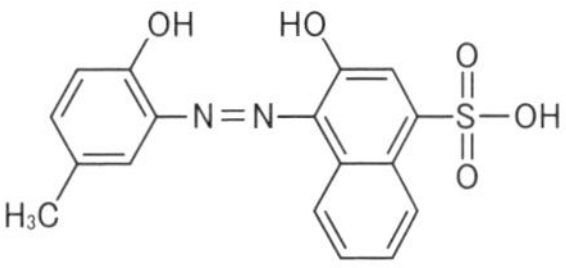

PAN（1-ピリジルアゾ-2-ナフトール）

83

（2）逆滴定法

逆滴定法（back titration）は（a）金属イオンとキレート試薬の反応速度が非常に遅い場合，（b）高い pH で金属イオンの水酸化物沈殿が生じたり，（c）定量しようとする金属イオンに対して適当な金属指示薬がない場合などに用いられる。ある金属イオン（M）の試料溶液にキレート試薬標準溶液を過剰に加え，余ったキレート試薬を別の金属イオン（M'）の標準溶液で滴定する。

たとえば Al^{3+} は EDTA との錯生成速度が非常に遅いため，Al^{3+} の試料溶液に過剰の EDTA 標準溶液を加え，沸騰するまで加熱し，反応を完結させる。冷却後に，過剰の EDTA を Zn 標準溶液で逆滴定する。この場合，金属指示薬にはキシレノールオレンジ（XO）を用いる。

（3）置換滴定法

置換滴定法（displacement titration）は，逆滴定法で述べた（b）および（c）の場合に用いられる。すなわち，高い pH で金属イオンの水酸化物沈殿が生じたりする場合や（定量しようとする金属イオンに対して）適当な金属指示薬がない場合などに適用される。定量しようとする金属イオン（M）に，他金属のキレート（M'L）を加える。

$$M + M'L \rightleftarrows ML + M'$$

ML の安定度が M'L よりはるかに大きいとき，平衡反応は右方向へ進行し，M' イオンが遊離してくる。遊離した M' を滴定することにより，結果的に目的の金属イオン（M）を定量することができる。

置換滴定法の例としては，指示薬エリオクロムブラック T（EBT）を用いて Ca^{2+} を EDTA 滴定するとき Mg-EDTA（Na_2MgY）を少量添加する。EBT 指示薬は Ca^{2+} に対しては明瞭な変色を示さないが[*1]，当量点付近で次式のように

$$Ca^{2+} + MgY^{2-} \rightleftarrows CaY^{2-} + Mg^{2+}$$

Mg^{2+} が遊離してくると，変色が明瞭になる。

*1 Ca^{2+} と指示薬 EBT の間の反応には，2つの問題点がある。（1）計算上，当量点のずっと手前で変色がおこる，（2）変色は極めて徐々にしかおこらないことである。

▨▨▨ 演習問題 ▨▨▨

6-1　EDTA 溶液は，EDTA 二ナトリウム塩（$Na_2H_2Y \cdot 2H_2O$ は H_4Y より溶解度が大きい）を水に溶かして調製する。1次標準物質[*2] $CaCO_3$ の 0.6573 g を希塩酸 1.00 L に溶かした。これから 50.0 mL をとり，pH 10 に調整したのち，エリオクロムブラック T（BT）を金属指示薬として EDTA 溶液で滴定したところ，32.83 mL を要した。この EDTA 溶液の濃度を求めよ。$CaCO_3$ の式量を 100.1 とする。

6-2　pH 7.00 において，0.010 M Mg^{2+} と 0.010 M EDTA を含む溶液中の，

*2 容量分析の一次標準に用いる試薬については，「標準試薬」の規格があり，高い純度が要求されている。

EDTA とは錯形成していないフリーの Mg^{2+} の濃度を求めよ。pH 7.00 での MgY^{2-} の条件付生成定数（$\log K'$）は 5.4（表 6.2）である。

6-3　Mg^{2+}, Ca^{2+} を含む試料水 50.0 mL を 0.010 M EDTA 溶液を用い pH 10 で滴定したところ 14.35 mL を要した。同じ試料水 50.0 mL を pH 13 として滴定したところ 2.31 mL を要した。

(1) 同じ試料水を異なる pH（10 および 13）で滴定する理由を述べよ。

(2) この試料水中の Mg^{2+}, Ca^{2+} の濃度を求めよ。

(3) 水中の Mg^{2+} と Ca^{2+} の合計の濃度を炭酸カルシウムに換算した値（mg/L）を，水の硬度と呼ぶ。この試料水の硬度を求めよ。

7 溶解平衡とその応用 （沈殿滴定法，重量分析法）

*1　沈 殿 平 衡 （precipitation equilibrium） ともいわれる。

溶液相と固相の間には様々な溶解平衡 （solubility equilibrium）[*1] がある。そのうち，難溶性塩が溶液中にイオン解離して溶解する平衡反応は，理論に基づいた定量的な取り扱いができる。この平衡にかかわる反応は定性分析および定量分析に利用されるほか，濃縮分離や精製にも利用されるなど，分析化学的な利用範囲が広い。

　本章では，水溶液中での難溶性塩の溶解平衡に関する定量的な取り扱いとその分析化学的応用について解説する。水溶液以外の溶液における溶解平衡については，非水溶液論に関する成書[*2] を参照されたい。

*2　たとえば, O. Popovych, R. P. T. Tomkins, *Nonaqueous Solution Chemistry*, John Wiley, New York (1981).

7-1 難溶性塩の溶解平衡

7-1-1 溶解平衡と溶解度積

　水溶液中で，難溶性塩 MX は解離して生じた水和イオン M^+ と X^- の間に次の化学平衡が成立する[*3]。

$$MX \rightleftarrows M^+ + X^-$$

この平衡反応の熱力学的平衡定数は

$$K = \frac{a_{M^+} a_{X^-}}{a_{MX}} \tag{7.1}$$

と書き表されるが，MX が純固相であるときは $a_{MX} = 1$ となるので，熱力学的平衡定数は次式となる。

$$K = a_{M^+} a_{X^-} \tag{7.2}$$

この K は熱力学的溶解度積 （thermodynamic solubility product） であり，K_{sp} と書き表すことが一般的である。M^+ および X^- の活量係数をそれぞれ γ_{M^+} および γ_{X^-} とすると，式 (7.2) は以下のように書き換えられる。

$$K_{sp} = \gamma_{M^+} [M^+] \, \gamma_{X^-} [X^-] = \gamma_{M^+} \gamma_{X^-} [M^+][X^-] \tag{7.3}$$

純水に難溶性塩だけを加え，溶解平衡状態にしたときイオン濃度，したがって，イオン強度は非常に小さくなるので，活量係数 γ_{M^+}, γ_{X^-} はほぼ 1 となる[*4]。また，イオン強度が一定の条件下では，活量係数は一定の値をとる。このため，以下の式 (7.4) で定義される溶解度積 （solubility product） は，イオン強度が非常に小さい場合またはイオン強度が一定の条件下では，熱力学的溶解度積と同様，一定の値をとるものとして取り扱うことができる。

*3　難溶性塩 MX の沈殿は，溶液中ではなく溶液外に存在している。一般的に，溶液中のイオン対 MX の存在は無視できる。イオンが複数の電荷を持っている場合，すなわち M^{a+} と X^{b-} が難溶性塩 $M_b X_a$ をつくる場合には，式 (7.2) は $K = a(M^{a+})^b \, a(X^{b-})^a$ となるが，ここでは簡単のため，1:1 型イオン塩を使って解説する。

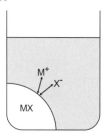

*4　式 (7.3) において $\gamma = 1$ としてよいのは，イオン強度が小さいほど理想溶液に近づくからである。第 2 章 （2-4 節） 参照。

$$K_{sp} = [M^+][X^-] \qquad (7.4)$$

ここに

$$K_{sp} = \frac{\boldsymbol{K}_{sp}}{\gamma_{M^+}\gamma_{X^-}} \qquad (7.5)$$

である。

　平衡定数データとしては，イオン強度ゼロのときの溶解度積が表示されるが，必要に応じ，イオン強度の値が併記される[*1]。代表的な難溶性塩の溶解度積を巻末付表Ⅲに示す。

*1　溶解度積はモル濃度（mol/L, M）のべき乗の次元を持つ量である。量どうしの計算を行う場合，数値だけでなく単位を含めて計算すると，計算結果は求めたい量の数値と単位の積の形となる。本書では，特に必要な時を除いて，計算途中の次元（単位）を表記しないこととする。

例題 7.1

　塩化銀（AgCl）の純水へのモル溶解度を求めよ。溶解度積は $K_{sp} = 1.8 \times 10^{-10}$ とする。

解　答

　AgCl を純水に溶解させたときは $[Ag^+] = [Cl^-]$ となり，$K_{sp} = [Ag^+][Cl^-]$ であるから，

$$[Ag^+] = [Cl^-] = \sqrt{K_{sp}} = \sqrt{1.8 \times 10^{-10}} = 1.3 \times 10^{-5}\,M$$

　溶解度（solubility）とは，ある溶質が一定の量の溶媒に溶ける飽和量であり，溶解平衡状態にあるときの溶質の濃度である。モル溶解度は溶質の濃度を容量モル濃度（molarity）で表示したときの溶解度である。

モル溶解度
　固体の溶解度は，溶媒 100 g に溶ける溶質の質量や飽和溶液の質量分率（質量パーセント濃度）で表示することがある。本章では，以下，モル溶解度を単に溶解度という。

例題 7.2

　クロム酸銀（Ag_2CrO_4）の純水への溶解度を求めよ。溶解度積は $K_{sp} = 1.2 \times 10^{-12}$ とする。

解　答

　溶解平衡は次式であり，溶解度を x とおくと

$$Ag_2CrO_4 \rightleftarrows 2Ag^+ + CrO_4^{2-}$$
$$ 2x \qquad x$$

溶液中には，銀イオンが $2x$，クロム酸イオンは x 溶存することになる。

$$K_{sp} = [Ag^+]^2[CrO_4^{2-}] = (2x)^2 x = 4x^3 = 1.2 \times 10^{-12}$$

$$x = \sqrt[3]{\frac{1}{4}K_{sp}} = \sqrt[3]{\frac{1}{4} \times 1.2 \times 10^{-12}} = 6.7 \times 10^{-5}\,M$$

　難溶性塩について，もし塩の型が同じであれば，溶解度積の値が大きいほど溶解度が大きいと判断できる。しかし，（1:1 型と 1:2 型塩のように）塩の型が異なる場合には，溶解度積の大小だけでは判断することはできない。

例題 7.3

　0.010 M $AgNO_3$ 水溶液 100 mL に 0.010 M NaCl 水溶液を添加する場合を考

える。AgCl の溶解度積は $K_{sp} = 1.8 \times 10^{-10}$ とする。次の問題に答えよ。

(1) AgCl の沈殿が生じ始める NaCl 水溶液の体積を求めよ。

(2) 水溶液中の Ag^+ の 99% が沈殿するときの NaCl 水溶液の体積を求めよ。

(3) 水溶液中の Ag^+ の 99.9% が沈殿するときの NaCl 水溶液の体積を求めよ。

解 答

添加する NaCl 水溶液の体積を x mL とする。

(1) 沈殿が生成しないとすれば Ag^+ と Cl^- の濃度はそれぞれ下記の通りとなる。

$$[Ag^+] = \frac{0.010 \times 100}{100 + x}$$

$$[Cl^-] = \frac{0.010 \times x}{100 + x}$$

沈殿が生成し始める条件は $[Ag^+][Cl^-] = K_{sp}$ であるから,この溶解度積に上の 2 式を代入すると,

$$\frac{0.010 \times 100}{100 + x} \times \frac{0.010 \times x}{100 + x} = 1.8 \times 10^{-10}$$

この式は x に関する 2 次方程式であるが,解の公式に当てはめても桁落ちが激しいため正しく計算できない。そこで,x が 100 mL に対して非常に小さいことを利用し,$100 + x \fallingdotseq 100$ とする近似を使と次式が得られる。

$$\frac{0.010 \times 100}{100} \times \frac{0.010 \times x}{100} = 1.8 \times 10^{-10}$$

$$x = 1.8 \times 10^{-4} \text{ mL}$$

(2) Ag^+ の沈殿率を p とすると,Ag^+ および Cl^- の濃度はそれぞれ次式の通りとなる。

$$[Ag^+] = \frac{0.010 \times 100 \times (1-p)}{100 + x}$$

$$[Cl^-] = \frac{0.010 \times x - 0.010 \times 100 \times p}{100 + x}$$

この溶液中では,$[Ag^+][Cl^-] = K_{sp}$ が成り立っているから,この溶解度積に上の 2 式を代入すると x に関する 2 次方程式となる。$p = 0.99$ を代入し 2 次方程式を解くと,$x = 99.1$ mL となる。

(3) $p = 0.999$ を代入して,2 次方程式を解くと,$x = 100.6$ mL となる。

一般に,水溶液中のイオン含む難溶性塩を生成させるとき,イオン検出の目的で沈殿生成の有無を判断する場合には,沈殿生成剤を少量添加するだけでよい。しかし,例題 7.3 を見て分かるように,沈殿生成によってイオンを定量的に分離したい場合には,当量(この場合 100 mL)よりも幾分か過剰

に加える必要がある。

　難溶性塩の沈殿が生じるかどうかは，溶解度積とイオン積の大きさの比較より予測できる。イオン積はイオンの分析濃度（または仕込み濃度）の積であるから $c(M^+) \times c(X^-)$ と表記する[*1]。

*1　イオン積＝ $[M^+][X^-]$ と表記すると，溶解度積（＝ $[M^+][X^-]$）との区別がつきにくい場合がある。

　　　K_{sp} ＜ イオン積 $[c(M^+) \times c(X^-)]$：沈殿が生じる。

　　　K_{sp} ＝ イオン積 $[c(M^+) \times c(X^-)]$：沈殿は生じない，沈殿は溶解しない。

　　　K_{sp} ＞ イオン積 $[c(M^+) \times c(X^-)]$：沈殿は生じない。

たとえば，1.0×10^{-4} M $AgNO_3$ および 1.0×10^{-3} M NaCl 溶液が混合されたときには，白色沈殿が生じるだろうと予測できる。イオン積は $c(Ag^+) \times c(Cl^-)$ ＝ 1.0×10^{-7} であり，溶解度積 K_{sp} ＝ 1.8×10^{-10} より大きいからである。

7-1-2　溶解度に影響を与える要因

　難溶性塩の溶解度に影響を与える要因は2種類に分類できる。K_{sp} の値は一定でありながら溶解度が影響を受ける場合と，K_{sp} の値自体が影響を受けることによって溶解度が変化する場合である。

(1) 共通イオン効果

　難溶性塩を構成するイオンが溶液中に存在することにより，溶解度は純水に対するものより小さくなる。これを共通イオン効果（common ion effect）という。共通イオンの存在により，K_{sp} はほとんど変化しなくても，溶解度は著しく低下する。

例題 7.4

　次の各水溶液への AgCl の溶解度を求めよ。溶解度積は K_{sp} ＝ 1.8×10^{-10} とする。

　(a) 0.010 M $NaNO_3$　　(b) 0.010 M NaCl

解　答

　(a) $NaNO_3$ は沈殿を構成するイオンを含んでいないので，溶解平衡には影響しない。したがって，AgCl の溶解度は例題 7.1 と同じ 1.3×10^{-5} M である。

　(b) この NaCl 水溶液は，共通イオンの Cl^- を 0.01 M 含んでいる。AgCl の溶解度を x とすると，Ag^+ および Cl^- はそれぞれ x（モル濃度）ずつ溶解してくる。

　　　$AgCl \rightleftharpoons Ag^+ + Cl^-$
　　　　　　x　　$(0.01 + x)$

各イオンの平衡濃度は，$[Ag^+] = x$ および $[Cl^-] = (0.01 + x)$ である。

　　　$K_{sp} = [Ag^+][Cl^-] = x(0.01 + x) = 1.8 \times 10^{-10}$

ここで, $0.01 \gg x$ とすると, $(0.01 + x) \fallingdotseq 0.01$ であるから, 結局,

$$x = [\mathrm{Ag^+}] = \frac{1.8 \times 10^{-10}}{0.01} = 1.8 \times 10^{-8}\,\mathrm{M}$$

なお, 上記の計算では AgCl の解離に伴って生じる $\mathrm{Cl^-}$ を無視して計算した。解離によって生じる $\mathrm{Cl^-}$ の濃度はたかだか $1.8 \times 10^{-8}\,\mathrm{M}$ であり, 共通イオン $\mathrm{Cl^-}$ の濃度 ($0.01\,\mathrm{M}$) に比較するとはるかに小さい。

(2) 副反応の影響

難溶性塩が生成する反応と競合する副反応は溶解度に大きな影響を与える。溶解度に影響を与える主な副反応は, プロトンとの会合反応 (酸塩基反応) および錯形成反応である。

難溶性塩を構成する陰イオンが, 弱酸 (HA) の共役塩基 ($\mathrm{A^-}$) である場合, 水溶液の pH は難溶性塩の溶解度に大きな影響を与える。難溶性塩 MA について, 溶解および酸塩基平衡が成り立っている。

$$\mathrm{MA \rightleftarrows M^+ + A^-} \qquad\qquad K_{\mathrm{sp}} = [\mathrm{M^+}][\mathrm{A^-}] \qquad\qquad (7.6)$$

$$\mathrm{HA \rightleftarrows H^+ + A^-} \qquad\qquad K_{\mathrm{a}} = \frac{[\mathrm{H^+}][\mathrm{A^-}]}{[\mathrm{HA}]} \qquad\qquad (7.7)$$

MA を構成するイオン $\mathrm{A^-}$ を含む化学種 ($\mathrm{A^-}$ および HA) の溶液中濃度を c_{A} とすると, 物質均衡より

$$c_{\mathrm{A}} = [\mathrm{A^-}] + [\mathrm{HA}] \qquad\qquad (7.8)$$

HA の解離度 (または $\mathrm{A^-}$ の分率) を α とすると, α は次の式で定義される。

$$\alpha = \frac{[\mathrm{A^-}]}{c_{\mathrm{A}}} = \frac{[\mathrm{A^-}]}{[\mathrm{A^-}] + [\mathrm{HA}]} \qquad\qquad (7.9)$$

式 (7.7) から $[\mathrm{HA}] = [\mathrm{H^+}][\mathrm{A^-}]/K_{\mathrm{a}}$ であるから, これを式 (7.9) に代入すると,

$$\alpha = \frac{[\mathrm{A^-}]}{[\mathrm{A^-}] + [\mathrm{HA}]} = \frac{K_{\mathrm{a}}}{[\mathrm{H^+}] + K_{\mathrm{a}}} \qquad\qquad (7.10)$$

ここで, 式 (7.9) より得られる $[\mathrm{A^-}] = \alpha\, c_{\mathrm{A}}$ を式 (7.6) に代入すると,

$$K_{\mathrm{sp}} = [\mathrm{M^+}]\, \alpha\, c_{\mathrm{A}} \qquad\qquad (7.11)$$

α は 1 未満の値 ($0 < \alpha < 1$) であり, $[\mathrm{H^+}]$ が増大すると減少するから, K_{sp} が一定の条件下では $[\mathrm{M^+}]$ 濃度, すなわち MA の溶解度は pH の低下と共に増加する。一方, pH が一定の条件では α は一定となるから, 次の式で定義される K'_{sp} を定数として扱うことができる。

$$K'_{\mathrm{sp}} = \frac{K_{\mathrm{sp}}}{\alpha} = [\mathrm{M^+}]\, c_{\mathrm{A}} \qquad\qquad (7.12)$$

式 (7.12) は, 「$\mathrm{M^+}$ の平衡濃度」と「$\mathrm{A^-}$ を含む化学種の全濃度」の積を条件付溶解度積 (conditional solubility constant) K'_{sp} として定義している。この場合の条件とは pH 一定という条件である。

　一方，難溶性塩を構成する陽イオンが，共存する配位子（リガンド）と錯形成する場合，リガンド濃度は溶解度に大きな影響を与える。難溶性塩 MX において，M^+ とリガンド L が錯形成する場合，沈殿と平衡状態にある水溶液中では以下の溶解および錯生成平衡が成り立っている[*]。

＊　ここでは 2 段階の錯形成を想定しているが，1 段階または多段階の錯形成をする場合でも，同様に取り扱われる。

$$MX \rightleftharpoons M^+ + X^- \qquad K_{sp} = [M^+][X^-] \qquad (7.13)$$

$$M^+ + L \rightleftharpoons ML^+ \qquad K_{L1} = \frac{[ML^+]}{[M^+][L]} \qquad (7.14)$$

$$ML^+ + L \rightleftharpoons ML_2^+ \qquad K_{L2} = \frac{[ML_2^+]}{[ML^+][L]} \qquad (7.15)$$

　M^+ を含む化学種（M^+, ML^+, ML_2^+）の全濃度を c_M とし，M^+ の分率を α_0 とすると，第 5 章で示したように，

$$[M^+] = \alpha_0 c_M \qquad (7.16)$$

$$\alpha_0 = \frac{1}{1 + K_{L1}[L] + K_{L1}K_{L2}[L]^2} \qquad (7.17)$$

となるから，

$$K_{sp} = \alpha_0 c_M [X^-] \qquad (7.18)$$

[L] が一定であれば α_0 は一定値であるから，次の式で定義される K'_{sp} を定数として扱うことができる。

$$K'_{sp} = \frac{K_{sp}}{\alpha_0} = c_M [X^-] \qquad (7.19)$$

この K'_{sp} はリガンド濃度一定という条件下における条件付溶解度積である。

　さらに，（難溶性塩 MA について）M^+ と錯形成するリガンド L が共存し，かつ，A^- が弱酸の共役塩基の場合には，次式による条件付溶解度積を考えることができる。

$$K'_{sp} = \frac{K_{sp}}{\alpha_0 \alpha} = c_M c_A \qquad (7.20)$$

この条件付溶解度積は，2 つの条件を前提としている。すなわち（1）[L] が一定であり，（2）pH が一定である。これら 2 つの条件を満たせば，水溶液中の「M^+ の全濃度」と「A^- の全濃度」の積が一定であることを示している。沈殿を構成する各イオン濃度の積（$[M^+][A^-]$）ではなく，それらの各イオンの全濃度の積（$c_M c_A$）についての条件付平衡定数である。

　ところで，共通イオンでありながらも，同時にリガンドとして作用するイオンの存在下では，溶解度は少し複雑な挙動をとる。AgCl は典型的な難溶性塩であるが，Ag^+ は Cl^- との間で錯形成反応をするという性質がある。したがって，Cl^- の濃度増加と共に $AgCl_2^-$，$AgCl_3^{2-}$ および $AgCl_4^{3-}$ などの高次の錯形成反応が逐次的に進行する。これらの錯イオンは電荷を持ち，可溶性であるため，錯形成の進行により溶解度が増大する。すなわち，AgCl の溶

解度は，Cl^- 濃度の増加でいったん減少（共通イオン効果）するが，錯形成により再び増大する（図 7.1）。

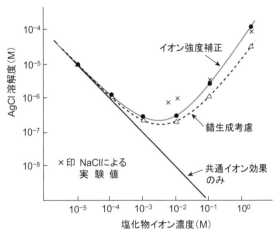

図 7.1　塩化銀の沈殿生成に及ぼす塩化物イオンの影響
出典：藤永太一郎「基礎分析化学」朝倉書店（1979）

（3）共存する電解質の濃度の影響

*1　共通イオンや錯形成イオンなどではなく，沈殿反応に（直接的には）無関係なイオンからなる塩であり，支持電解質と呼ばれることもある。

*2　強電解質水溶液に関するDebye-Hückel 則（第 2 章 2-4-4節参照）が成り立つイオン強度の範囲内においてである。

　共通イオンではないイオン（無関係塩）*1 が共存すると，難溶性塩を構成するイオンの活量係数が変化する。イオンの活量係数は，無限希薄溶液では1 であるが，イオン強度の増加と共に減少する*2。このため，式 (7.5) の分母はイオン強度の増加と共に減少するが，K_{sp} は一定であるから，K_{sp} はイオン強度の増加と共に増加することになる。したがって，溶解度は共存電解質の濃度の増加と共に増加する（図 7.2）。このような共存電解質の濃度の影響は塩効果（salt effect）と呼ばれる。

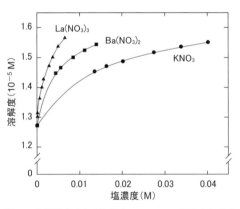

図 7.2　電解質を含む水溶液中での AgCl の溶解度（25℃）
出典：E. D. Neuman, *J. Am. Chem. Soc.*, **54**, 2195 (1932).

（4）その他の要因

これまでの解説では温度の影響にはあまり言及しなかったが，K_{sp}などの熱力学的平衡定数は，一般に，温度の変化と共に変化する。どのように変化するかは塩の種類ごとに異なり，さらに，イオンの活量係数もまた温度と共に変化する。このため，溶解度に対する温度の影響を様々な要因をもとに説明するのは簡単ではない。

溶媒の組成は溶解度に大きな影響を与える。水溶液中での溶解度積を他の溶媒に適用することはできない。一般的に，極性が低い溶媒は，水に比べてイオンに対する溶媒和力が小さい。このため，極性が低い溶媒を水溶液に多量に添加すると，イオンへの溶媒和が弱まり，また誘電率の低下も影響して，難溶性塩の溶解度は減少する。たとえば，エタノールやアセトンを水溶液に加えることによって難溶性塩の溶解度を低下させるという操作は，再結晶法による難溶性塩の精製などによく用いられる。

7-2　選択的沈殿と系統分析法

沈殿反応を利用して，イオンを分離して検出する分析法がある。適切な試薬（分属試薬）選択し，また添加順序を工夫することにより，水溶液中のイオンを順次沈殿させながら分離して検出する。このような定性分析法をイオンの系統分析法と呼ぶ。系統分析法においては，多数の試薬を用いて多少とも煩雑な操作を順序よく行うことが必要である。試料中のイオン濃度が大きく異なっている場合には，溶解度積のわずかな相違では分離が不完全になる上に，共同沈殿現象のために分離できないことがしばしば起こるなど，実用上の欠点が多い。このため，個別のイオンに対し特異的（specific），選択的（selective）で高感度（sensitive）な試薬が広く用いられるようになってからは，系統分析法は，実用的な定性分析法としてはほとんど用いられなくなった。

しかし，系統分析法を利用した特定のイオンの選択的な沈殿分離は，無機化学反応の基礎的学習や一般化学実験における基本的操作の習得などの目的で活用されており，系統分析法の利用価値は現在でも失われてはいない。ここでは陽イオンおよび陰イオンの系統分析法のうち代表的なものを概説する。

7-2-1　陽イオンの系統分析法

陽イオンの系統分析法として最もよく用いられているのは，塩酸や硫化水素[*]，アンモニウム塩を用いる古典的な方法である。この方法における分属試薬とそれによって沈殿分離される陽イオンを表7.1に示す。また，代表的な陽イオンに関する系統図を図7.3に示す。なお，この図には，各属に分離した後の属内分離方法も併記した。

[*]　H$_2$S は致死的毒性の高い気体なので，学生の練習実験などでは H$_2$S 気体を水溶液に直接通じることに代えて，H$_2$S をばっ気溶解したアセトンを添加したり，5%チオアセトアミド水溶液を試料に添加し加熱分解によって H$_2$S を生成させるなどの方法が用いられている。

93

表 7.1 陽イオンの分属

属	分属試薬	陽イオン
第 1 属	HCl	Ag^+, Hg_2^{2+}, Pb^{2+}
第 2 属	H_2S	Cu^{2+}, Cd^{2+}, Hg^{2+}, Pb^{2+}, Bi^{3+}, Sn^{2+}, Sn^{4+}, As^{3+}, As^{5+}, Sb^{3+}, Sb^{5+}
第 3 属	NH_4Cl + NH_3	Fe^{3+}, Al^{3+}, Cr^{3+}
第 4 属	H_2S + NH_3	Ni^{2+}, Co^{2+}, Mn^{2+}, Zn^{2+}
第 5 属	$(NH_4)_2CO_3$	Ca^{2+}, Sr^{2+}, Ba^{2+}
第 6 属		NH_4^+, K^+, Na^+, Mg^{2+}

　第1属陽イオン：第1属および第2属の陽イオンは，酸性溶液中で難溶性の硫化物沈殿を生成する性質がある。このうち，Ag^+, Hg_2^{2+}, Pb^{2+} は塩化物の溶解度が低いので，塩酸添加によって第1属沈殿として分離することができる。ただし，この場合，過剰の塩酸を添加するとクロロ錯体が生成し，沈殿が再溶解しやすいので，添加量に留意する必要がある。$PbCl_2$ は他の2種の塩に比べて溶解度が高く，熱水によく溶けるので，沈殿に熱湯を加えることで溶解分離することができる。Ag^+ は安定なアンモニア錯体を形成するので，アンモニア水を加えることで溶解分離することができる。

　第2属陽イオン：酸性溶液中では，硫化水素の解離によって生成している硫化物イオンの濃度は低いので，難溶性硫化物塩を生成するイオンのうち，特に溶解度積が小さいイオンだけが沈殿する。これらが第2属に属するイオンである。

例題 7.5

　下記の金属イオンの 0.010 M 水溶液について，pH を 2 に保ったまま H_2S を飽和させたとき，硫化物沈殿を生じるイオンはどれか。ただし，H_2S の飽和溶液中では $[H_2S] = 0.10$ M とする。H_2S の酸解離定数は $K_1 = 10^{-7.0}$, $K_2 = 10^{-12.9}$ である。

　　　Cd^{2+}, Cu^{2+}, Co^{2+}, Fe^{2+}, Mn^{2+}, Ni^{2+}, Pb^{2+}, Zn^{2+}

解 答

　まず pH = 2 における $[S^{2-}]$ を計算する。下記の H_2S の酸解離定数の式に，$[H^+] = 1 \times 10^{-2}$ M および $[H_2S] = 0.10$ M を代入する。

$$\frac{[H^+]^2[S^{2-}]}{[H_2S]} = \frac{[H^+][HS^-]}{[H_2S]} \cdot \frac{[H^+][S^{2-}]}{[HS^-]} = 10^{-7.0} \times 10^{-12.9} = 10^{-19.9}$$

$$[S^{2-}] = \frac{10^{-19.9} \times [H_2S]}{[H^+]^2} = \frac{10^{-19.9} \times 0.10}{(10^{-2})^2} = 10^{-16.9} \text{ M}$$

＊　イオン積 $c(M^{2+}) \times c(S^{2-})$ と K_{sp} を比較する。

　硫化物沈殿が生じる条件は $[M^{2+}][S^{2-}] > K_{sp}$＊，すなわち $pK_{sp} > -\log([M^{2+}][S^{2-}])$ であるから，この式に $[M^{2+}] = 10^{-2}$ M，$[S^{2-}] = 10^{-16.9}$ M を代入すると

$$\mathrm{p}K_{\mathrm{sp}} > -\log(10^{-2} \times 10^{-16.9}) = 18.9$$

したがって，$\mathrm{p}K_{\mathrm{sp}}$ の値が 18.9 よりも大きい硫化物が沈殿を生じる。巻末付表 III の $\mathrm{p}K_{\mathrm{sp}}$ 値を参照すると，沈殿を生じるイオンは Cd^{2+}, Cu^{2+}, Co^{2+}, Ni^{2+}, Pb^{2+}, Zn^{2+} である。

　第 3 属陽イオン：第 3 属陽イオンはアンモニアアルカリ性溶液中で水酸化物沈殿を生じるイオンである。第 3 属の分離に先立って H_2S を除去する必要があるため，第 2 属分離後のろ液を煮沸する。また，Fe^{3+} は H_2S によって Fe^{2+} に還元されているため，アンモニアアルカリ性にする際に臭素水などの酸化剤を加えて Fe^{3+} に酸化する。第 3 属の属内分離には，Cr^{3+} が酸化剤によって可溶性の CrO_4^{2-} に酸化されること，Al^{3+} のみが強アルカリ性で可溶性の AlO_2^- となることを利用する。

　第 4 属陽イオン：第 3 属のろ液はアンモニアアルカリ性になっているため，この溶液に硫化水素を通じると第 2 属陽イオンの硫化物よりも溶解度積が大きい陽イオンの硫化物が沈殿する。なお，Co^{2+} および Ni^{2+} の硫化物には α 型と β 型があり，アルカリ性溶液からは α 型硫化物が沈殿するが，溶液を酸性にすると（溶解度積が小さい）β 型硫化物に変化して，塩酸には溶解しなくなる。このため，次亜塩素酸ナトリウムなどの酸化剤を加えて硫化物イオンを酸化することによって，これらの硫化物を溶解したのちに検出する。

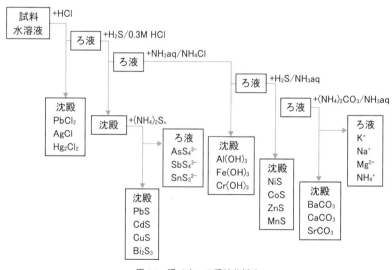

図 7.3　陽イオンの系統分析法

　第 5 属陽イオン：分属試薬として塩化アンモニウムと炭酸アンモニウムを用いる。炭酸塩が塩化アンモニウム溶液中で不溶であり，硫化物としては沈殿しない Ca^{2+}, Sr^{2+}, Ba^{2+} が炭酸塩として沈殿する。これらのイオンの属内分離には CrO_4^{2-}, SO_4^{2-} との沈殿の生成条件の違いを利用する。

第 6 属陽イオン：塩酸，硫化水素，炭酸アンモニウムのいずれでも沈殿を生じないイオンであるアルカリ金属イオン，Mg^{2+} および NH_4^+ がこの属に属する。これらのイオンの検出には特異的反応をする試薬や炎色反応が用いられる。

7-2-2 陰イオンの系統分析法

無機陰イオンは，硝酸イオンなど一部の例外を除いて，金属陽イオンと難溶性の塩を生成するものが多く，また他のイオンとの間で酸化還元反応が起こる場合もある。このため，試料溶液としては，アルカリ金属を陽イオンとした溶液が用意される。また試料溶液中に，それほど多数の無機陰イオンが共存することは想定されていない。陰イオンの系統分析法は陽イオンの系統分析法ほどには系統化されておらず，また一般的ではない。

陰イオンの系統分析法としては，Ba^{2+} および Ag^+ と難溶性塩を生成するかどうかによって分属する方法が一般的である。分属試薬と分属される陰イオンを表 7.2 に示す。

表 7.2 陰イオンの分属

属	分属試薬	陰イオン
第 1-3 属	$BaCl_2$	SO_4^{2-}, F^-, CrO_4^{2-}, PO_4^{3-}, CO_3^{2-}
第 1 属	Ba 塩が HNO_3 に不溶	SO_4^{2-}
第 2 属	Ba 塩が HNO_3 に可溶	F^-, CrO_4^{2-}
第 3 属	Ba 塩が CH_3COOH に可溶	PO_4^{3-}, CO_3^{2-}
第 4 属	$AgNO_3$	Cl^-, Br^-, I^-, S^{2-}
第 5 属	—	CH_3COO^-

7-3 沈殿滴定法

沈殿滴定（precipitation titration）は，難溶性塩の沈殿反応を利用する容量分析法である。代表的なものとして，ハロゲン化物イオンを硝酸銀水溶液で滴定する銀滴定（argentimetry）がある。19 世紀にディットマー（W. Dittmar）は，この方法を用いて海水の塩分測定を行い，海水中のイオンの組成比が海域によらずほぼ同一であることを確定した。銀滴定は，20 世紀半ばまで，海水の塩分の標準的な測定法として用いられていたが，現在では導電率測定による高精度な方法に置き換わっている。

沈殿滴定では，酸塩基滴定や酸化還元滴定などの他の滴定とは異なり，溶液相と固相の間での平衡を利用するため，固液界面の影響を無視することができない*。すなわち，難溶性塩の片方のイオンが界面に吸着するため，沈殿生成の定量性が厳密には成立しないことが問題である。このため，水酸化

* 固液界面で起こる特異的な現象は，7-5 節で解説する。

物や硫化物のように吸着性が極めて大きい難溶性塩の生成反応は，沈殿滴定には適用することができない。この他，沈殿の定量的な生成には時間がかかることが多く，平衡状態に達するのに時間を要する上，平衡に達したかどうかを判断することが難しい。さらに，滴定の終点を検出する適当な方法がないことが多いことも，沈殿滴定の利用範囲を限定する要因となっている。ここでは，銀滴定を例にとって滴定反応の進行および終点決定法について解説する。

7-3-1　滴定曲線

滴定反応の進行は，酸塩基滴定や酸化還元滴定[*1]と同様に滴定曲線を用いることによって容易に理解することができる。ここでは硝酸銀水溶液による塩化物イオンの滴定を考える。

*1　第 8 章参照。

例題 7.6

0.010 M 塩化ナトリウム水溶液 100 mL を 0.010 M 硝酸銀水溶液によって滴定する実験において，(1) 50 mL，(2) 90 mL，(3) 99 mL，(4) 100 mL，(5) 101 mL，(6) 105 mL 滴下したとき，各点における Ag^+ 濃度および pAg[*2] を計算せよ。

*2　$pAg = -\log[Ag^+]$

解　答

塩化銀の沈殿または溶解反応は，比較的すみやかに進行する。

$$AgCl \rightleftarrows Ag^+ + Cl^-$$

滴定の当量点（100 mL）までは，化学量論的に残存する塩化物イオンの濃度を，まず計算しなければならない。しかし当量点を越えると，過剰に滴下した銀イオンの濃度が問題となる。

(1) 50 mL

AgCl 沈殿反応後，残存する塩化物イオンの濃度は

$$[Cl^-] = \frac{0.010 \times 100 - 0.010 \times 50}{100 + 50} = 3.3 \times 10^{-3}\ M$$

次に，共通イオンの Cl^- が存在する溶液に，AgCl 沈殿から Ag^+ が溶解してくることを考える。その濃度を x とすると（例題 7.4 と同様）

$$K_{sp} = [Ag^+][Cl^-] = x(3.3 \times 10^{-3} + x) = 1.8 \times 10^{-10}$$

$3.3 \times 10^{-3} \gg x$ であるから

$$x = [Ag^+] = \frac{1.8 \times 10^{-10}}{3.3 \times 10^{-3}} = 5.5 \times 10^{-8}\ M$$

$$pAg = 7.26$$

(2) 90 mL

$$[Cl^-] = \frac{0.010 \times 100 - 0.010 \times 90}{100 + 90} = 5.26 \times 10^{-4}\ M$$

$5.26 \times 10^{-4} \gg x$ であるとすると

$$x = [\text{Ag}^+] = \frac{1.8 \times 10^{-10}}{5.26 \times 10^{-4}} = 3.4 \times 10^{-7}\,\text{M}$$

$$\text{pAg} = 6.47$$

(3) 99 mL

$$[\text{Cl}^-] = \frac{0.010 \times 100 - 0.010 \times 99}{100 + 99} = 5.03 \times 10^{-5}\,\text{M}$$

$$K_{sp} = [\text{Ag}^+][\text{Cl}^-] = x\,(5.03 \times 10^{-5} + x) = 1.8 \times 10^{-10}$$
$$x^2 + 5.03 \times 10^{-5}\,x - 1.8 \times 10^{-10} = 0$$

2 次方程式を解いて

$$x = [\text{Ag}^+] = 3.4 \times 10^{-6}\,\text{M}$$

$$\text{pAg} = 5.47$$

(4) 100 mL

当量点においては，（化学量論的に）すべて AgCl として沈殿していることになる。しかし，沈殿の溶解平衡により（$[\text{Ag}^+] = [\text{Cl}^-] = x$）

$$K_{sp} = [\text{Ag}^+][\text{Cl}^-] = x^2 = 1.8 \times 10^{-10}$$
$$x = [\text{Ag}^+] = 1.3 \times 10^{-5}\,\text{M}$$

$$\text{pAg} = 4.87$$

(5) 101 mL

過剰量の Ag^+ は

$$[\text{Ag}^+] = \frac{0.010 \times 101 - 0.010 \times 100}{100 + 101} = 4.98 \times 10^{-5}\,\text{M}$$

このように共通イオンとして Ag^+ が 4.98×10^{-5} M 存在するとき，

$$K_{sp} = [\text{Ag}^+][\text{Cl}^-] = (4.98 \times 10^{-5} + x)\,x = 1.8 \times 10^{-10}$$

2 次方程式を解いて

$$x = 3.4 \times 10^{-6}\,\text{M}$$

結局，銀イオンの全濃度は $[\text{Ag}^+] = 4.98 \times 10^{-5} + 3.4 \times 10^{-6} = 5.32 \times 10^{-5}$ M

$$\text{pAg} = 4.27$$

(6) 105 mL

$$[\text{Ag}^+] = \frac{0.010 \times 105 - 0.010 \times 100}{100 + 105} = 2.44 \times 10^{-4}\,\text{M}$$

$$K_{sp} = [\text{Ag}^+][\text{Cl}^-] = (2.44 \times 10^{-4} + x)\,x = 1.8 \times 10^{-10}$$

$2.44 \times 10^{-4} \gg x$ であるとして計算する。溶解平衡によって生じる銀イオンは

$$x = \frac{1.8 \times 10^{-10}}{2.44 \times 10^{-4}} = 7.4 \times 10^{-7}\,\text{M}$$

であり，結局，溶解平衡によって生じる銀イオンは無視できる。

$$\text{pAg} = 3.61$$

当量点のごく近傍では，2次方程式を解く必要があるが，それ以外は，簡単
な計算となる[*]。

　例題 7.6 のような計算結果を，滴定曲線として描くことができる（図 7.4）。
この図には，3 種のハロゲン化ナトリウム NaX（X = Cl, Br, I）の滴定曲線
を同時に示している。いずれについても，pAg は当量点の近傍で急激に低下
することが分かる。ハロゲン化銀 AgX の pK_{sp} 値は $Cl^- < Br^- < I^-$ の順に大
きな値であり，この順に，当量点近傍での pAg 変化が大きくなっている。

＊　98 mL または 102 mL 滴下時
には，2 次方程式を解かなくて
も，正しい $[Ag^+]$ 濃度（誤差 2%
以内）がえられる。

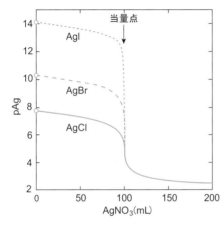

図 7.4　硝酸銀によるハロゲン化物イオンの滴定曲線

7-3-2　滴定の終点検出法

　滴定の終点を決定するには，当量点近傍でのイオン濃度の急激な変化を検
出することができればよい。銀滴定の場合は，図 7.4 で明らかなように当量
点前後で $[Ag^+]$ が大きく変化するので，電位差測定により $[Ag^+]$ を直接測定
し，終点を決定することが可能である（第 12 章参照）。

　より簡便な終点検出法として，指示薬を用いる方法がある。

（1）モール法（Mohr method）

　硝酸銀による塩化物イオンの滴定において，指示薬としてクロム酸カリウ
ムを適量添加しておくと，溶解度の小さい AgCl の白色沈殿が先に生成し，
当量点付近で $[Ag^+]$ が急増すると Ag_2CrO_4 の赤色沈殿が生じる。この赤色沈
殿の生成を滴定の終点とする。

例題 7.7

　硝酸銀による塩化物イオンの滴定において，当量点における $[Ag^+]$ でちょ
うど Ag_2CrO_4 の沈殿が生じ始めるようにするには，当量点における CrO_4^{2-}

の濃度をいくらにしておく必要があるかを計算せよ。

解答

　例題 7-6(4) から，当量点では [Ag⁺] = 1.3×10⁻⁵ M である。Ag_2CrO_4 沈殿が生成し始めるとき，$[Ag^+]^2[CrO_4^{2-}] = K_{sp}$ であるから，

$$[CrO_4^{2-}] = \frac{K_{sp}}{[Ag^+]^2} = \frac{1.2\times10^{-12}}{(1.3\times10^{-5})^2} = 7.1\times10^{-3}\ M$$

　クロム酸イオン水溶液は黄色なので，添加するクロム酸カリウムの濃度が高過ぎると沈殿の着色が見えにくくなる。逆に，低すぎると当量点を越えて Ag^+ を過剰に加えないと終点にならない。この滴定ではクロム酸カリウム濃度を 0.002 ～ 0.01 M に設定するのが適当である。

*2　これらの指示薬は，実際には，水に溶解しやすいナトリウム塩が用いられる。

フルオレセイン

*3　沈殿表面に吸着した Ag^+ と指示薬陰イオン（カルボン酸陰イオン）間に化学結合が生じ，フルオレセインがフェノールフタレインの赤色発色に似た共鳴構造をとるようになるため，赤紅色に着色すると考えられる。

（2）ファヤンス法（Fajans method）*1

　これは指示薬の沈殿表面への吸着を利用した終点検出法である。指示薬にはフルオレセインまたは 2′,7′-ジクロロフルオレセイン*2 を用いる。これらの色素は強い蛍光を発し，水溶液は黄緑色を呈する。水溶液中では，色素は無電荷分子（HIn）および解離した陰イオン（In⁻）として存在する。Cl⁻ の過剰な状態では，Cl⁻ が沈殿の表面に吸着し，沈殿表面は負に帯電しているため，色素陰イオンは沈殿表面に吸着できない。一方，Ag^+ が過剰になると，沈殿の表面には Ag^+ が吸着して，沈殿表面は正に帯電する。このような沈殿表面に色素陰イオンが吸着し，沈殿は赤紅色に着色する*3。

　銀滴定においては，当量点を過ぎると Ag^+ が過剰な状態になるため，沈殿表面に色素陰イオンが吸着して赤紅色を呈した点を終点とする。このように当量点過ぎてわずかに過剰の Ag^+ を加える必要がある。しかし，この吸着は沈殿の表面の帯電のみに関係し，終点誤差は小さいものである。

　この方法で用いる指示薬は弱酸（フルオレセイン pK_a = 6.4）なので，pH が低いと電離が抑制されて色素陰イオンの濃度が非常に低くなるため，沈殿の呈色が見られなくなる。逆に，強アルカリ性では Ag^+ が Ag_2O となって沈殿してしまうため，滴定の定量性が確保できなくなる。これらの理由により，フルオレセインを用いた滴定は中性から弱アルカリ性（pH 7 ～ 10）で行う必要がある。2′,7′-ジクロロフルオレセイン（pK_a = 4.5）は，使用可能な pH 範囲が酸性側に広がる（pH 4 ～ 10）。

7-4　重量分析法

　重量分析法（gravimetric analysis）は，目的物質または目的成分を共存成分から分離して，その重量（質量）を秤量することによって定量する方法である。歴史的には，化学法則の発見や原子量の測定という近代化学の発展の基礎となるデータを提供した方法であり，現在においても最も精度が高い，

直接的で確実な定量法である。しかし，分離が定量的に行われること，分離した物質の組成が一定であることが必要である上に，分析に時間，手間および熟練を必要とする。

重量分析で最も多く用いられるのは沈殿法，すなわち，溶液から目的成分を含む沈殿を生成させて分離して秤量するという方法である。

7-4-1 沈殿形と秤量形

重量分析法では，目的成分を難溶性の物質として沈殿させることによって，他の成分から分離する。このとき沈殿として得られる化学形を沈殿形（precipitation form）と呼ぶ。沈殿形は，目的成分のみが沈殿として定量的に得られ，また溶液から容易に分離できる性状であることが必要である。しかし，乾燥など溶媒を除去する過程で沈殿の化学形の一部が変化してしまうと，正しい分析結果は得られない。このようなことを避けるためには，一定の温度で加熱することによって，組成を一定の化学形に揃えた上で秤量することが必要である。秤量に用いる化学形を秤量形（weighing form）という。

秤量形には以下のような性質が求められる。

(a) 化学組成が均一，かつ一定であること。

(b) 化学的に安定で，変質したり吸湿したり揮発したりしないこと。

(c) 秤量形全体の質量が大きく，目的成分質量の割合が小さいこと。これによって，秤量時における不確かさの影響（誤差）は小さくなる。

7-4-2 重量分析の操作

重量分析は，一般に，溶液から目的成分を含む沈殿を分離して秤量するという手順で行われる。試料が固体の場合は，まず溶解操作が必要である。手順の中では，目的成分を含む沈殿の分離が最も重要な過程である。沈殿生成，熟成，固液分離，洗浄，脱溶媒，秤量形への転換という操作が含まれる。

(1) 沈殿生成

溶液からの沈殿生成は，多くの場合，過飽和状態から沈殿粒子の元になる微小な核（結晶核）が析出して，これが成長するという順に進行する。Q を沈殿生成直前における沈殿成分の水溶液中濃度，S を沈殿の溶解度とすると，過飽和度は $Q-S$ で表される。一般に，過飽和度が大きいほど，沈殿粒子の微小核が多く生成するため，沈殿生成速度は速くなるが，沈殿粒子の大きさは小さくなる。沈殿を溶液から分離する操作は沈殿粒子が大きいほど容易である。また，沈殿粒子が大きいほど共同沈殿（7.5 節参照）の影響も小さくなるから，沈殿の生成に際しては生成速度が遅くなるよう，すなわち，過飽和度（$Q-S$）ができるだけ小さくなるようにすることが望ましい。そのた

めには，以下のような操作を行う。

(a) 沈殿を生成するために加える試薬は，固体ではなく溶液とし，また試薬濃度はできるだけ低くする。

(b) 溶液全体をよくかき混ぜながら，ゆっくりと試薬を添加する。

(c) 加熱するなどして，溶解度が大きい状態で沈殿を生成させた上で，冷却して溶解度を下げる。

一般に，沈殿生成試薬は，沈殿の上澄み液に添加しても，新たな沈殿生成が見られなくなるまで添加する。沈殿が十分に難溶性であれば，当量よりもやや過剰に加えた状態になっているはずである。

局所的な過飽和度をできるだけ小さい状態に保ちながら沈殿を生成させる方法として，均一沈殿法（homogeneous precipitation method）がある。この方法は，沈殿生成剤を溶液中で発生させる方法である。沈殿生成剤 OH^- を発生させるのに，尿素の熱分解がよく利用されている。尿素は約 70 ℃以上で熱分解して OH^- を生成し，pH を徐々に上昇させる。

$$(NH_2)_2CO + 3\,H_2O \rightarrow CO_2 + 2\,NH_4^+ + 2\,OH^-$$

尿素を用いた均一沈殿法は，水酸化物沈殿や pH 上昇よる難溶性沈殿の生成に利用されている。一般に，均一沈殿法によって生成させた沈殿は，不純物が少なく，沈殿粒子が均質でサイズが大きいという特徴を持っている[*1]。

(2) 熟 成

一般に，極めて微小な粒子の溶解度は，サイズが小さいほど大きい[*2]。このため，沈殿生成の過程で様々な大きさの沈殿粒子が生成しても，放置しておくと大きな粒子の近くにある微小粒子は徐々に溶解して大粒子の表面に析出していく。このようにして，沈殿の微小粒子は減少し，大粒子はさらに成長する。この過程を熟成（precipitate aging）と呼ぶ。熟成は単に沈殿粒子の大きさを大きくするだけでなく，吸着あるいは吸蔵している不純物を放出する効果もある。熟成操作では，沈殿を含む溶液を加熱したまま時間をおくことが多いが，これは微小粒子の溶解および大粒子表面への析出を促進させるためである。

(3) 固液分離，洗浄

溶液から沈殿を分離するには，通常，ろ過法を用いる。秤量形への転換が脱溶媒のみでよい場合には，ガラスろ過器を用いるが，強熱操作が必要なときには定量分析用ろ紙[*3] を用いる。

ろ過によって分離した沈殿に残留している溶液を除去するために，沈殿の洗浄は必須の操作である。洗浄液の量はできるだけ少ない方がよい。このとき同じ体積量の洗浄液を使用するとすれば，小分けにして洗浄回数を多くし

[*1] 均一沈殿法としては，尿素（OH^-）のほかに，リン酸トリメチル（PO_4^{3-}），シュウ酸ジエチル（$C_2O_4^{2-}$），硫酸ジメチル（SO_4^{2-}）トリクロロ酢酸（CO_3^{2-}），チオアセトアミド（S^{2-}）などが用いられる。

[*2] 表面エネルギーが関係している。

[*3] 植物繊維（セルロース）からできた化学分析用ろ紙は，Fe, Ca, SiO_2 などの灰分含有量の多少により，定性ろ紙と定量ろ紙に大別される。

た方が洗浄効果は高くなる。洗浄液に純水を用いると解こう（peptisation）によるコロイド粒子の損失が起こる可能性があるため，適当な電解質溶液を用いる。電解質としては，HNO_3 や NH_4NO_3 など，加熱すると揮散する酸や塩を用いる。

（4）脱溶媒・秤量形への転換

沈殿を秤量形にするには，デシケータ中で風乾したり，溶媒沸点よりもやや高い温度で加熱して溶媒を除去したりするだけでよいものがある。一方，高温で強熱して秤量形に転換することが必要なものもある。定量分析用ろ紙を用いてろ過したときは，ろ紙が灰化し，恒量になるまで強熱を繰り返す。

沈殿の秤量形は加熱温度に依存するため，熱重量分析（thermal gravimetric analysis, TGA）の結果をもとに適切な加熱温度を選ぶ。カルシウムをシュウ酸塩として沈殿分離し，風乾して得られた沈殿を熱重量分析した結果を図 7.5 に示す。この沈殿を適当な秤量形にするには，460〜550 ℃程度で加熱して $CaCO_3$ とするか，700 ℃以上で加熱して CaO とする。

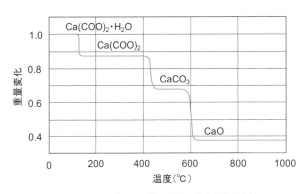

図 7.5　シュウ酸カルシウム沈殿の熱重量分析曲線

7-5 共同沈殿とその応用

難溶性塩が沈殿するときに，共存する他のイオンが，溶解度積（からの予想値）よりも低濃度であるにもかかわらず，共に沈殿してくることがある。このような現象を共同沈殿（共沈，coprecipitation）と呼ぶ。共同沈殿は，吸着，吸蔵，固溶体形成および後沈殿の 4 つの型に大別される。

（1）吸　着

吸着（adsorption）は沈殿表面に不純物イオンが結合する現象であり，共沈としては，最も一般的なものである。沈殿表面への結合は静電的相互作用または錯形成による。

沈殿表面に存在するイオンに対して，逆の電荷を持つイオンが結合（吸着）

解こう

解こうとは，コロイド粒子が集まって生成した大粒子が再びコロイド粒子になって溶液中に分散すること。凝析によって生成した大粒子に純水を加えると，コロイド粒子表面に吸着して電荷を中和していたイオンが流し出されるため，粒子同士が反発してばらばらになる。

103

する場合，沈殿構成イオンとの塩の溶解度が低いイオンほど強く吸着する傾向がある。たとえば $BaSO_4$ 沈殿の表面には Cl^- よりも NO_3^- の方が強く吸着される。これは，$BaCl_2$ よりも $Ba(NO_3)_2$ の溶解度が小さいためである。

水和酸化物（hydrous oxide）沈殿の表面にはヒドロキシ基が存在している。表面のヒドロキシ基は，溶液中の H^+ と次のような酸塩基反応をするため，次式 (7.21) で示すように，沈殿表面は酸性では正に，アルカリ性では負に帯電する。

$$\equiv MOH_2^+ \rightleftarrows \equiv MOH \rightleftarrows \equiv MO^- \tag{7.21}$$

このため，酸性では陰イオンの静電的な吸着が起こりやすく，アルカリ性では陽イオンの静電的な吸着が起こりやすい。このような酸塩基反応は表面の至る所で起こっているが，見かけ上，表面電荷が 0 となる状態が存在する。この点を等電点（point of zero charge）と呼ぶ。水和酸化物沈殿のイオン吸着の pH 依存性は等電点を境にして大きく変わることが一般的である。

水和酸化物への吸着を，上記のような非特異的な吸着としてではなく，表面で錯形成するというモデルで取り扱うことができる（表面錯形成モデル）。このモデルでは下記の 4 つの型の平衡が想定されている（S は水和酸化物を構成する金属原子を表す）。

（酸塩基平衡）

$$S\text{-}OH + H^+ \rightleftarrows S\text{-}OH_2^+$$
$$S\text{-}OH + OH^- \rightleftarrows S\text{-}O^- + H_2O$$

（金属イオンの錯形成）

$$S\text{-}OH + M^{z+} \rightleftarrows S\text{-}OM^{(z-1)+} + H^+$$
$$2S\text{-}OH + M^{z+} \rightleftarrows (S\text{-}O)_2M^{(z-2)+} + 2H^+$$
$$S\text{-}OH + M^{z+} + H_2O \rightleftarrows S\text{-}OMOH^{(z-2)+} + 2H^+$$

（配位子交換）

$$S\text{-}OH + L^- \rightleftarrows S\text{-}L + OH^-$$
$$2S\text{-}OH + L^- \rightleftarrows S_2\text{-}L^+ + 2OH^-$$

（三元錯体生成）

$$S\text{-}OH + L^- + M^{z+} \rightleftarrows S\text{-}L\text{-}M^{z+} + OH^-$$
$$S\text{-}OH + L^- + M^{z+} \rightleftarrows S\text{-}OM\text{-}L^{(z-2)+} + H^+$$

このモデルを適用すると，吸着現象を化学平衡モデルによって解析することが可能となる。

（2）吸 蔵

吸蔵（occlusion）は，沈殿内部に不純物が取り込まれる現象である。主に，吸着された不純物が，沈殿の成長につれて内部に閉じ込められることによって起こる。吸蔵の現象は，沈殿を高濃度溶液から急速に生成させる場合に起

こりやすい。吸蔵による汚染は，不純物が単に沈殿相の隙間に閉じ込められたものではないため，洗浄によって不純物を取り除くことはできないが，沈殿を溶解したあと徐々に再沈殿させることによってある程度まで取り除くことが可能である。

（3）固溶体形成

共存する成分が，沈殿の結晶格子内の成分と入れ替わることがある。このような固相を固溶体（solid solution）とよぶ。たとえば，微量の Pb^{2+} を含む Ba^{2+} の水溶液に SO_4^{2-} を加えると，$BaSO_4$ が沈殿するが，Pb^{2+} の濃度が $PbSO_4$ の溶解度積よりも小さい場合であっても，沈殿中の Ba^{2+} の一部が Pb^{2+} に置き換わった固溶体が生成する。固溶体中の不純物を洗浄や再沈殿によって取り除くことは困難である。したがって，固溶体を形成するような沈殿を分離に用いることはほとんどない。

（4）後沈殿

後沈殿（post-precipitation）は，主要な沈殿が生じたあとで共存成分が沈殿の表面に徐々に沈殿する現象である。たとえば，Zn^{2+} は強酸性溶液中では H_2S によって ZnS の沈殿を生じない。しかし Hg^{2+} が共存しているときに H_2S を通じると，はじめは HgS が沈殿するが，このまま放置しておくと，HgS の表面に ZnS が沈殿してくる。この現象は，HgS 沈殿の表面では S^{2-} 濃度がバルク*溶液相よりも大きくなって溶解度積を超えているためと解釈することができる。後沈殿を避けるには，熟成後速やかに沈殿を分離しなければならない。

*　バルク（bulk）：相の中にあって他の相との界面の影響を受けない部分をバルク相という。

（5）共同沈殿による微量元素の沈殿への取り込み

共沈によって沈殿した不純物は，多くの場合，単なる洗浄によって除去することは困難である。このため，沈殿生成によって分離を行いたいときには，分離が不十分となったり，分離物中に不純物が混入するという不都合な結果を生む。しかし，逆に，沈殿生成を利用して，本来なら沈殿しないはずの低濃度のイオンを沈殿として分離することで，低濃度のイオン種を濃縮分離するために利用することができる。この場合，積極的に用いられるのは，吸着による共沈である。

水溶液に共沈担体（coprecipitation carrier）を加えると，ごく微量のイオンが担体表面に吸着共沈する。適切な担体および水溶液の pH や共存物質を選択することによって，極めて低濃度（ppm オーダー）のイオンを分離濃縮することができる。微量元素イオンの濃縮分離では，共沈担体として鉄(III)，マンガン(IV)，ガリウム(III)，アルミニウム(III)，インジウム(III)，ジ

ルコニウム (IV) などの水和金属酸化物が用いられる。

　共沈現象は，地球環境における物質循環において極めて重要な役割を果たしている。海洋における微量元素の除去過程の中で支配的な現象は，鉄酸化物，マンガン酸化物，アルミノケイ酸塩などへの共同沈殿であり，共同沈殿は環境中での微量元素の循環過程にとって鍵（キー）となる重要な役割を果たしている。

演習問題

7-1　次の物質の純水への溶解度を順（大から小）にならべよ。
AgBr, AgCl, AgI, Ag_2CrO_4, $AgIO_3$, AgSCN

7-2　1.0×10^{-2} M $AgNO_3$ 溶液中における次の物質の溶解度を，表示の pK_{sp} 値を用いて計算せよ。
　(a) AgCl $(pK_{sp} = 9.66)$,　(b) $AgIO_3$ $(pK_{sp} = 7.42)$,　(c) Ag_2CrO_4 $(pK_{sp} = 11.35)$

7-3　海水中の Fe^{3+} に関する以下の各問に答えよ。
　1）海水の pH は約 8 である。海水中で Fe^{3+} が $Fe(OH)_3$ と平衡状態にあると仮定して，海水中の Fe^{3+} の濃度を概算せよ。溶解度積 $K_{sp} = 1.6 \times 10^{-39}$ とする。
　2）海水中の溶存 Fe(III) 濃度の実測値は約 10^{-9} M である。この値は 1）で求めた値と大きく食い違っているはずである。この食い違いとして考えられる理由を考察せよ。

7-4　例題 7.6 について，多数の滴定量（当量点付近は詳しく）を任意に選んで，$[Ag^+]$ 濃度を計算し，図 7.4 の滴定曲線を描いてみよ。

7-5　陽イオンの系統分析法において，第 1 属を沈殿させる際に塩酸を加え過ぎるとどのような問題が発生するか。また，加え過ぎないようにするにはどのような操作を行えばよいか。

8 酸化還元反応と酸化還元滴定法

溶液中において,溶存する化学種間で電子の授受に伴う化学反応がおこる。たとえば,酸性溶液中で MnO_4^- と Fe^{2+} が反応すると,Mn^{2+} と Fe^{3+} に変化する。このような反応は,酸化還元反応(oxidation-reduction reaction または redox reaction)とよばれる。電極反応においては,電極と溶存化学種の間で電子が移動し,酸化還元反応がおこる。ここで酸化とは,ある化学種が電子を失うことであり,還元とは,化学種が電子を受容することである。

酸化または還元に関与する化学種は,原子(金属),分子またはイオンのいずれであってもよい。酸化反応において,次のように反応物(反応式の左側)から電子が取り除かれ,生成物(右側)ができる。

$$Zn \rightleftarrows Zn^{2+} + 2e^-$$
$$H_2 \rightleftarrows 2H^+ + 2e^-$$
$$Fe^{2+} \rightleftarrows Fe^{3+} + e^-$$

逆に,還元反応では,反応物が電子を受容する。

$$Zn^{2+} + 2e^- \rightleftarrows Zn$$
$$Cl_2 + 2e^- \rightleftarrows 2Cl^-$$
$$Fe^{3+} + e^- \rightleftarrows Fe^{2+}$$

一般に,酸化還元反応においては,酸化と還元が同時におこる。

8-1 酸化還元反応

酸化還元反応は,電子を放出する化学種と受容する化学種の両方が存在することによって反応が進行する。たとえば,Sn^{2+} と Fe^{3+} の反応は次のように表される。

$$Sn^{2+} + 2Fe^{3+} \rightleftarrows Sn^{4+} + 2Fe^{2+} \tag{8.1}$$

ここで,Sn^{2+} は還元剤として働き,相手に電子を与え,自身は還元体(Sn^{2+})から酸化体(Sn^{4+})に変化する。逆に,Fe^{3+} は酸化剤として,相手から電子を奪い,自身は酸化体(Fe^{3+})から還元体(Fe^{2+})にかわる。

$$Sn^{2+} \rightleftarrows Sn^{4+} + 2e^- \tag{8.2}$$
$$Fe^{3+} + e^- \rightleftarrows Fe^{2+} \tag{8.3}$$

上記の関係をまとめると,図 8.1 になる。

$$Sn^{2+} + 2Fe^{3+} \rightleftarrows Sn^{4+} + 2Fe^{2+}$$

（還元剤）　　　（酸化剤）

【還元体】←――――――→【酸化体】

　　　　≪酸化体≫←――――――→≪還元体≫

図 8.1　酸化還元反応における酸化体と還元体の関係

　一般的に，物質 A の還元体 Red_A と物質 B の酸化体 Ox_B の間で，電子の授受がおこり，生成物（酸化体 Ox_A と還元体 Red_B）に変化する酸化還元反応は式 (8.4) で表わされる。

$$Red_A + Ox_B \rightleftarrows Ox_A + Red_B \tag{8.4}$$

　次に酸化剤 MnO_4^- について考えてみる。MnO_4^- 中のマンガンの酸化数は +7 であるが，5 電子を受け取ると，酸化数が +2 すなわち Mn^{2+} となる[*1]。

$$MnO_4^- + 8H^+ + 5e^- \rightleftarrows Mn^{2+} + 4H_2O$$

酸性溶液中において，酸化剤 MnO_4^- による Fe^{2+} の酸化は，次の反応式となる。

$$MnO_4^- + 5Fe^{2+} + 8H^+ \rightleftarrows Mn^{2+} + 5Fe^{3+} + 4H_2O \tag{8.5}$$

*1　MnO_4^- から遊離する各酸素は O^{2-} 状態であるので，酸性溶液中で $2H^+$ と反応し，H_2O として安定化する。

8-2　電池と起電力

　電気分解は，外部から電気エネルギーを与えて化学反応をおこさせることである。これに対して，電池は化学反応の自由エネルギーの変化量，すなわち化学反応が自発的に進行しようとする力を，電気エネルギー（電位差による電子の移動力）に変換する仕組みである[*2]。電気分解には電解セル（electrolytic cell）を用いるが，可逆な化学反応による電池はガルバニセル（galvanic cell）[*3] である。電解セルおよびガルバニ電池（またはガルバニセル）は，いずれも正負 2 つの電極と電解質溶液で構成されている。

　ガルバニ電池の例として，ダニエル電池（Daniel cell）を取り上げる。図 8.2 に示されるこの電池は

$$Zn\,|\,Zn^{2+}\,|\,Cu^{2+}\,|\,Cu \tag{8.6}$$

として表わせる。亜鉛極の表面では，次の酸化反応がおこり

$$Zn \rightleftarrows Zn^{2+} + 2e^- \tag{8.7}$$

溶出した Zn^{2+} が，亜鉛金属中に電子を残すため電子過剰になる。一方，銅極上では次の還元反応がおこるため銅金属中の電子が消費され，電子不足状態となる。

$$Cu^{2+} + 2e^- \rightleftarrows Cu \tag{8.8}$$

それゆえ，電子は外部導線を通って亜鉛極から銅極へ運ばれる。全体としては，式 (8.9) の反応がおこったことになる。

$$Zn + Cu^{2+} \rightleftarrows Zn^{2+} + Cu \tag{8.9}$$

*2　電位差による電子の移動とは？

電子過剰および電子不足
の状態

*3　1791 年，イタリアの解剖学の教授 Galvani は，金属製の皿の上においたカエルの脚に解剖用メスを当てると，筋肉が収縮することを発見した。

　酸化反応のおこる亜鉛電極は，負極（アノード）であり，還元反応がおこる銅電極は，正極（カソード）となる。電流は正極の銅電極から外部導線を通じて負極の亜鉛電極に流れる。電解質溶液内部では，正味の正電荷が亜鉛電極から多孔質の隔壁や塩橋(salt bridge)[*1]を通して銅電極方向に移動する。

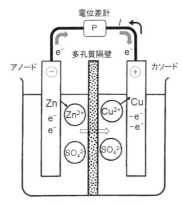

図 8.2　ダニエル電池

　この反応では，関与する化学種 1 mol の変化に対して，流れる電気量は $2F$（F：ファラデー定数）である。両電極間の電位差を E ボルトとすると，得られる電気的仕事量は $2FE$ に等しい。これは反応の進行に伴う自由エネルギーの変化量[*2]$-\Delta G$ に等しくなり，一般に次のような簡単な式が成り立つ。

$$nFE = -\Delta G \tag{8.10}$$

結局，E は電池の起電力（electromotive force, emf）であり，n は反応に関与する電子数である。

8-3　酸化還元反応と平衡定数

8-3-1　ネルンスト式

　電池反応が次式で表されるとき

$$a\mathrm{A} + b\mathrm{B} + \cdots \rightleftarrows x\mathrm{X} + y\mathrm{Y} + \cdots \tag{8.11}$$

標準状態[*3]における，自由エネルギーの変化量を ΔG^0 とすると，電池反応にともなう自由エネルギーの変化量と各成分（化学種）の活量との間には次の関係が成り立つ。

$$\Delta G = \Delta G^0 + RT \ln \frac{a_\mathrm{X}^x a_\mathrm{Y}^y \cdots}{a_\mathrm{A}^a a_\mathrm{B}^b \cdots} \tag{8.12}$$

ここで，R は気体定数，T は絶対温度である。式 (8.10) より

$$E = -\frac{\Delta G}{nF}$$

であるから，式 (8.12) を代入すると

カソードとアノード

　国際的な定義により，還元反応がおこる電極をカソード（cathode）とし，酸化反応のおこる電極をアノード（anode）とする。電解セルにおいては，外部から電子（または電気エネルギー）を与えるので，還元反応がおこるのは陰極（カソード）であり，酸化反応は陽極（アノード）でおこる。しかし，電池すなわちガルバニセルにおいては，正極がカソードであり，負極はアノードである。

[*1]　一般に，種類や濃度の異なる電解質溶液間には液間電位が生じる。しかし，塩橋によって両液を連結させると液間電位差はほとんど生じなくなる。塩橋 U 字管中の濃厚 KCl 溶液は，寒天（agar）でゲル化させ，両端はガラスフィルターやろ紙などで塞ぐ。塩橋で結ばれた液体連絡（liquid junction）は，電解質 A ‖ 電解質 B のように 2 重線で表示される。

塩橋(salt bridge)

[*2]　ここでは，自由エネルギー変化 ΔG に負号を付したものである。$\Delta G < 0$ であれば $E > 0$ となる。

[*3]　ここでの標準状態は，各成分の活量が 1 の状態である。

$$E = -\frac{\Delta G^0}{nF} - \frac{RT}{nF} \ln \frac{a_X^x a_Y^y \cdot \cdot \cdot}{a_A^a a_B^b \cdot \cdot \cdot}$$

$$= E^0 - \frac{RT}{nF} \ln \frac{a_X^x a_Y^y \cdot \cdot \cdot}{a_A^a a_B^b \cdot \cdot \cdot}$$

25℃では

$$E = E^0 - \frac{0.059}{n} \log \frac{a_X^x a_Y^y \cdot \cdot \cdot}{a_A^a a_B^b \cdot \cdot \cdot} \tag{8.13}$$

式 (8.13) は，25℃におけるネルンスト式 (Nernst equation) である。25℃では，$n = 1$ のとき，活量（濃度）部分の 10 倍の変化により 59 mV の電位変化がおこることを示している。

E^0 は，電池の標準起電力 (standard electromotive force) と呼ばれ，標準状態すなわち各化学種の活量がいずれも 1 であるときの起電力であり，

$$E^0 = -\frac{\Delta G^0}{nF}$$

式 (8.13) では，各化学種の活量で示されているが，実用上は，活量ではなく濃度（分析濃度 c）で代用できる。すなわち

$$E = E^0 - \frac{0.059}{n} \log \frac{c_X^x c_Y^y \cdot \cdot \cdot}{c_A^a c_B^b \cdot \cdot \cdot}$$

または

$$E = E^0 - \frac{0.059}{n} \log \frac{[X]^x [Y]^y \cdot \cdot \cdot}{[A]^a [B]^b \cdot \cdot \cdot}$$

ただし，この時点では [A]，[B] などは平衡濃度ではなく，分析濃度（仕込み濃度）であることに留意しておかなくてはならない。

＊ 起電力を持つ電池は，反応が進行していき最終的に平衡に達したとき，起電力ゼロとなる。

しかし化学反応（電池反応）が平衡に達すると＊，自由エネルギーの変化量はゼロになる。すなわち $\Delta G = 0$ であるから

$$-\Delta G^0 = RT \ln \frac{a_X^x a_Y^y \cdot \cdot \cdot}{a_A^a a_B^b \cdot \cdot \cdot}$$

この式の対数の中は平衡定数と同じ形式であり，今は，まさに平衡時であるから

$$K = \frac{a_X^x a_Y^y \cdot \cdot \cdot}{a_A^a a_B^b \cdot \cdot \cdot} \quad \text{または} \quad K = \frac{[X]^x [Y]^y \cdot \cdot \cdot}{[A]^a [B]^b \cdot \cdot \cdot}$$

であるので

$$-\Delta G^0 = RT \ln K = 2.303\,RT \log K$$

したがって，25℃における平衡定数は

$$\log K = \frac{nFE^0}{2.303RT} = \frac{nE^0}{0.059} \tag{8.14}$$

電池反応の標準起電力が分かれば，式 (8.14) を用いて，平衡定数を求めるこ

とができる。

　ネルンスト式は，式 (8.11) のような電池反応だけでなく，半電池反応にも適用できる。電池式 (8.6) Zn|Zn^{2+}||Cu^{2+}|Cu 全体だけでなく，左半分の半電池 Zn^{2+}|Zn および右半分の半電池 Cu^{2+}|Cu（半反応式）それぞれについても適用されるのである[*1]。

8-3-2　電極電位と標準水素電極

　電池反応の標準起電力 E^0 と各成分の活量または濃度を知れば，ネルンスト式より，起電力 E が計算できる。たとえばダニエル電池 Zn|Zn^{2+}||Cu^{2+}|Cu の起電力 E が計算される。

　ここでダニエル電池を構成する半電池（Zn^{2+}|Zn および Cu^{2+}|Cu）各々の単極電位を知りたいと考えてみる。しかし，「組成の異なる 2 相間の電位差は実測不可能である」との原理が立ちはだかっており，半電池の単極電位を単独実験で測定することはできないのである。単極電位を知るには，何か別の基準が必要となり，水素イオン H$^+$ と水素 H$_2$ の間の酸化還元反応がその基準となる。

$$H^+ + e^- \rightleftarrows \frac{1}{2} H_2 \tag{8.15}$$

この H$^+$|H$_2$ 酸化還元反応を電位のゼロ基準として，他のすべての電極反応（半反応），たとえば Cu^{2+}|Cu 電極の電位が定められることになる。

　こうして標準水素電極（normal hydrogen electrode, NHE）は電極電位の基準になる。NHE の電位は，あらゆる温度で 0 V と定義される。標準水素電極の構造を図 8.3 に示す。

　一般に，「ある電極の電位は，左側に NHE を持ち，右側に目的とする電極を持った電池の起電力」[*2] である。

　具体的に，次のような電池を構成してみよう。

$$\text{Pt, H}_2\,(1\,\text{atm})|\ H^+\,(a_{H^+} = 1)\ ||\ Zn^{2+}\,(a_{Zn^{2+}} = 1)|\ Zn \tag{8.16}$$

この電池の左側は標準水素電極であり，電位は 0 V である。この電池の起電力が −0.76 V であったとすると，この Zn^{2+}|Zn 電極の電極電位は $E = -0.76$ V となる。Zn^{2+} の活量が変化すれば，電極電位は異なる値になる。ところで電池式 (8.16) では，Zn^{2+} の活量が 1 に設定されており，また純粋な（亜鉛）金属の活量は 1 であることから，結局，亜鉛電極の標準電極電位は $E^0 = -0.76$ V である。種々の電極の標準電極電位（標準酸化還元電位）E^0 の値は，巻末付表 IV に掲載されている。

*1　式 (8.7) は酸化反応であり Zn $\rightleftarrows$ Zn^{2+} + 2e$^-$ と表記されたが，ネルンスト式を適用するには，必ず，還元反応（Zn^{2+} + 2e$^-$ $\rightleftarrows$ Zn）に書き換えなければならない。

標準水素電極 NHE
　標準水素電極 NHE は standard hydrogen electrode, SHE とも呼ばれる。実験上，水素イオン活量 $a_{H^+} = 1$ により電位 0 V を実現するのは容易でないように思われるが，1 M HCl または HClO$_4$ にすると，水素電極の電位は −0.005 V となる。[S. R. Crouch, D. A. Skoog, D. M. West, F. J. Holler, *Skoog and West's Fundamentals of Analytical Chemistry*, 9th ed., Cengage Learning (2013) 付表参照]

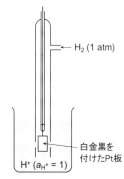

図 8.3　標準水素電極

H$_2$ (1 atm)

白金黒を付けた Pt 板

H$^+$ ($a_{H^+} = 1$)

*2　起電力は 2 つの電極間の電位差であるから，本来 ΔE に相当するものであるが，いまや各電極の電極電位 E となる。

8-3-3 電池反応の平衡定数

ダニエル電池 $Zn|Zn^{2+}||Cu^{2+}|Cu$ の自発的な反応を考えてみたい。まず，電池内でおこる反応は次のように整理される。

右側電極の半電池反応：$Cu^{2+} + 2e^- \rightleftarrows Cu,\ E^0_{右} = 0.34\ V$ （8.17）

左側電極の半電池反応：$Zn^{2+} + 2e^- \rightleftarrows Zn,\ E^0_{左} = -0.76\ V$ （8.18）

式 (8.17) から式 (8.18) を差し引くと

$$Zn + Cu^{2+} \rightleftarrows Zn^{2+} + Cu \tag{8.19}$$

$$E^0_{cell} = E^0_{右} - E^0_{左} = 0.34 - (-0.76\,)$$
$$= 1.10\ V$$

となり，Cu^{2+} および Zn^{2+} の活量が共に1であるときの，電池の標準起電力 E^0_{cell} が与えられる。このように E^0_{cell} が正の値であれば，電極反応 (8.19) は，左から右へと進行する。

$$Zn + Cu^{2+} \rightarrow Zn^{2+} + Cu \tag{8.20}$$

標準起電力 E^0_{cell} ばかりではなく，ある1つの電池の起電力 E_{cell} が正であれば，電極反応は自発的に左から右へと進行する。

例題8.1

次のようなガルバニセルを設定する。あとの問いに答えよ。

$$Zn|Zn^{2+}\ (c = 0.10\ M)||Ag^+\ (c = 0.0010\ M)|Ag$$

(a) 電池反応を書き，標準起電力を計算せよ。

(b) 各半電池の電位を計算し，この電池の起電力を求めよ。起電力の正負から，自発的に進行する反応の方向を示せ。

(c) 電池反応の平衡定数 $\log K$ を計算せよ。

解　答

(a) 各電極の反応は

右側：$Ag^+ + e^- \rightleftarrows Ag$　　　　$E^0_{右} = 0.80\ V$

左側：$Zn^{2+} + 2e^- \rightleftarrows Zn$　　　　$E^0_{左} = -0.76\ V$

電池の右側から左側を差し引くために，電子数が両辺で同じになるようにする。ただし，このような取り扱いにおいて，標準電極電位（この場合 $E^0_{右}$）の値は決して変化しない。

右側：$2Ag^+ + 2e^- \rightleftarrows 2Ag$　　　　$E^0_{右} = 0.80\ V$

よって電池反応および標準起電力は

$$Zn + 2Ag^+ \rightleftarrows Zn^{2+} + 2Ag$$

$$E^0_{cell} = E^0_{右} - E^0_{左} = 0.80 - (-0.76\,)$$
$$= 1.56\ V$$

(b) 各半電池の電位は，ネルンスト式から

$$E_{右} = 0.80 - 0.059 \log \frac{1}{0.0010} = 0.62 \text{ V}$$

$$E_{左} = -0.76 - \frac{0.059}{2} \log \frac{1}{0.10} = -0.79 \text{ V}$$

電池の起電力は

$$E_{\text{cell}} = E_{右} - E_{左} = 0.62 - (-0.79)$$

$$= 1.41 \text{ V}$$

電池の起電力が正の値であるから，電池反応は次のように左から右に進行する。

$$\text{Zn} + 2\text{Ag}^+ \rightarrow \text{Zn}^{2+} + 2\text{Ag}$$

(c) 電池反応の化学平衡式は

$$K = \frac{[\text{Zn}^{2+}]}{[\text{Ag}^+]^2}$$

平衡定数は，式(8.14)から

$$\log K = \frac{2E^0}{0.059}$$

$$= \frac{2 \times 1.56}{0.059} = 52.9$$

　ここからは，同一金属間の2つの半電池反応を，組み合わせることにより得られる半電池反応のE^0を計算してみる。たとえば次の半電池反応は

$$\text{Fe}^{3+} + 3\text{e}^- \rightleftarrows \text{Fe}$$

次の2つの半電池反応の和である。

$$\text{Fe}^{3+} + \text{e}^- \rightleftarrows \text{Fe}^{2+}$$

$$\text{Fe}^{2+} + 2\text{e}^- \rightleftarrows \text{Fe}$$

$E^0_{\text{Fe}^{3+}, \text{Fe}}$の計算は，2つの平衡反応を組み合わせてできる反応の平衡定数K_3を計算するのと似ている。

$$K_3 = K_1 \times K_2 \text{ あるいは } \log K_3 = \log K_1 + \log K_2$$

各半電池について次のように書くことができる。

$$\log K = \frac{nE^0}{0.059}$$

これから

$$3\frac{E^0_{\text{Fe}^{3+}, \text{Fe}}}{0.059} = \frac{E^0_{\text{Fe}^{3+}, \text{Fe}^{2+}} + 2E^0_{\text{Fe}^{2+}, \text{Fe}}}{0.059}$$

$$E_{\text{Fe}^{3+}, \text{Fe}} = \frac{0.77 + 2 \times (-0.44)}{3} = -0.04 \text{ V}$$

8-3-4　半電池（電極）の分類

ダニエル電池は2つの半電池，$Zn^{2+}|Zn$ と $Cu^{2+}|Cu$ の組み合わせであることは 8-3-1 節で述べた。半電池は，（広義の）電極であり，金属や電解質からできている。ここでは半電池（電極）の様々な形態について取り上げる。

（1）金属―金属イオン電極

この種の電極は，固体の金属をその金属イオン溶液中に浸漬した形式のものである。例としては，亜鉛電極 $Zn^{2+}|Zn$ や銅電極 $Cu^{2+}|Cu$ などである。

（2）気体電極（gas electrode）

白金や金，あるいは黒鉛など不活性な固体電極を，溶液と気体の両方に接触させてつくられる。白金板を水素気流と HCl 溶液に接触させると水素電極になる。この場合，電極は $H^+|H_2$, Pt として表される。白金表面上で水素イオンと水素 H_2 は互いに電子授受をおこなう。酸素電極や塩素電極も同様の構造である。

（3）酸化―還元電極（redox electrode）

2つの異なる酸化状態のイオン種，たとえば，Fe^{2+} と Fe^{3+} が共存した溶液に，白金など不活性な金属を浸漬して得られる。このような半電池は Fe^{3+}, $Fe^{2+}|Pt$ と書かれ，白金表面上で次の反応がおこる。

$$Fe^{3+} + e^- \rightleftarrows Fe^{2+}$$

同一電解質中に共存する酸化体と還元体の濃度比により，電位変化がおこる。

（4）金属―難溶性塩電極

この電極では，金属がその難溶性塩と接触しており，難溶性塩がさらにこの塩の陰イオンを含む溶液と接触している。この種の電極は，電気化学の実験で参照電極として用いられる。一例としてはカロメル電極があり，$Hg|Hg_2Cl_2|Cl^-$ で表される。Cl^- 濃度を一定にすると，溶解度積（$K_{sp} = [Hg_2{}^{2+}][Cl^-]^2$）によって $Hg_2{}^{2+}$ 濃度が固定され，電位が一定に保たれる。

8-3-5　参照電極

各種の電極の標準電極電位を決定するとき基準になるのは，標準水素電極であった。しかし，標準水素電極の取り扱いは簡便ではないので，適当な補助的な参照電極（reference electrode）を用いることが多い。このような参照電極の電位も標準水素電極基準で示されているので，参照電極で測定された電位は，簡単に標準水素電極を基準とした値に換算できる。

参照電極でもっともよく使用されてきたものの中には，カロメル電極

（calomel electrode）があり，この電極の構造を図 8.4(a) に示す。電極電位は次の半反応で決定される。

$$\frac{1}{2} Hg_2Cl_2 + e^- \rightleftarrows Hg + Cl^- \tag{8.21}$$

飽和カロメル電極（saturated calomel electrode, SCE）は，KCl の溶解度により Cl⁻ 濃度が決まるため，電位の温度依存性は幾分大きい。

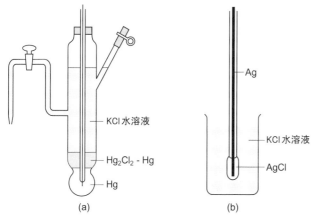

図 8.4　参照電極の例　(a) カロメル電極，(b) 銀－塩化銀電極

　その他，よく使われる銀—塩化銀電極（silver-silver chloride electrode, SSE）の構造を図 8.4(b) に示しておく。これら参照電極の電位を表 8.1 に示す。

表 8.1　参照電極の電位（25 ℃）

電極の種類		E（V 対 NHE）
カロメル電極	Hg|Hg₂Cl₂| 飽和 KCl	0.2412
	Hg|Hg₂Cl₂|1.0 M KCl	0.2822
	Hg|Hg₂Cl₂|0.10 M KCl	0.3356
銀－塩化銀電極	Ag|AgCl| 飽和 KCl	0.199
	Ag|AgCl|1.0 M KCl	0.236
	Ag|AgCl|0.10 M KCl	0.290

主に D. A. Skoog, D. M. West, F. J. Holler, S. R. Crouch, *Fundamentals of Analytical Chemistry*, 9th ed., Cengage Learning, Boston (2014) から引用。

8-4　電極電位に影響を及ぼす因子と式量電位

（1）水素イオンの影響

MnO_4^-, Mn^{2+} の系は，プロトンが関与する酸化還元系の一例である。

$$MnO_4^- + 8H^+ + 5e^- \rightleftarrows Mn^{2+} + 4H_2O \tag{8.22}$$

この系は，同一の溶液中に酸化体と還元体が共存する「酸化—還元電極」系であり，電位は Pt 電極（Pt 線）を溶液に浸漬することで測定できる。半電池反応式(8.22) に対してネルンスト式を書き表すと

$$E = E^0 - \frac{0.059}{5} \log \frac{[Mn^{2+}]}{[MnO_4^-][H^+]^8}$$

$$= E^0 - \frac{0.059}{5} \log \frac{[Mn^{2+}]}{[MnO_4^-]} - \frac{8}{5} \times 0.059 \, pH \tag{8.23}$$

式 (8.23) から pH が 1 単位増加すると，電位は $\frac{8}{5} \times 0.059 \, V$ 低下することが分かる。

（2）沈殿反応の影響

酸化還元に関与する化学種が，他の化学種との間で沈殿反応をおこし，濃度が変化する場合，電位は他の化学種の影響を受ける。$Ag|AgCl|Cl^-$ 電極はその例である。$Ag^+|Ag$ 電極の反応は

$$Ag^+ + e^- \rightleftarrows Ag$$

$$E = E^0 - 0.059 \log \frac{1}{[Ag^+]}$$

溶液中に Cl^- が共存すると，Ag^+ の活量または濃度は $AgCl$ の溶解度積 K_{sp} より，

$$[Ag^+] = \frac{K_{sp}}{[Cl^-]}$$

であるので，電極電位は次式で与えられることになる。

$$E = E^0 + 0.059 \log K_{sp} - 0.059 \log [Cl^-] \tag{8.24}$$

溶解度積は一定温度で，一定値であるので，式 (8.24) の右辺第 1 項と第 2 項を加えた次式は定数となり，$E^0_{AgCl(s)}$ は $Ag|AgCl|Cl^-$ 電極系の標準酸化還元電位として取り扱うことができる。

$$E^0_{AgCl(s)} = E^0 + 0.059 \log K_{sp}$$

結局，式 (8.24) は次式となる。

$$E = E^0_{AgCl(s)} - 0.059 \log [Cl^-]$$

（3）錯形成の影響

たとえば，Ag^+ に対する NH_3 の錯形成が，$Ag^+|Ag$ 半電池反応の電位 E に及ぼす影響を考えてみる。

$$Ag^+ + e^- \rightleftarrows Ag$$

$$E = E^0 - 0.059 \log \frac{1}{[Ag^+]}$$

溶液中の銀イオンの全濃度を c_{Ag^+} とし，未錯化のアンモニア濃度を $[NH_3]$ とすれば，

$$[Ag^+] = \beta_0 \, c_{Ag^+}$$

$$\beta_0 = \frac{1}{1 + K_1[NH_3] + K_1 K_2 [NH_3]^2}$$

これから

$$E = E^0 + 0.059 \log \beta_0 + 0.059 \log c_{Ag^+}$$

あるいは

$$E = E^{0'} + 0.059 \log c_{\mathrm{Ag}^+}$$

ここで

$$E^{0'} = E^0 + 0.059 \log \beta_0$$

は式量電位（formal potential）と呼ばれる。錯化剤による電極電位の変化は式量電位 $E^{0'}$ の値に組み込まれている。

（4）活量係数の影響

酸化還元反応 $\mathrm{Ox} + ne^- \rightleftarrows \mathrm{Red}$ について，ネルンスト式により，電位は次式で与えられる。

$$E = E^0 - \frac{0.059}{n} \log \frac{a_{\mathrm{Red}}}{a_{\mathrm{Ox}}}$$

しかし，事実上多くの分析化学反応において，化学種の活量ではなく，濃度を用いた方が便利な場合が多い。すなわち

$$E = E^{0'} - \frac{0.059}{n} \log \frac{[\mathrm{Red}]}{[\mathrm{Ox}]}$$

のように，ネルンスト式にならって書き表すことができる。$E^{0'}$ は式量電位（formal potential）*である。

いま $a_{\mathrm{Red}} = [\mathrm{Red}] \gamma_{\mathrm{Red}}$ および $a_{\mathrm{Ox}} = [\mathrm{Ox}] \gamma_{\mathrm{Ox}}$ とすれば

$$E^{0'} = E^0 - \frac{0.059}{n} \log \frac{\gamma_{\mathrm{Red}}}{\gamma_{\mathrm{Ox}}}$$

この場合，式量電位は，標準酸化還元電位と比べると $(0.059/n) \log (\gamma_{\mathrm{Red}}/\gamma_{\mathrm{Ox}})$ だけ異なることになる。たとえば，酸化体と還元体の活量係数の比が $(\gamma_{\mathrm{Red}}/\gamma_{\mathrm{Ox}})$ = 1.1，1.5 または 2.0 であるとすると，$n = 1$ でそれぞれ 2.4，10 または 18 mV の差が生じる。

以上のように様々な要因により，電極電位が変化することが分かった。表8.2 には酸性条件下の Fe^{3+}，Fe^{2+} 電極系の標準電位（式量電位）を示す。もともと Fe^{3+}，Fe^{2+} 電極系の標準酸化還元電位は 0.771 V であるが，共存する

* 式量電位（$E^{0'}$）は，標準酸化還元電位（E^0）と密接に関連している。

表 8.2　Fe^{3+}, Fe^{2+} 電極系の式量電位の変化

酸溶液	$E^{0'}$/V	酸溶液	$E^{0'}$/V
0.10 M HCl	0.73	0.10 M H$_2$SO$_4$	0.68
0.50 M HCl	0.72	0.50 M H$_2$SO$_4$	0.68
1.0 M HCl	0.70	4.0 M H$_2$SO$_4$	0.68
2.0 M HCl	0.69	0.1 M HClO$_4$	0.735
3.0 M HCl	0.68	1.0 M HClO$_4$	0.735
1.0 M HF	0.32	1.0 M H$_3$PO$_4$	0.44

H. A. Laitinen, W. E. Harris, *Chemical Analysis*, 2nd ed., McGraw-Hill, New York (1975).

HCl 濃度増加により式量電位は低下する。しかし，$0.1 \sim 4$ M H_2SO_4 溶液中では，硫酸添加により 0.68 V に変化するものの，H_2SO_4 濃度増加による電位変化はない。このように式量電位 $E^{0'}$ は標準酸化還元電位 E^0 とは多少なり異なる値となる。Fe^{3+}，Fe^{2+} 電極系の電位は水素イオン濃度，錯形成，活量係数などの複合した影響を受けている。

酸性度などの条件を一定に保てば，式量電位 $E^{0'}$ は一定値となるので，その条件下においては，標準酸化還元電位 E^0 と同等に取り扱うことができる。

8-5 酸化還元滴定

酸化還元滴定（redox titration）は，酸化剤または還元剤を標準液として，酸化還元反応を利用する滴定法である。酸化剤としては $KMnO_4$, $K_2Cr_2O_7$, I_2, $Ce(SO_4)_2$ など，還元剤としては $(COONa)_2$, $(COOH)_2 \cdot 2H_2O$, $Na_2S_2O_3$, As_2O_3 などが使われる。そしてそのとき使われる標準液等の名称にちなんで，過マンガン酸カリウム滴定，ヨウ素滴定などと呼ばれる。

8-5-1 電位変化と滴定曲線

セリウム（IV）による鉄（II）の酸化還元滴定を取り上げる。硫酸酸性下の 0.050 M Fe^{2+} 100 mL を 0.10 M 硫酸セリウム（Ce^{4+}）溶液で滴定したときの滴定曲線を作成してみよう。

酸化還元反応および各イオンが関係する標準酸化還元電位 E^0 *はそれぞれ次の通りである。

$$Fe^{2+} + Ce^{4+} \rightleftarrows Fe^{3+} + Ce^{3+} \tag{8.25}$$

$$Fe^{3+} + e^- \rightleftarrows Fe^{2+} \qquad E^0_{Fe^{3+}, Fe^{2+}} = 0.68 \text{ V} \tag{8.26}$$

$$Ce^{4+} + e^- \rightleftarrows Ce^{3+} \qquad E^0_{Ce^{4+}, Ce^{3+}} = 1.44 \text{ V} \tag{8.27}$$

煩雑さを避けるため，これ以降は $E^0_{Fe^{3+}, Fe^{2+}}$ および $E^0_{Ce^{4+}, Ce^{3+}}$ をそれぞれ E^0_{Fe} および E^0_{Ce} と略記する。

（a）滴定開始前

溶液の電位は式 (8.26) のネルンスト式により決まる。

$$E = E^0_{Fe} - 0.059 \log \frac{[Fe^{2+}]}{[Fe^{3+}]} \tag{8.28}$$

滴定前の溶液は，Fe^{2+} だけであるはずだが，実際には一部が酸化され Fe^{3+} が 0.1%程度存在していると考えられる。そうすると $[F^{2+}]/[Fe^{3+}] = 10^3$ となるので電位は

$$E = E^0_{Fe} - 0.059 \log 10^3$$
$$= 0.68 - 0.18 = 0.50 \text{ V}$$

と計算できる。

*　標準酸化還元電位または式量電位である。式量電位は本来 $E^{0'}$ と表記されるが，ここでは簡単に E^0 とする（表 8.2 参照）。

（b）Ce^{4+} 標準液を 10 mL 添加したとき

反応は式 (8.25) に従い進行する。各イオン濃度は

$$[Fe^{2+}] = \frac{0.05 \times 100 - 0.10 \times 10}{100 + 10} = \frac{4}{110} \ [mol/L = M]$$

$$[Fe^{3+}] = [Ce^{3+}] = \frac{0.10 \times 10}{100 + 10} = \frac{1}{110}$$

$$[Ce^{4+}] \simeq 0$$

溶液の電位は，式 (8.28) を用いて計算できる。

$$E = 0.68 - 0.059 \log \frac{4/110}{1/110}$$

$$= 0.68 - 0.059 \times 0.60 = 0.64 \ V$$

Ce^{4+} 濃度は次の計算によって求めることができる*。$[Ce^{4+}] = x$ とすると

$$0.64 = 1.44 - 0.059 \log \frac{[Ce^{3+}]}{[Ce^{4+}]}$$

$$= 1.44 + 0.059 \log \frac{x}{1/110}$$

> *　Fe^{3+}–Fe^{2+} 系に基づく電位は，同一の溶液内に存在する Ce^{4+}–Ce^{3+} 系の電位と等しいはずである。

であり，$[Ce^{4+}] = 10^{-15.6}$ M となる。化学量論の観点からすると，Ce^{4+} 濃度はゼロであるが，実際にはごく少量ながら確実に存在している。

（c）当量点

Fe^{3+}–Fe^{2+} 系および Ce^{4+}–Ce^{3+} 系の電位は，それぞれのネルンスト式で表される。

$$E = E^0_{Fe} - 0.059 \log \frac{[Fe^{2+}]}{[Fe^{3+}]} \tag{8.29}$$

$$E = E^0_{Ce} - 0.059 \log \frac{[Ce^{3+}]}{[Ce^{4+}]} \tag{8.30}$$

当量点で存在する各イオン濃度は

$$[Fe^{3+}] = [Ce^{3+}] = \frac{5}{150} \tag{8.31}$$

$$[Fe^{2+}] = [Ce^{4+}] \simeq 0 \tag{8.32}$$

式 (8.29) と式 (8.30) を（減算ではなく）加算する。また，式 (8.31) および式 (8.32) より，$([Fe^{2+}][Ce^{3+}])/([Fe^{3+}][Ce^{4+}]) = 1$ であるから

$$2E = E^0_{Fe} + E^0_{Ce} - 0.059 \log \frac{[Fe^{2+}][Ce^{3+}]}{[Fe^{3+}][Ce^{4+}]}$$

$$= E^0_{Fe} + E^0_{Ce}$$

となり，したがって当量点の電位は

$$E = \frac{E^0{}_{Fe} + E^0{}_{Ce}}{2}$$

$$= \frac{0.68 + 1.44}{2} = 1.06 \text{ V}$$

　ある酸化還元滴定が分析化学的に有用であるかどうかは，当量点において反応がどの程度完結しているかどうかにかかっている。これには反応式 (8.25) における未反応分の分率 x を計算すればよい[*]。

* 反応がいったん100％右側に進行したとして，平衡反応のため，ごく一部が逆方向に進むと考えればよい。

$$Fe^{2+} + Ce^{4+} \rightleftarrows Fe^{3+} + Ce^{3+}$$
$$x \qquad x \qquad 1-x \qquad 1-x$$

式 (8.28) を用いると

$$1.06 = 0.68 - 0.059 \log \frac{x}{1-x}$$

こうして，$Fe^{2+}-Ce^{4+}$ 滴定について，未反応の割合は

$$x = 10^{-6.44}$$

となり，反応は当量点において十分に完結している。

　一般に当量点の電位は，2 つの（半電池）反応の電子数をそれぞれ n_1, n_2 とし，標準酸化還元電位（または式量電位）を $E^0{}_1, E^0{}_2$ とすると次式で与えられる。

$$E = \frac{n_1 E^0{}_1 + n_2 E^0{}_2}{n_1 + n_2} \tag{8.33}$$

(d) Ce^{4+} 標準液を 60 mL 添加したとき

　各イオンの濃度は

$$[Fe^{2+}] \simeq 0$$

$$[Fe^{3+}] = [Ce^{3+}] = \frac{5}{160}$$

$$[Ce^{4+}] = \frac{1}{160}$$

溶液の電位は

$$E = E^0{}_{Ce} - 0.059 \log \frac{[Ce^{3+}]}{[Ce^{4+}]}$$

$$= 1.44 - 0.059 \log \frac{5/160}{1/160}$$

$$= 1.44 - 0.04 = 1.40 \text{ V}$$

　以上のような計算を繰り返して，滴定曲線を描くと図 8.5 となる。

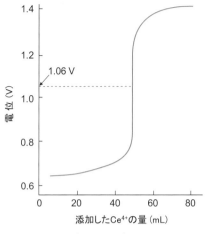

図 8.5　Ce⁴⁺ による Fe²⁺ の滴定曲線

8-5-2　酸化還元滴定の終点決定法

酸化還元滴定の終点決定には，次のような方法がある。

（1）電位差測定法

溶液に浸した Pt 電極と参照電極間の電位差を，滴定剤の体積に対してプロットした滴定曲線を描き，終点を決定する方法である（第 12 章参照）。

（2）標準溶液の自己指示法

滴定剤が強く着色しているときは，それ自身の色を終点検出に活用することができる。たとえば過マンガン酸カリウム標準溶液は，それ自身が深紅色に着色しているので，当量点よりもわずかに過剰に加わると，試料溶液がピンク色を呈するため，終点検出に利用される。

（3）特異指示薬法

滴定剤または被滴定剤と特異的に反応して発色する特異指示薬がある。たとえば，ヨウ素を被滴定剤とするとき，当量点が近づいてくるとヨウ素（I_2）*の濃度低下にともない滴定液は褐色から次第に淡黄色になる。淡黄色から無色への変化は識別しにくいが，指示薬としてデンプンを添加すると，ヨウ素との反応により深青色に変色するので，終点検出が容易になる。ヨウ素がデンプンによって強く呈色するのは，一種の錯形成反応によるものであり，呈色そのものは決して電位によるわけではない。

（4）酸化還元指示薬

指示薬が酸化還元反応を受け，電位変化により溶液の色が鋭敏に変わる。

＊　ヨウ素 I_2 は水に難溶であるが，KI を添加すると I_3^- 状態で溶存する。ヨウ素 I_2（または I_3^-）は，チオ硫酸イオン（$S_2O_3^{2-}$）を四チオン酸イオン（$S_4O_6^{2-}$）に酸化する。

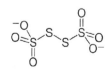

四チオン酸イオン

一般に酸化還元指示薬（redox indicator）は，それ自身の酸化形あるいは還元形，もしくはその両方の形がはっきり異なった呈色をする酸化還元対である。次の半反応について

$$\text{In}_{ox} + ne^- \rightleftarrows \text{In}_{Red}$$

電位はネルンスト式により次のように書くことができる。

$$E = E^0_{\text{In}} - \frac{0.059}{n} \log \frac{a_{\text{Red}}}{a_{\text{Ox}}}$$

または，式量電位を用いると

$$E = E^{0'}_{\text{In}} - \frac{0.059}{n} \log \frac{[\text{In}_{\text{Red}}]}{[\text{In}_{\text{Ox}}]}$$

溶液の色は指示薬の酸化形と還元形の濃度比によるが，この比は溶液全体の電位に依存する。酸塩基指示薬の二色指示薬の変色が $\text{pH} = \text{p}K_{\text{In}}$ で最大変化するのと同様に，酸化還元指示薬の変色は $E = E^0_{\text{In}}$（または $E = E^{0'}_{\text{In}}$）でおこる。こうして E^0_{In}（または $E^{0'}_{\text{In}}$）が滴定の当量点の電位にできるだけ近い指示薬が選択される。表 8.3 に変色電位の異なる様々な指示薬を示す。

表 8.3　酸化還元指示薬

指示薬	還元体の色	酸化体の色	変色電位（V）	滴定条件
フェノサフラニン	無色	赤	0.28	1 M 酸性
インジゴテトラスルホン酸	無色	青	0.36	1 M 酸性
メチレンブルー	無色	青	0.53	1 M 酸性
ジフェニルアミン	無色	すみれ	0.76	1 M H_2SO_4
N,N'-ジフェニルベンジジン	無色	すみれ	0.76	1 M H_2SO_4
ジフェニルアミンスルホン酸ナトリウム	無色	赤紫	0.85	希酸
5,6-ジメチルフェナントロリン鉄 (II)（5,6-ジメチルフェロイン）	赤	青	0.97	1 M H_2SO_4
エリオグラウシン A	緑	赤	1.02	1 M 酸性
フェナントロリン鉄 (II)（フェロイン）	赤	淡青	1.11	1 M H_2SO_4
5-ニトロフェナントロリン鉄 (II)（ニトロフェロイン）	赤	淡青	1.25	1 M H_2SO_4
ルテニウムトリジピリジン 2 塩化物	無色	黄	1.33	1 M 酸性

演習問題

8-1 次の還元反応（半電池反応）についてネルンスト式を書け。

(a) $Zn^{2+} + 2e^- \rightleftarrows Zn$

(b) $AgBr + e^- \rightleftarrows Ag + Br^-$

(c) $Tl^{3+} + 2e^- \rightleftarrows Tl^+$

(d) $O_2 + 2H^+ + 2e^- \rightleftarrows H_2O_2$

(e) $MnO_4^- + 8H^+ + 5e^- \rightleftarrows Mn^{2+} + 4H_2O$

(f) $MnO_4^- + 4H^+ + 3e^- \rightleftarrows MnO_2 + 2H_2O$

8-2 25℃において，ネルンスト式中の対数項が $(RT/nF)\ln x = (0.059/n)\log x$ であることを確かめよ。

8-3 次の電池の起電力を計算せよ。

(a) $Pt\,|\,H_2\,(0.5\ \text{atm}),\ HCl\,(0.010\ \text{M})\,||\,H^+\,(a=1),\ H_2\,(1\ \text{atm})\,|\,Pt$

(b) $Pt\,|\,Fe^{3+}\,(0.050\ \text{M}),\ Fe^{2+}\,(0.010\ \text{M})\,||\,H^+\,(a=1),\ H_2\,(1\ \text{atm})\,|\,Pt$

(c) $Pt\,|\,H^+\,(a=1),\ H_2\,(1\ \text{atm})\,||\,ZnSO_4\,(0.10\ \text{M})\,|\,Zn$

(d) $Pt\,|\,H^+\,(a=1),\ H_2\,(1\ \text{atm})\,||\,AgNO_3\,(0.25\ \text{M})\,|\,Ag$

(e) $Zn\,|\,ZnSO_4\,(0.10\ \text{M})\,||\,AgNO_3\,(0.25\ \text{M})\,|\,Ag$

8-4 KCl 濃度 c が (a) 0.10 M, (b) 1.0 M, (c) 4.16 M であるとき，次の電池の起電力を求めよ。ただし，$AgCl + e^- \rightleftarrows Ag + Cl^-$ について $E^0 = +0.222$ V とせよ。活量係数の変化や錯形成による影響は無視する。

$$Pt\,|\,H^+\,(a=1),\ H_2\,(1\ \text{atm})\,||\,KCl\,(c),\ AgCl(s)\,|\,Ag$$

8-5 次の酸化還元反応の平衡定数を計算せよ。

(a) $Ce^{4+} + Fe^{2+} \rightleftarrows Fe^{3+} + Ce^{3+}$ （1 M H_2SO_4 中）

(b) $Fe^{2+} + Cu^{2+} \rightleftarrows Fe^{3+} + Cu^+$

(c) $Ag^+ + Fe^{2+} \rightleftarrows Fe^{3+} + Ag$

8-6 次のデータから AgI の溶解度積を計算せよ。

$$Ag^+ + e^- \rightleftarrows Ag \qquad\qquad E^0 = 0.80\ \text{V}$$

$$AgI + e^- \rightleftarrows Ag + I^- \qquad E^0 = -0.15\ \text{V}$$

8-7 $E^0_{Cu^{2+},\,Cu} = 0.337$ V, $E^0_{Cu^{2+},\,Cu^+} = 0.153$ V である。$E^0_{Cu^+,\,Cu}$ を計算せよ。

液―液分配平衡と溶媒抽出法

　ベンゼンやクロロホルムのような有機溶媒は，水とは互いに混じり合わず，2相を形成する。溶媒に溶解する溶質は親水性か親油性かに大別されるが，水相および有機相への溶解度が異なるため，2相に分配（partition）される。この分配特性の違いを利用すると，2種以上の物質を分離でき，また水相と有機相の体積比を変化させることにより濃縮することもできる。これが溶媒抽出法（solvent extraction method）といわれる方法である。2相が共に液体であることから，液―液抽出法あるいは液―液分配法とも呼ばれる。

　有機物質をこの方法によって分離・精製することは，古くから知られていたが，種々の金属イオンもまた，この溶媒抽出法により分離および濃縮できることが見出された。特に有機試薬を使うことにより，対象となる金属イオンの種類が広がり，選択性も飛躍的に向上した。微少量を取り扱う分析化学の分野のみならず，原子力発電における核燃料，核廃棄物処理，希金属の工業的規模での湿式精錬においても溶媒抽出法が利用されている。

9-1　キレート抽出

　キレート抽出試薬は水溶液中の金属イオンと反応し，安定なキレート錯体を生成する。このキレート錯体が無電荷で疎水的であると，水への溶解度が低く，有機相により多く分配される。キレート錯体の生成は，キレート試薬および金属イオンの性質によって大きく影響され，主として錯生成の安定度の違いによって選択性が決まる。

9-1-1　キレート試薬

　図9.1に代表的なキレート試薬を示した。アセチルアセトン（2,4-ペンタンジオン）はβ-ジケトンの一種であり，水溶液中ではケト―エノールの平衡状態で存在する*。エノール型は弱酸であり，酸解離により生じた陰イオンが金属イオンに配位し，六員環キレート錯体を生成する。このキレート試薬は，2個の酸素原子が金属イオンに対して配位するO, O配位の試薬である。アセチルアセトンは大部分がケト型で存在している上に，エノール型のpK_a値（約12.5）が大きいため，抽出試薬としてはあまり使われない。テノイルトリフルオロアセトンもβ-ジケトン型試薬であるが，この配位子は，ほぼ

* ケト型（ケトン）とエノール型が互変異性（tautomerism）によって共存する。

100%エノール型で存在する。強い電子吸引性のトリフルオロメチル基が導入されているので，pK_a 値は 6.23 に低下している。アセチルアセトンと同様に O, O 配位であり，硬い酸[*1]に属する金属イオンの抽出に使われる。1-フェニル-3-メチル-4-ベンゾイル-5-ピラゾロン（PMBP）のエノール型（HPMBP）はさらに強い酸（pK_a = 4.12）であり，多くの金属イオンを酸性領域から抽出することができる。

*1 酸および塩基の「硬い」,「軟らかい」については第5章(5-4-1節)を参照。

　一方，8-ヒドロキシキノリンは O, N 配位で，硬い酸および中間的な酸に属する広範囲の金属イオンの抽出に使われる。安定な五員環のキレートを生成する。ジチゾンやジエチルジチオカルバミン酸（ナトリウム塩）は硫黄を配位原子に持つため，軟らかい酸に属する金属イオンに使われる。

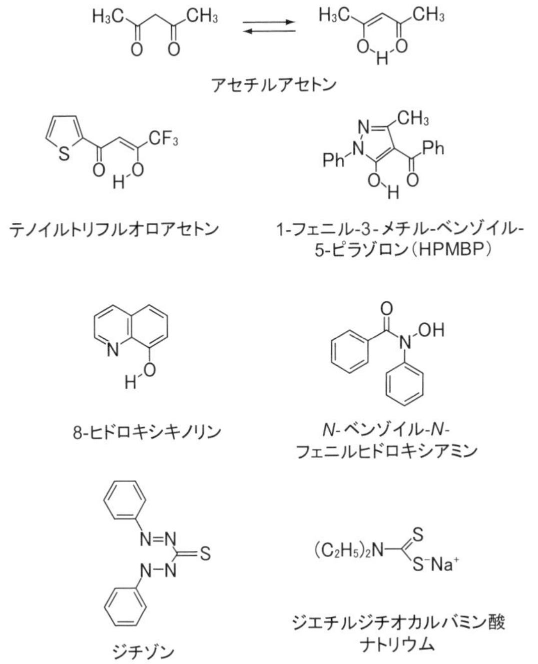

アセチルアセトン

テノイルトリフルオロアセトン

1-フェニル-3-メチル-ベンゾイル-5-ピラゾロン（HPMBP）

8-ヒドロキシキノリン

N-ベンゾイル-N-フェニルヒドロキシアミン

ジチゾン

ジエチルジチオカルバミン酸ナトリウム

図 9.1　代表的な抽出試薬

9-1-2　8-ヒドロキシキノリンの分配平衡

（1）弱酸の分配係数（partition coefficient）

　キレート抽出試薬の多くはもともと弱酸であり[*2]，水相でまず酸解離する。この酸塩基平衡を 8-ヒドロキシキノリン（HA）を例にとり考えてみよう。図 9.2 のように，HA は強酸性の条件下において，窒素原子へのプロトン付加により H_2A^+ となっている。H_2A^+ および HA の酸解離定数は，それぞれ式（9.1）および（9.2）で表される。

*2 （HL^+ または）HL が酸解離し，生成した（L または）L^- がルイス塩基として作用する。

$$\text{H}_2\text{A}^+ \rightleftarrows \text{HA} + \text{H}^+ \qquad K_{a1} = \frac{[\text{HA}][\text{H}^+]}{[\text{H}_2\text{A}^+]} \tag{9.1}$$

$$\text{HA} \rightleftarrows \text{A}^- + \text{H}^+ \qquad K_{a2} = \frac{[\text{A}^-][\text{H}^+]}{[\text{HA}]} \tag{9.2}$$

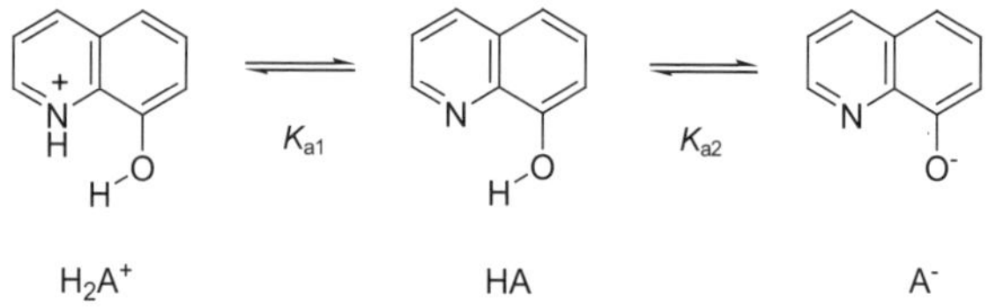

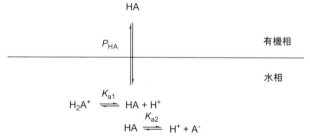

図 9.2 8-ヒドロキシキノリンの酸解離平衡

図 9.3 に示されているように，8-ヒドロキシキノリンが水相と有機相間で分配平衡にあるとき，有機相には HA として，水相には H_2A^+，HA，A^- として溶存する。中性（無電荷）の化学種 HA の分配係数 P_{HA}[*1] は次のように定義される。

*1 本章では，分配係数を K ではなく P を使って表記する。分配係数は，ある化学種 A が水相から有機相へ移行する方向を正反応（$[\text{A}]_\text{w} \rightleftarrows [\text{A}]_\text{o}$）として取り扱う。

$$P_{\text{HA}} = \frac{[\text{HA}]_\text{o}}{[\text{HA}]} \tag{9.3}$$

ここで，添え字の o は有機相中の化学種であることを示している。

HA

P_{HA} 有機相

水相

$$\text{H}_2\text{A}^+ \xrightleftharpoons{K_{a1}} \text{HA} + \text{H}^+$$
$$\text{HA} \xrightleftharpoons{K_{a2}} \text{H}^+ + \text{A}^-$$

図 9.3 8-ヒドロキシキノリンの分配平衡

（2）分配比（partition ratio）

二相間の分配平衡の関係を，分配係数 P（平衡定数）ではなく分配比 D の観点から考えてみる。分配比 D は，各相中の溶質全濃度の比で表される[*2]。8-ヒドロキシキノリンの水相および有機相間の分配比 D_{HA} は式 (9.4) のように書くことができる。

*2
分配比 $D = \dfrac{\text{有機相中の溶質の全濃度}}{\text{水相中の溶質の全濃度}}$

$$D_{\text{HA}} = \frac{[\text{HA}]_\text{o}}{[\text{H}_2\text{A}^+] + [\text{HA}] + [\text{A}^-]} \tag{9.4}$$

D_{HA} は酸解離定数 K_{a1}，K_{a2} および分配係数 P_{HA} を用いると次のように表される。

$$D_{HA} = \frac{P_{HA}}{[H^+]/K_{a1} + 1 + K_{a2}/[H^+]} \tag{9.5}$$

P_{HA} は平衡定数であり一定値であるが，D_{HA} は水相の pH に依存する。$[H^+]$ が K_{a1} よりはるかに大きい（水相の pH が低い）ときには，式 (9.5) の分母の第 1 項だけが重要となり，第 2 および第 3 項は無視できる。対数表記すると

$$\log D_{HA} = \log P_{HA} - pK_{a1} + pH \tag{9.6}$$

となる。式 (9.6) から，低い pH 領域では $\log D_{HA}$ を pH に対してプロットすると，傾き 1 の直線となることが分かる。同様に pH が中間領域（pH = $pK_{a1} \sim pK_{a2}$）およびアルカリ性の領域では，それぞれ

$$\log D_{HA} = \log P_{HA} \tag{9.7}$$

$$\log D_{HA} = \log P_{HA} + pK_{a2} - pH \tag{9.8}$$

となる。この分配比の挙動を図 9.4 に示した。低 pH，中間，高 pH 領域で水相中に主として存在する化学種は，それぞれ H_2A^+，HA，A^- であり，pH の変化により化学種の存在率が連続的に変化する。傾き 1，0，-1 の直線の交点の pH は pK_{a1}，pK_{a2} に等しい。

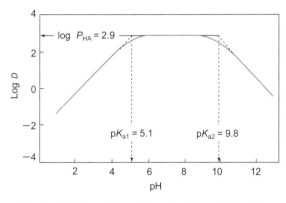

図 9.4　8-ヒドロキシキノリンのクロロホルム—水間の分配比

9-1-3　金属イオンの抽出

図 9.5 には，キレート抽出試薬による金属イオンの抽出の仕組みを示した。抽出試薬は弱酸であるので HA で表される。HA は有機化合物であり，疎水的である場合が多いので，通常，まず有機（溶媒）相に溶解しておく。n 価の金属イオン（M^{n+}）を含む水相と有機相を分液ロート，あるいは遠沈管中で振り混ぜると，抽出試薬の一部が水相へ分配され，酸解離し A^- となる。n 個の A^- が M^{n+} と反応してキレート錯体 MA_n を生成する。この MA_n は電荷を持たないので疎水的であり，生成すれば直ちに有機相へ分配される。この過程は抽出試薬から見れば，水素イオンと金属イオンとの間の交換反応である。2 種以上の金属イオンが水相中に存在していても，抽出試薬との錯生

成反応の安定度の違いにより相互に分離することができる。また，有機相の水相に対する体積比を小さくすることにより，抽出金属イオンを濃縮することも可能である。

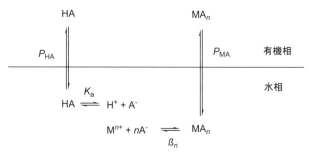

図 9.5　キレート抽出試薬による金属イオンの溶媒抽出

キレート抽出試薬（HA）による金属イオン（M^{n+}）の抽出平衡式および抽出定数（extraction constant, K_{ex}）は次のように書くことができる。

$$M^{n+} + nHA_o \rightleftarrows MA_{n,o} + nH^+ \tag{9.9}$$

$$K_{ex} = \frac{[MA_n]_o [H^+]^n}{[M^{n+}][HA]_o^n} = D\,\frac{[H^+]^n}{[HA]_o^n} \tag{9.10}$$

ここで，D は金属イオンの分配比であり，（簡略的に）$D = [MA_n]_o / [M^{n+}]$ としている。すなわち水相中の水和金属イオンと有機相中のキレート錯体の濃度比である。式 (9.10) について両辺の対数をとると

$$\log K_{ex} = \log D - n\log [HA]_o - npH \tag{9.11}$$

あるいは

$$\log D = npH + n\log [HA]_o + \log K_{ex} \tag{9.12}$$

となる。一定の抽出試薬濃度で，水相の pH を変化させ，それぞれの pH で金属イオンの分配比を測定し，$\log D$ を縦軸に，pH を横軸にプロットすると，図 9.6 のような傾き n の抽出直線が得られる。しかし，実際にはこの直線はやがて傾きが減少していく。金属の分配比 D は，本来，全濃度に関する比であるから

$$D = \frac{[MA_n]_o}{[M^{n+}] + [MA^{(n-1)+}] + \cdots\cdots + [MA_n]} \tag{9.13}$$

と記述すべきものであった。最初のうちは，水相中の第 1 項以外の項は無視できる（$D = [MA_n]_o / [M^{n+}]$）が，錯生成反応が進行する（pH の上昇）につれて第 2 項以下が重要となり，最終的には $[MA_n]$ 以外は無視できるようになり，D が $[MA_n]_o / [MA_n]$ に漸近していくためである。$[MA_n]_o / [MA_n]$ は金属キレートの分配係数（P_{MA}）である。直線の傾きが減少するもう一つの原因としては，金属イオンの水酸化物の生成などが考えられる。

水相の pH が高くなると共に，金属イオンは有機相へよく抽出されるよう

になる（図9.6）。もし $\log D = 2$（$D = 100$）であれば，このとき金属イオンの抽出率は99%*である。$\log D$ が 0（$D = 1$），すなわち抽出率が50%の時の pH を $\mathrm{pH}_{1/2}$ と表記することにする。金属イオンによって $\mathrm{pH}_{1/2}$ 値は異なる値であり，抽出のしやすさの目安となる。式（9.11）より

$$\log K_{\mathrm{ex}} = -n\mathrm{pH}_{1/2} - n\log[\mathrm{HA}]_{\mathrm{o}} \tag{9.14}$$

となり，抽出試薬の濃度は既知であるので，抽出定数を得ることができる。

* 抽出率は，全溶質（金属イオン）のうち有機相に抽出された溶質の割合を表す。

抽出百分率 $E(\%) = \dfrac{c_{\mathrm{o}}V_{\mathrm{o}}}{c_{\mathrm{o}}V_{\mathrm{o}} + c_{\mathrm{w}}V_{\mathrm{w}}}$

$\times 100 = \dfrac{D}{D + V_{\mathrm{w}}/V_{\mathrm{o}}} \times 100 = \dfrac{D}{D+1}$

$\times 100$ である。有機相および水相の体積（mL）はそれぞれ V_{o} および V_{w} で表され，ここでは $V_{\mathrm{o}} = V_{\mathrm{w}}$ と設定されている。（なお，分配比 $D = c_{\mathrm{o}}/c_{\mathrm{w}}$ である。）

$E(\%) = \dfrac{100}{100+1} \times 100 = 99.0$。

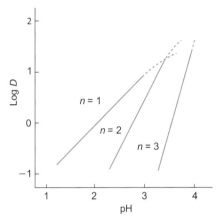

図9.6 金属イオンの抽出，$\log D$ と pH の関係

実験データによる抽出百分率 $[E(\%)]$ を縦軸にとり，水相の pH を横軸にとって図示すれば，直感的に抽出の様子を見ることができる。しかし，図9.6のような分配比の対数についてのプロットはより多くの情報を与える。

抽出反応を詳細に見てみよう。抽出は次の各段階を経て進行する。

Ⅰ）抽出試薬（HA）の水相―有機相間の分配

Ⅱ）酸解離による A^- の生成

Ⅲ）金属イオン（M^{n+}）との錯生成による金属キレート（MA_n）の生成

Ⅳ）MA_n の有機相への分配

それぞれの段階の平衡定数は次の通りとなる。

$$P_{\mathrm{HA}} = \frac{[\mathrm{HA}]_{\mathrm{o}}}{[\mathrm{HA}]} \tag{9.15}$$

$$K_{\mathrm{a}} = \frac{[\mathrm{H}^+][\mathrm{A}^-]}{[\mathrm{HA}]} \tag{9.16}$$

$$\beta_n = \frac{[\mathrm{MA}_n]}{[\mathrm{M}^{n+}][\mathrm{A}^-]^n} \tag{9.17}$$

$$P_{\mathrm{MA}} = \frac{[\mathrm{MA}_n]_{\mathrm{o}}}{[\mathrm{MA}_n]} \tag{9.18}$$

以上の4つの平衡定数を用いると，K_{ex} は次のように表される。

$$K_{ex} = K_a{}^n \beta_n P_{MA} / P_{HA}{}^n \tag{9.19}$$

この式 (9.19) から分かることは，金属イオンをよく抽出するためには，酸として強く (K_a が大きく)，金属イオンと安定な錯体を生成し (β_n が大きく)，試薬の分配係数 (P_{HA}) が小さく，生成した金属キレートの分配係数 (P_{MA}) が大きい抽出試薬を選べばよいことである。

しかし，抽出試薬の側から見れば，金属イオンと強く結合すること (β_n が大) は水素イオンとの結合も強い (K_a が小) 傾向にあり，試薬の分配係数 (P_{HA}) が大きければ金属キレートの分配係数 (P_{MA}) も大きいことが多い。4 つの定数の単純な相殺関係は必ずしも成立するわけではないが，試薬の設計，選択にあたっては以上の点を考慮しなければならない。

9-1-4　水相への逆抽出

一般に，水相から有機相へ抽出された物質を，逆方向へ，すなわち，水相へ戻すことをストリッピング (stripping) という。金属イオンの溶媒抽出法において，ストリッピングは，抽出試薬によって水相から有機相へ抽出された金属イオンを，逆に水相へ抽出する操作をいう*。水相から有機相への正抽出に対して，逆抽出 (back extraction) とも呼ばれる。有機相中に抽出された目的成分がそのままの状態で定量できる場合には，逆抽出は不要である。しかし原子吸光分析, ICP 発光分光分析 (第 15 章参照) などによる定量には，この水への逆抽出の操作が必要となる。

抽出試薬による金属イオンの溶媒抽出においては，水相の pH 上昇に伴い金属イオンの抽出率は増大する。逆に，pH を下げると，有機相への抽出率は低下するので，分離した有機相を酸性の水相と振り混ぜることによって，金属イオンを水相へ移動させることが可能となる。あらかじめ抽出率と水相の pH の関係 (抽出曲線) が分かっていれば，効率的に逆抽出させる水相の pH を知ることができる。逆抽出の場合にも，抽出率は pH に依存することから，pH の制御により，目的成分のみを有機相に残すこともできる。このような水相へ逆抽出の操作により，他の金属イオンに対する選択性を改善ことが可能である。

選択性の向上のためには，pH 以外に抽出および逆抽出の速度差を利用する方法もある。また，正抽出の場合と同様に，有機相と水相の体積比を利用して，分離と同時に濃縮を行うことも可能である。

9-1-5　協同効果

酸性抽出試薬 (HA) による金属イオンの溶媒抽出系に，中性 (無電荷) のルイス塩基を加えると，抽出率が著しく増大する現象を，協同効果 (synergistic effect) と呼ぶ。抽出試薬は金属イオンと反応して錯体を生成す

*　水相の pH を低くすると，有機相の金属キレート錯体 ($MA_{n,o}$) は水和イオン (M^{n+}) となって水相に引き戻される。

るが，金属イオンの配位数に「空き」がある（満たされていない）場合，水が配位して疎水性が弱まることにより，抽出率が低下したり，極端には，アルカリ金属またはアルカリ土類金属イオンのように，全く抽出されないなどの現象が見られる。しかし中性（無電荷）のルイス塩基を加えると，この配位水と置換し（付加反応），抽出率が増大する。

酸性抽出試薬（HA）による金属イオン（M^{n+}）の抽出平衡および抽出定数（K_{ex}）は式 (9.20) および (9.21) である。この系に中性配位子（L）を加えた協同抽出（synergistic extraction）の抽出平衡および抽出定数（$K_{ex,s}$）は以下のように書くことができる。

$$M^{n+} + nHA_o + sL_o \rightleftarrows MA_nL_{s,o} + nH^+ \tag{9.20}$$

$$K_{ex,s} = \frac{[MA_nL_s]_o[H^+]^n}{[M^{n+}][HA]_o^n[L]_o^s} \tag{9.21}$$

金属錯体への中性配位子の付加反応は，有機相中で起こっていると考えられている。

$$MA_{n,o} + sL_o \rightleftarrows MA_nL_{s,o} \tag{9.22}$$

付加反応の安定度定数（β_s）は K_{ex} および $K_{ex,s}$ から次のように計算することができる。

$$\beta_s = \frac{[MA_nL_s]_o}{[MA_n]_o[L]_o^s} = \frac{K_{ex,s}}{K_{ex}} \tag{9.23}$$

付加反応の安定度に影響を及ぼす要因として中性配位子の塩基性，立体効果，抽出試薬の酸性度，溶媒効果などが挙げられる。図 9.7 に示されたトリオクチルホスフィンオキシド（TOPO），リン酸トリブチル（TBP）などは代表的な協同効果試薬である。−P=O において，酸素の電気陰性度はリンのそれより大きく，電荷が酸素上に偏っているため，−P=O は非常に強い配位力を持っている。また 1,10-フェナントロリンのような多座中性配位子は単座のものよりはるかに強い配位力を有する。

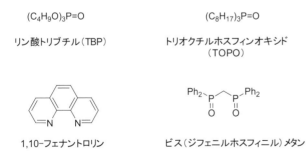

(C$_4$H$_9$O)$_3$P=O

リン酸トリブチル（TBP）

(C$_8$H$_{17}$)$_3$P=O

トリオクチルホスフィンオキシド（TOPO）

1,10-フェナントロリン

ビス（ジフェニルホスフィニル）メタン

図 9.7 協同効果試薬

一般に，抽出試薬の酸性が強いほど，すなわち金属イオンとの錯生成の安定度が低いほど，付加錯体の安定度は高い。協同効果はベンゼンのような芳

香族系の溶媒より，ヘキサンなどの脂肪族系の溶媒で大きく，クロロホルムでは最も小さい。協同効果を利用することにより，効率的に金属イオンを抽出できるようになるが，希土類金属イオンでは，逆に，選択性が低下する場合が多い。しかし 1,10-フェナントロリンのような二座の中性配位子を用いることにより，抽出率の増大とともに，選択性も向上することが報告されている。高級アルコール，ケトンなどの配位性溶媒を有機溶媒として使うと抽出率が増大することがあるが，これも一種の協同効果である。

遷移金属イオンなどに比べ，アルカリ土類金属類は抽出が困難な金属イオンである。しかし抽出試薬 1-フェニル-3-メチル-4-ベンゾイル-5-ピラゾロン（PMBP）と協同効果試薬 TOPO を用いると，ベンゼンへ容易に抽出可能となる。さらにアルカリ金属イオンの Li^+，Na^+ も PMBP と TOPO により定量的に抽出されることが報告されている[*]。

* S. Umetani, H. Maeda, S. Kihara, M. Matsui, *Talanta*, **34**, 779 (1987).

9-1-6　マスキング効果

共存する金属イオンを抽出分離しようとするとき，それらの抽出定数の違いが十分大きい場合には，一回の操作で目的の金属イオンを有機相に抽出し，他は水相に残すことが可能である。抽出定数の差が十分でない場合には，マスキング効果（masking effect）を利用することがある。マスキング剤は，目的金属イオンとの錯生成の安定度定数は小さいが，他の共存金属イオンとは安定な水溶性の錯体を生成する配位子である。シアン化物イオン（CN^-），チオシアン酸イオン（SCN^-）などが用いられる。しかし，抽出定数の差が十分でないことは，それらの金属イオンの性質が類似していることを意味し，安定度定数の違いの大きい効果的なマスキング剤を見つけることは必ずしも容易ではない。表 9.1 に，各種の金属イオンに対するマスキング剤を示す。

表 9.1　マスキング剤の例

	Al	Ag	Be	Bi	Ca	Cd	Co	Cu	Cr	Fe	Hg	Ge	Mg	Mn	Mo	Ni	Pb	R.[*]	Sb	Sn	Th	Ti	Tl	U	V	Zn	Zr
CN^-		○				○	○				○					○							○		○	○	
CNS^-		○		○	○	○					○			○	○											○	
$C_2O_4^-$	○			○						○		○	○	○	○					○			○	○	○		○
EDTA	○			○	○	○	○	○	○	○			○	○	○	○	○		○	○	○	○			○	○	○
F^-	○		○	○	○		○														○	○					○
クエン酸イオン	○	○	○	○	○	○	○	○	○	○						○	○			○					○	○	
NH_3		○				○										○										○	
$S_2O_3^{2-}$		○		○		○		○			○						○		○	○							
酒石酸イオン	○		○	○	○					○									○	○		○					○
チオ尿素		○		○				○	○																		

＊希土類元素

9-2　イオン対抽出

　水相中の目的イオンは，反対の電荷を持つ親油性イオンと会合させることにより，電荷的に中性となったイオン対（ion pair）として有機相へ抽出させることができる。イオン電荷は小さく，サイズが大きく，親油性であるほど有機相に抽出されやすい。1価の陽イオン（C^+）と1価の陰イオン（A^-）がイオン対（CA）を生成して有機相に抽出されるイオン対抽出平衡は次式で表される。

$$C^+ + A^- \rightleftarrows CA_o \qquad (1.24)$$

イオン対抽出系として，これまでに多くの系が報告されているが，以下のように分類することが出来る。

（1）溶媒和溶媒によるイオン対抽出

　Fe^{3+} は塩酸溶液からジエチルエーテル相へ抽出される。抽出機構は必ずしも明確ではないが，ジエチルエーテルのように配位性の酸素を有している溶媒でないと抽出されないことから，溶媒自身が溶媒和して抽出に関与していると考えられる。リン酸トリブチル（TBP）は塩基性の強い配位子であり，それ自体を有機相として使えるが，適当な希釈剤（溶媒）と共に使われる場合が多い。多くの金属イオンが，強塩酸あるいは強硝酸溶液から抽出される。TBP は直接金属イオンに配位していると考えられている。

（2）イオン会合性試薬によるイオン対抽出

　イオン会合性試薬は，正または負の電荷を有し，反対符号の電荷を有するイオンと会合し，イオン対を生成して有機相に抽出される。イオン会合性試薬は一般に電荷が小さく，サイズが大きいことが要求される。過塩素酸イオン（ClO_4^-）や過レニウム酸イオン（ReO_4^-）などの陰イオンは，テトラフェニルアルソニウムイオン（$[(C_6H_5)_4As]^+$），テトラブチルアンモニウムイオン（$[(C_4H_9)_4N]^+$）などの大きな親油性陽イオンによって抽出することができる。金属イオンがハロゲン化物イオンやチオシアン酸イオンと反応して，大きな錯陰イオンを生成する（たとえば $Fe(SCN)_4^-$）と，ゼフィラミン（$[C_{14}H_{29} \cdot (CH_3)_2N\text{-}CH_2Ph]^+$）などの大きな第4級アンモニウムイオンによって，容易に抽出できる。

（3）配位性有機試薬によるイオン対抽出

　中性配位子の 1,10-フェナントロリンやその類縁体は，分析試料の金属イオンに配位して大きな錯陽イオンを生成し，過塩素酸イオンなどの陰イオンの存在下でイオン対抽出される。溶液中で生成した銅(I)フェナントロリン錯陽イオン，鉄(II)フェナントロリン錯陽イオンは，結局，上記（2）のイ

オン会合性試薬と同じ役割を果たすことになる。

　クラウンエーテル類も，同様のイオン対抽出試薬である。アルカリ金属およびアルカリ土類金属イオンは通常のキレート試薬とは錯生成しにくい金属種である。クラウンエーテル類は環状ポリエーテルであり，これらの金属イオンをその空孔内に取り込み，比較的安定な錯陽イオンを生成する。過塩素酸イオン，ピクリン酸イオンの存在下でイオン対抽出される。環状ポリエーテルの空孔の大きさにより，イオンサイズ選択性が生じる。

■■■■ **演習問題** ■■■■

9-1　キレート抽出試薬（HA）について，同体積の有機相と水相間への分配を考える。HA の分配係数を P_{HA}，酸解離定数を K_a とする。HA の有機相，水相間の分配比（D_{HA}）を P_{HA}，K_a，pH（または $[H^+]$）で表わす式を誘導し，$\log D_{HA}$ と pH の関係を示す概略図を描け。

9-2　8-ヒドロキシキノリン（HQ）を含むクロロホルム溶液と，Cu^{2+} を含む水相の溶媒抽出系がある。有機相と水相は同体積であるとし，水相は pH 2.00 に緩衝されており，抽出定数（K_{ex}）は $10^{-1.70}$ である。次の問題に答えよ。

　1）Cu^{2+} を水相から99%抽出するために必要な HQ の濃度を求めよ。

　2）この HQ 濃度での $pH_{1/2}$ を求めよ。

9-3　低濃度の金属イオンを含む水相と，0.040 M のキレート抽出試薬（HA）を含む同体積の有機相を用い，水相の pH を変化させながら抽出実験を行ったところ，下表の結果を得た。抽出錯体の組成および抽出定数を求めよ。

pH	2.5	3.0	3.5	4.0	4.5
D	1.3×10^{-3}	4.2×10^{-2}	1.32	42	1320

9-4　2種類の金属イオンが共存している場合，溶媒抽出により，一方が99%以上抽出され，他方が1%以下しか抽出されないとき，両者を定量的に分離できたと考える。2種類の2価の金属イオンを分離するためには $pH_{1/2}$ がどれだけ離れている必要があるか。2価と3価の金属イオンではどうか。

10 イオン交換平衡

イオン交換現象

　硬水を砂や土壌粒子のろ過層に通すと，軟水に変化することは古くから知られていた。このようなイオン交換現象（ion exchange phenomena）の原理は，1848 年にイギリスの農芸化学者トンプソン（H. S. Thompson）が発見したとされている。このとき，硬水のカルシウム分と土壌中の硫酸アンモニウムや炭酸アンモニウムから石灰石成分が生成することが分かった。その後，ドイツのガンス（R. Gans）は，1906 年にパームチットというアルミノケイ酸の交換体を合成し，水の軟化に利用した。1935 年，アダムス（D. A. Adams）とホルムス（E. L. Holmes）は，フェノールとホルムアルデヒドの縮合体が陽イオン交換性を有することを見出した。それ以来，有機物のイオン交換体を用いる基礎と応用の研究が活発になった。現在では，ダレリオ（G. F. D'Alelio）が開発したスチレンと架橋剤のジビニルベンゼン（divinylbenzene, DVB）の共重合体を樹脂基材とし，イオン交換基を導入したイオン交換樹脂（ion exchange resin）が主に用いられている。

　イオン交換反応は，一般の化学反応と同様に考えることができ，たとえば，水素イオン型陽イオン交換樹脂によるナトリウムイオンの交換反応は式（10.1）で示される。

$$\text{RSO}_3^- \, \text{H}^+ + \text{Na}^+ \quad \rightleftarrows \quad \text{RSO}_3^- \, \text{Na}^+ + \text{H}^+ \tag{10.1}$$

ここで，RSO_3^- はスルホン酸型陽イオン交換樹脂を示す。樹脂中の $-\text{SO}_3^-$ を固定イオン（fixed ion），これと反対符号の H^+ や Na^+ を対イオン（counter ion）という。

イオン交換樹脂の分類

　イオン交換樹脂は，イオン交換現象を示す合成樹脂であり，解離基を有する三次元網目構造の高分子電解質である。これらの樹脂に必要な条件は，水にほとんど溶けないこと，親水性が高く，樹脂の網目構造内に水やイオンが浸透しやすいこと，化学的にも，熱的にも安定であることである。樹脂の網状構造としてはフェノール−ホルムアルデヒド系およびスチレン系化合物が主である。交換基として陽イオン交換基には，スルホン酸基（スルホ基とも呼ぶ）（$-\text{SO}_3\text{H}$），カルボキシ基（$-\text{COOH}$）があり，陰イオン交換基には第

1 〜 3 級アミノ基（−NH$_2$, −NRH, −NR$_2$）および第 4 級アンモニウム基
（−N$^+$R$_3$）がある。イオン交換樹脂は，交換基の解離度の強弱によって次の
ように分類される。

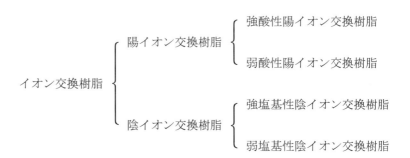

10-2-1　陽イオン交換樹脂

　スチレンに DVB を加えたものに過酸化ベンゾイルなどの触媒を少量溶解
して水中に注ぎ，攪拌すると，液滴となって分散する。これを 80 ℃程度に
加温すると懸濁重合が進み，小球のスチレン−DVB 共重合体を形成する（図
10.1）。DVB はスチレン間を架橋する役割を果たしており，その量によって
架橋度が変化する。通常，8 〜 12％の DVB が用いられている。この共重合
体を濃硫酸などのスルホン化剤と共に加熱すると，共重合体中のベンゼン環
の数に近いスルホン酸基が導入される。このときの対イオンは H$^+$ となって
いる。これを水酸化ナトリウム溶液または炭酸ナトリウム溶液で中和すると
スルホン酸基の対イオンは Na$^+$ となる。

　陽イオン交換樹脂のスルホン酸基は解離性が強く，次式のように NaCl な

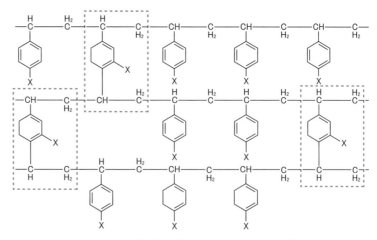

図 10.1　イオン交換基が導入されたスチレン−DVB 共重合体の概略図

X：イオン交換基（−SO$_3$H，−CH$_2$N$^+$(CH$_3$)$_3$OH$^-$ など），⬚ の部分は DVB による架橋構造

どの中性塩を HCl のような酸に変換する。

$$RSO_3^- H^+ + NaCl \rightleftarrows RSO_3^- Na^+ + HCl \tag{10.2}$$

スルホン酸基は強酸性陽イオン交換体として機能し，酸性〜塩基性にわたる溶液中において解離するので，この型の樹脂は幅広い pH 領域でイオン交換が可能である。一方，カルボキシ基を導入したものは弱酸性陽イオン交換樹脂として機能する。この交換基は酸解離度が小さく，イオン交換基としての機能は中性または塩基性溶液に限られる。

10-2-2　陰イオン交換樹脂

スチレン–DVB 共重合体の小球を塩化亜鉛（$ZnCl_2$）などの触媒のもとでクロロメチルエーテルを作用させると，クロロメチル化してベンゼン環にクロロメチル基（$-CH_2Cl$ 基）が導入される。これをトリメチルアミンなどでアミノ化すると，強塩基性の陰イオン交換樹脂が得られる。

陰イオン交換樹脂において，第 4 級アンモニウム基は塩基性が強く，NaOH と同程度の塩基性を示す。この樹脂は，広い pH 領域で正電荷を帯び，式（10.3）および（10.4）のようなイオン交換反応を示す。

$$-NR_3^+ OH^- + HCl \rightleftarrows -NR_3^+ Cl^- + H_2O \tag{10.3}$$

$$-NR_3^+ Cl^- + NaOH \rightleftarrows -NR_3^+ OH^- + NaCl \tag{10.4}$$

樹脂に第 1，2 または 3 級アミノ基として導入された陰イオン交換樹脂は，アミノ基が式（10.5）のように弱い電離を示すため，イオン交換基として機能するのは中性または酸性溶液に限られる。

$$-NR_2 + H_2O \rightleftarrows -NR_2H^+OH^- \rightleftarrows -NR_2H^+ + OH^- \tag{10.5}$$

市販されている主な樹脂の種類とその特性を表 10.1 に示す。

表 10.1　代表的なイオン交換樹脂

	種別	典型的な交換基	交換可能 pH 範囲	交換容量 meq mL⁻¹	商品名
陽イオン交換樹脂	強酸性	スルホン酸基 [$-SO_3^- H^+$]	0–14	1.1 1.2 1.7 1.9 2.1	Dowex 50W–X4 Diaion PK208 Dowex 50W–X8 Amberlite IR–120 Amberlite IR–122
	弱酸性	カルボキシ基 [$-COO^- H^+$]	4–14 5–14 5–14	3.8 3.5 2.5	Dowex MAC–3 Amberlite IRC–50 Diaion WK–10
陰イオン交換樹脂	強塩基性	第 4 級アンモニウム基 Ⅰ型 [$-CH_2N^+(CH_3)_3Cl^-$]	0–14	1.0 1.4	Dowex 1–X4 Amberlite IRA–400
		Ⅱ型 [$-CH_2N^+(CH_3)_2(CH_2)_2OH\ Cl^-$]	0–14	1.2 1.4	Dowex 2–X8 Amberlite IRA–410
	弱塩基性	アミノ基 [$-N^+HR_2\ Cl^-$]	0–7 0–7	1.4 1.6	Dowex 66 Amberlite IRA–67

10-3 イオン交換樹脂の性質

（1）イオン交換樹脂の構造

イオン交換樹脂が水中で膨潤したときの大きさは，通常，粒経 0.6 ～ 0.4 mm のものが多いが，もっと細かいものも使用される。樹脂の網状構造は架橋度（DVB%）に関係し，イオン交換能や樹脂の水分含量，膨潤度，強度，イオン交換の平衡や速度に影響を与える。架橋度の大きい（DVB%の高い）樹脂は堅く膨潤度が小さい。したがってイオン交換速度も小さい。

（2）イオン交換容量

イオン交換容量は，樹脂の乾燥重量 1 g 当たりの交換可能なイオンのミリ当量数（meq g^{-1}）または，含水した樹脂すなわち膨潤した樹脂について，見かけの体積 1 mL あたりのミリ当量数（meq mL^{-1}）で表す。

イオン交換容量の算出では，乾燥状態か含水状態か，イオン交換基は何かなどを規定する必要がある。通常，強電解質型樹脂では H$^+$ 型または Cl$^-$ 型が基準となり，一方，弱電解質型樹脂では，遊離の酸型（−COOH）または塩基型（−NH$_3{}^+$OH$^-$）が基準となる。

（3）膨潤

イオン交換樹脂は，親水性の固定イオンや対イオンの存在により，水分を含み膨潤する傾向がある。電解質水溶液中において，樹脂は交換平衡に達するまでは水分を含もうとする。膨潤の度合いは樹脂の固定イオンや対イオンの種類によって異なる。たとえば，スルホン酸型陽イオン交換樹脂の H$^+$ 型は Na$^+$ 型に比べて著しく膨潤する傾向がある。

10-4 イオン交換平衡と速度

10-4-1 イオン交換平衡

イオン交換平衡は樹脂中のイオンと，溶液中のイオンの交換反応による分配平衡の状態をいう。たとえば，陽イオン交換樹脂中のイオン A と，溶液中のイオン B との交換反応が式（10.6）で表される場合，

$$b(\mathrm{R}^-)_a \mathrm{A}^{a+} + a\mathrm{B}^{b+} \rightleftarrows a(\mathrm{R}^-)_b \mathrm{B}^{b+} + b\mathrm{A}^{a+} \tag{10.6}$$

分配平衡は樹脂相中の対イオン A が溶液相へ移動し，溶液中の対イオン B が樹脂相へ移行するものである。ここで，R$^-$ は固定イオンを含む樹脂基材である。この化学平衡式（10.6）は熱力学的平衡定数 K_A^B を用いて，式（10.7）で表すことができる。なお，以下の式にある活量（a）および濃度（c, m, x）の上付きバーは樹脂相を意味する。

$$K_A^B = \frac{\overline{a_B}^a \cdot a_A^b}{\overline{a_A}^b \cdot a_B^a} \tag{10.7}$$

式（10.7）の活量 a の代わりに濃度で表したものを選択係数（selective coefficient）といい，イオン A に対するイオン B の選択性を表す。選択係数を質量モル濃度 m，モル濃度 c，当量分率 x を用いて表すと，それぞれ

$$^mK_A^B = \frac{\overline{m_B}^a \cdot m_A^b}{\overline{m_A}^b \cdot m_B^a} \quad ^cK_A^B = \frac{\overline{c_B}^a \cdot c_A^b}{\overline{c_A}^b \cdot c_B^a} \quad ^xK_A^B = \frac{\overline{x_B}^a \cdot x_A^b}{\overline{x_A}^b \cdot x_B^a} \tag{10.8}$$

となる。

式（10.8）はいずれも真の定数ではないので，より定数に近づけた選択係数として，溶液相中のイオンについてのみ活量がよく用いられる。交換平衡をモル濃度で考えると，

$$^aK_A^B = \frac{\overline{c_B}^a \cdot a_A^b}{\overline{c_A}^b \cdot a_B^a} = {}^cK_A^B \frac{\gamma_A^b}{\gamma_B^a} \tag{10.9}$$

ここで，γ は活量係数である。

一方，あるイオンの樹脂相と溶液相における濃度の比を分配係数（distribution coefficient）という。イオン A および B をモル濃度で表した場合の分配係数は

$$^cD_A = \frac{\overline{c_A}}{c_A} \qquad ^cD_B = \frac{\overline{c_B}}{c_B} \tag{10.10}$$

であり，選択係数は次式（10.11）で表される。

$$^cK_A^B = \frac{\overline{c_B}^a \cdot c_A^b}{\overline{c_A}^b \cdot c_B^a} = \frac{{}^cD_B^a}{{}^cD_A^b} \tag{10.11}$$

分配係数 D_A と D_B の比をイオン A，イオン B の分離係数（separation factor）または分離係数の比といい，α_A^B で表す。これは樹脂がイオン A に対してイオン B をどの程度優先的に交換吸着するか，あるいはイオン A とイオン B との分離の難易度を表す係数となる。

$$\alpha_A^B = \frac{{}^cD_B}{{}^cD_A} = \frac{\overline{c_B} \cdot c_A}{\overline{c_A} \cdot c_B} \tag{10.12}$$

式（10.12）より，$\alpha_A^B > 1$ であれば，（溶液中よりも）樹脂中においてイオン A に対してイオン B の割合が増えてくる。分離係数 α_A^B と選択係数 K_A^B との間には式（10.13）が成り立つ。

$$(\alpha_A^B)^b = {}^cK_A^B \left(\frac{\overline{c_B}}{c_B}\right)^{b-a} \tag{10.13}$$

したがって，A と B のイオン交換において，イオンの電荷が等しいときには，固定イオンの濃度や溶液濃度の影響はあまり受けず，分離係数と選択係数は等しくなる。しかし，イオンの電荷が異なると両者は一致しない。分離係数は一方のイオンの電荷が大きいほど増大し，固定イオン濃度が高く溶液相濃

度が低いほど大きくなる。

　選択係数はイオン交換における優先的選択性の定性的な尺度である。一般に，スルホン酸型の陽イオン交換樹脂に対する選択性の序列は，1価の陽イオンに対して，

$$Tl^+ > Ag^+ > Cs^+ > Rb^+ > K^+ > NH_4^+ > Na^+ > H^+ > Li^+$$

であり，2価の陽イオンでは，

$$Ba^{2+} > Pb^{2+} > Sr^{2+} > Ca^{2+} > Mn^{2+} > Be^{2+} > Ni^{2+} > Cd^{2+} > Cu^{2+} >$$
$$Co^{2+} > Zn^{2+} > Mg^{2+}$$

である。これらの序列 $K^+ > Na^+ > Li^+$ や $Ba^{2+} > Sr^{2+} > Ca^{2+} > Mg^{2+}$ から明らかなように，イオンの水和が選択性と大きく関係する。すなわち，Li^+ や Mg^{2+} のように強く水和するイオンほど陽イオン交換体に捕捉されにくく，選択係数が小さくなる。第4級アンモニウム基を有する陰イオン交換樹脂についても同様であり

$$ClO_4^- > I^- > NO_3^- > Br^- > Cl^- > HCO_3^- > F^-$$

の序列である。この序列は離液順列（lyotropic series）に等しく，疎水性イオンの ClO_4^- は陰イオン交換樹脂に対する親和性が高い。

　イオンの電荷が異なる場合，陽イオンでは $Th^{4+} > Al^{3+} > Ca^{2+} > Na^+$，陰イオンでは $SO_4^{2-} > Cl^-$ となり，電荷が大きいイオンほどイオン交換樹脂への親和性が高く，選択性が大きくなる。

10-4-2　イオン交換速度

　イオン交換反応は異相間（溶液相と樹脂相）の反応であるので，イオン交換反応の速度とともにイオンの拡散速度が問題になる。その過程を分割して考えると次のようになる。

* 液相と多孔性粒状樹脂塊の表面の間にある薄い拡散層を膜にみたてたもの。

① 溶液中のイオン B は，樹脂粒子の周りの境膜*を通した拡散により，樹脂粒表面に達する（境膜内拡散）
② イオン B は樹脂粒内を拡散して反応位置（交換基付近）に達する（樹脂粒内拡散）
③ 交換基近傍でイオン B はイオン A と交換する（交換反応）
④ 交換されたイオン A は樹脂粒内を拡散して表面に達する（樹脂粒内拡散）
⑤ イオン A はさらに境膜を通して溶液へ出る（境膜内拡散）

　このようにイオン交換の過程は，境膜内拡散，樹脂粒内拡散，交換反応の3つに分かれる。イオン交換速度は，交換反応が律速段階になるのはまれで，一般にはイオンの拡散に支配されると考えられている。しかし，イオン交換速度に影響を与える因子は，交換基の解離性の強さ，膨潤度，溶液の濃度や撹拌条件などによっても異なり複雑である。図 10.2 には樹脂粒内拡散が律速である場合について，イオン交換速度に対する DVB の架橋度の影響を示

す。DVB の混合割合が高くなると，H⁺ 型陽イオン交換樹脂の Na⁺ との交換速度が小さくなることが分かる。

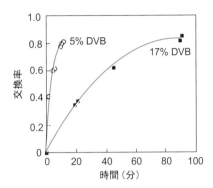

図 10.2　スルホン酸基を有する陽イオン交換樹脂における Na⁺ の交換速度に及ぼす架橋度の影響
（樹脂粒子内拡散が律速の場合）　Na⁺ の濃度：$0.91\ mol\ dm^{-3}$

10-5　イオン交換分離

10-5-1　イオン交換カラム

　試料溶液中のイオン種を除去する場合，溶液中に適当なイオン交換樹脂を投入して，平衡状態にした後にろ別するバッチ法（batch method）が用いられることがある。しかし分離分析には，通常，図 10.3 に示したような，イオン交換樹脂を充填したカラム（内径 $10 \sim 15\ mm$，長さ $10 \sim 20\ cm$）を用いる。このカラム法では樹脂の前処理，試料溶液の導入，各イオン種の溶出分離，樹脂の洗浄再生などを連続的に行うことができ便利である。樹脂カラム中に気泡が入ることを防ぐため，カラムの下端には活栓を設けて，常に，液面が樹脂層の上端より少し上にあるように保たなければならない。

　カラム上部にイオン A とイオン B を含む試料溶液を添加すると，これらのイオンは樹脂相に存在していたイオンと交換し，カラム内に捕捉される。ここで適当なイオン C を含む溶液（溶離液 eluent）を連続的に流す。A と C の間および B と C の間の選択係数に十分な差があれば，A と B はイオン交換樹脂から溶離される。このとき，イオン A よりもイオン B の方がイオン交換樹脂への吸着が強ければ，A が先にカラムから溶出することになる。この原理に基づいてイオン種を分離する方法をイオン交換クロマトグラフィー（ion-exchange chromatography）という。

　図 10.4 は，イオン交換分離の例として，ナトリウムイオン（Na⁺）とカルシウムイオン（Ca²⁺）の陽イオン交換分離の原理を示している。スルホン酸型の陽イオン交換樹脂が充填されたカラムで，硝酸などの酸性溶液の溶離液が用いられるとする。カラム内では，溶離液中の水素イオン（H⁺）がイオン交換基上で吸着と脱離を繰り返している（図 10.4a）。そこへ，Na⁺ と Ca²⁺

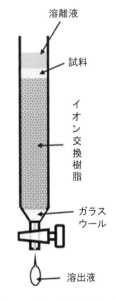

図 10.3　イオン交換分離の概略図

141

が導入されると，H^+ に代わって Na^+ と Ca^{2+} がイオン交換基に吸着する（図 10.4b）。溶離液が連続的に流れているので，いったん吸着した Na^+ と Ca^{2+} は順次 H^+ に置き換えられる（図 10.4c）。脱離した Na^+ と Ca^{2+} は次のイオン交換基に吸着し，また H^+ に置き換えられる。このように吸着と脱着を繰り返しながら，最後にカラムから溶出される。

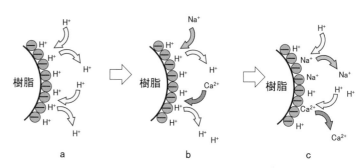

図 10.4　陽イオン交換分離の原理

10-5-2　分離パラメータ

イオン A および B を吸着させたカラムに適当な溶離液を流し，溶出液中の A および B の濃度を連続的に測定し，その濃度を溶出液の体積の関数としてプロットすると，図 10.5 のような溶離曲線（elution curve）が得られる。A と B の溶出位置が十分に離れていれば，定量的分離が可能であるが，重なる場合には分離は不完全なものとなる。溶離ピークの形状はガウス曲線（正規分布曲線）を描くことが理想的であるが，これから著しくずれるときは，カラム操作に何か不適切な要因があるものと予想される。

2 つの成分がカラム内で分離される程度は，式（10.14）で定義される重量分配係数（weight distribution coefficient, K_D）の差によって決まる。

$$K_D = \frac{\text{イオン交換樹脂に吸着されたイオン量}}{\text{イオン交換樹脂の質量 (g)}} \div \frac{\text{溶液中のイオン量}}{\text{溶液の体積 (L)}} \quad (10.14)$$

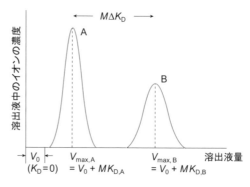

図 10.5　溶離曲線と K_D の関係

　一般的には，K_D はバッチ平衡法により測定される。この値の大きいイオンほどイオン交換樹脂への親和力が強く，樹脂に吸着されやすい。金属イオンについて，様々な溶液系での K_D はすでに測定されており，各種の便覧やデータ集に収録されている。

　一般に，樹脂量 M (g) を充填したカラムを用いるイオン交換クロマトグラフィーでは，溶離液量（または保持容量）V (mL) を用いる。溶離液量は，分配係数 K_D のイオンをカラムから溶出するときに必要な量であり，式 (10.15) で表される。

$$V = V_0 + M \cdot K_D \tag{10.15}$$

ここで，V_0 はカラム中の樹脂柱の隙間に入る溶離液の量 (mL) で，カラムの死空間（dead volume）に相当する。

　図 10.6 に，アルカリ金属イオンの混合溶液（Na^+，K^+ および Cs^+）を，H^+ 型強酸性陽イオン交換樹脂カラムを用いて，1 mol dm^{-3} HCl で溶離して得られたクロマトグラムを示す。通常，溶出液はフラクションコレクターや試験管などを用いて，一定の時間間隔で捕集して，炎光光度法[*]や原子吸光法（第 15 章 15-2 節）などによりそれぞれの陽イオン濃度を測定する。あるいはイオンクロマトグラフィー（第 14 章）のように，溶液の電気伝導度（導電率）を連続的にモニターする。

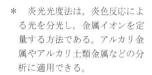

＊　炎光光度法は，炎色反応による光を分光し，金属イオンを定量する方法である。アルカリ金属やアルカリ土類金属などの分析に適用できる。

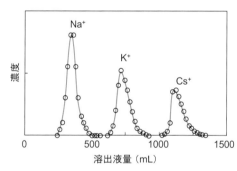

図 10.6　アルカリ金属イオンの陽イオン交換分離

10-5-3　イオン交換樹脂を利用するイオンの相互分離

　イオン交換分離をバッチ法により行った場合，目的のイオンを十分に分離できないことが多く，現在ではカラム法を用いることがほとんどである。実際の分離は多種多様であるが，ここでは 4 つの分離系に大別して述べる。

（a）陽イオンと陰イオンの分離

　H^+ 型陽イオン交換樹脂に陽イオンは吸着するが，陰イオンは吸着されず通過する。ただし，溶液の酸性度が強い場合には，陽イオンの吸着が不完全になることがある。また，通常は水和陽イオンとして存在しやすい金属イオ

ンでも，錯陰イオンとなっている場合には，陽イオン交換樹脂には吸着されない。

（b）電荷の異なる同符号のイオンの分離

希薄溶液中では，電荷が高いほどイオン交換樹脂に対する親和力が大きいので，これを利用してイオン間の分離が可能である。たとえば，強酸性陽イオン樹脂に K^+ と Mg^{2+} を吸着させておき，0.5 mol dm^{-3} HCl を用いて K^+ のみを溶離させ，次いで 2 mol dm^{-3} HCl で Mg^{2+} を溶離することにより，両者が分離される。

（c）電荷の等しい同符号のイオンの分離

電荷および符号とも等しい場合は，分配係数 K_D の差は一般的にごくわずかであることから，溶離液を工夫しても短時間で定量的な分離を行うのは困難である。このような場合，酸化還元により片方の金属イオンの電荷を変える，あるいは適当な錯イオンに変えて K_D の差を大きくする必要がある。

（d）錯生成を利用する分離

錯生成能のある諸元素には，適当な錯生成剤を含む溶離液が用いられる。電荷が等しい同符号イオンの分離は非常に困難であったが，このような場合でも，分離が比較的容易におこる。

代表的な分離例には，塩酸溶液中のクロロ錯体の生成を利用した金属の陰イオン交換分離があげられる。この方法は，強塩基性陰イオン交換樹脂に対する吸着性の違い（図 10.7）に基づいており，ニッケル（Ⅱ）とコバルト（Ⅱ）のような性質のよく似た金属イオン間の分離も容易に行うことができる（図10.8 参照）。

クロロ錯体の陰イオン交換のほかに，注目される分離例には，希土類や超ウラン元素のグループ内の相互分離があげられる。希土類元素の分離には，

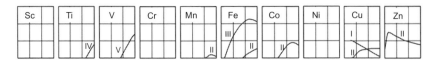

D_v: 樹脂層の単位体積あたりの分配係数
$D_v = K_d \times \rho$（ρ は樹脂層の見かけの密度）

否: 0.1 M < c(HCl) < 12 M の範囲で吸着されない
弱: 12 M HCl 中で 0.3 < D_v < 1 程度の吸着が生じる
強: 強く吸着される $D_v \gg 1$

図 10.7　塩酸系における第一遷移元素の強塩基性陰イオン交換樹脂（Dowex-C1）に対する分配係数

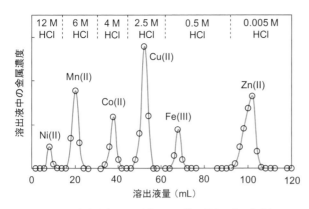

図 10.8　塩酸系陰イオン交換による第一遷移元素の分離例

陽イオン交換樹脂とクエン酸アンモニウム溶液（5 〜 25%，pH 2 〜 3.5）を用いる。希土類元素のクエン酸との錯生成定数が，元素間でわずかに異なっていることを利用する。この場合，錯生成しやすい原子番号の大きな希土類元素から順に，カラム内の陽イオン交換樹脂から溶離される。クエン酸のほかに，カルボン酸やヒドロキシカルボン酸類を溶離剤として利用することができる。

10-6　その他のイオン交換体

10-6-1　無機イオン交換体

　イオン交換現象を示す無機物質は，ゼオライト（zeolite）やモンモリロナイト（montmorillonite）などの粘土鉱物のような天然物と，種々の合成物とに大別される。合成物の代表的なものとして，アルミナ，シリカゲルなどの含水酸化物，リン酸ジルコニウム (IV)，アンチモン酸スズ (IV) のような多価金属の酸性塩，モリブドリン酸アンモニウムをはじめとするヘテロポリ酸塩などがある。無機イオン交換体は，一般的に，イオン交換容量が溶液の pH に依存すること，耐熱性，放射線に対する安定性などの特徴がある。なお，ゼオライトは，イオン交換の担体としてだけでなく，環境に対する負荷が小さいことから，水や土壌に含まれる有害重金属イオンの除去にも利用されている。

10-6-2　キレート樹脂

　金属イオンをキレート化することによって捕捉（吸着）する樹脂をキレート樹脂とよぶ。様々な官能基をもつキレート樹脂が多数合成されているが，その中でも，スチレン―ジビニルベンゼン共重合体にイミノ二酢酸を導入したキレート樹脂が，最も利用されている*。図 10.9 に示しているように，カルボキシ基の酸素原子とイミノ基の窒素原子が，二価以上の多価金属イオン

＊　イミノ二酢酸を有するキレート樹脂としては，たとえば，BIORAD 社から販売されているキレックス®100，三菱ケミカルから販売されている CR11 などがある。

に配位してキレートを生成する。金属イオンとの親和性は、イミノ二酢酸錯体の生成定数の大きさの順となる。実際には、溶液の pH、イオン強度あるいは共存するイオンの種類に影響するが、イミノ二酢酸に対する一般的な選択係数の順序は、

$$Pd^{2+} > Cu^{2+} > Fe^{2+} > Ni^{2+} > Pb^{2+} > Mn^{2+} \gg Ca^{2+} \simeq Mg^{2+} \gg Na^+$$

である。キレート樹脂は、重金属イオンに対する選択性が、陽イオン交換樹脂と比べて高いことから、海水中の微量重金属イオンの分離濃縮に活用されている。キレート樹脂に捕捉（吸着）された微量重金属イオンは、1 mol dm^{-3} 程度の無機酸により容易に溶離・回収することができる。

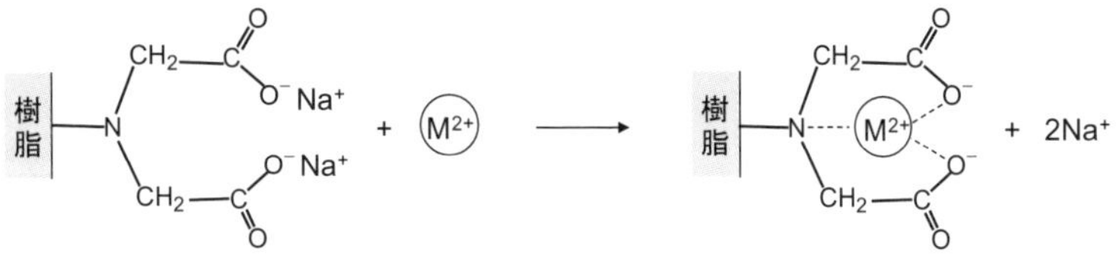

図 10.9　イミノ二酢酸型キレート樹脂による 2 価金属イオン (M^{2+}) の捕捉

10-6-3　セルロースイオン交換体

セルロースイオン交換体は、セルロースに各種の解離性置換基を導入して、イオン交換能力をもたせたものである。陽イオン交換体としては、カルボキシメチルセルロース $[-CH_2COOH]$、リン酸セルロース $[-PO(OH)_2]$、スルホエチルセルロース $[-(CH_2)_2SO_2(OH)]$ があり、陰イオン交換体としては、ジエチルアミノエチルセルロース $[-(CH_2)_2N(C_2H_5)_2]$、トリエチルアミノエチルセルロース $[-(CH_2)_2N^+(C_2H_5)_3]$、アミノエチルセルロース $[-(CH_2)_2NH_2]$ などが市販されている。セルロースイオン交換体は、従来のイオン交換樹脂と比べ親水性が高く、架橋構造を持たないため、その中で高分子化合物が容易に拡散し移動できることから、タンパク質や核酸の分離分析に利用されている。

10-7　イオン交換分離の応用
（1）イオンの除去

化学実験でよく用いられているイオン交換水は、原料水（水道水など）を、H^+ 型陽イオン交換樹脂カラム、次に OH^- 型陰イオン交換樹脂カラムの順に通す、あるいは両者の樹脂を混合して充填したカラムにより、各種のイオンを除去している。また、試料溶液中から塩類（電解質）を除去する必要があるときも、イオン交換分離が利用される。

（2）主成分の除去・分離

酸化ウラン中の微量の希土類元素を分析する場合などでは、ウラン（ウラ

ニルイオン UO_2^{2+}）をクロロ錯体にして陰イオン交換する方法を用いれば，ウランのクロロ錯体は交換吸着されるが，希土類は全く吸着されないので，容易に主成分から分離できる。

（3）微量成分の濃縮

　微量のイオン成分を含む試料水溶液の一定量を，適当なイオン交換樹脂カラムに通して目的のイオンを捕捉した後，少量の溶離液で脱着させることにより濃縮することができる。

（4）有機電解質の分離

　アミノ酸や核酸関連物質など生化学で日常的に取り扱われている有機電解質の分離には，イオン交換クロマトグラフィーがよく用いられている。アミノ酸は溶液の pH 変化により陽イオン，陰イオンおよび両性イオンにもなり得るため，類似した構造をもったアミノ酸の混合系のイオン交換分離では，溶離液の pH を精密に調整しなければならない。

▮▮▮ 演習問題 ▮▮▮▮▮▮

10-1　一般的にリチウムイオンは他のアルカリ金属イオンと比べ陽イオン交換樹脂に対する親和性が低い。その理由を述べよ。

10-2　陰イオン交換樹脂に対する陰イオンの親和性は，その電荷が大きいものほど高いが，過塩素酸イオン（ClO_4^-）やヨウ化物イオン（I^-）は2価の陰イオンよりも親和性が高い。その理由を述べよ。

10-3　金属陽イオンのイオン交換分離では，陽イオン交換樹脂を用いて分離することが一般的である。しかしながら，Co^{2+} と Ni^{2+} 間の陽イオン交換分離は難しい。その理由について述べよ。また，どのような方法によって Co^{2+} と Ni^{2+} のイオン交換分離が可能になるか，その解決策を考察せよ。

10-4　陽イオン交換樹脂 10.0 g をカラムに充填し，硝酸溶離液で平衡化した。次に 1.00×10^{-3} mol dm^{-3} 硫酸銅（II）を 1.0 mL 導入した後，20.0 mL の硝酸溶離液を流した。このとき，溶出液中の Cu^{2+} の濃度は 8.00×10^{-6} mol dm^{-3} であった。陽イオン交換樹脂への Cu^{2+} の吸着量(mmol g^{-1})を求めよ。

10-5　ある有機塩のイオン交換樹脂への分配係数 K_D は 20 である。0.010 mol dm^{-3} の有機塩 1.0 mL を，5.0 g のイオン交換樹脂の充填したカラムに導入し，50 mL の溶離液で流したときに得られる溶出液の有機塩の物質量

（mol）と，イオン交換樹脂への吸着率（％）を求めよ。

10-6 海水試料中の亜鉛 (II) イオン（Zn^{2+}）を 10.0 g のキレート樹脂を充填したカラムにより抽出することを試みた。共存するナトリウムイオン（Na^+）は，そのキレート樹脂にまったく分配されることなく，Zn^{2+} は 11.8 mL の $1.00×10^{-2}$ mol dm^{-3} 硝酸を流すことで完全に溶出された。

(1) この条件において，キレート樹脂に対する Zn^{2+} の分配係数（K_D）が 52.0 のとき，溶出するまでに要した溶離液量（または保持容量）を求めよ。

(2) 上の設問（1）で得た溶出液中の Zn^{2+} の濃度を定量するため，原子吸光光度計を用いて測定したところ，0.320 μmol dm^{-3} であった。このとき，溶出液に含まれている Zn^{2+} の質量を計算せよ。

(3) Zn^{2+} の溶出に必要な溶離液量が多いと，廃液処理に手間がかかる。溶出液量を減らすためにどのような操作を行うべきか考察せよ。

分析データの取り扱い

11-1 分析結果の評価と表示

11-1-1 測定値の処理

定量分析においては，通常，対象に対する測定を複数回行い，その結果得られた測定量（measured）を処理して対象に対する情報として表示する。

ある対象に対して n 個の測定値 $x_1, x_2, \cdots, x_n$ を得たとき，その平均値（mean または average）$\bar{x}$ は式（11.1）で与えられる。

$$\text{平均値 } \bar{x} = \frac{x_1 + x_2 + \cdots + x_n}{n} = \frac{1}{n} \Sigma_i x_i \tag{11.1}$$

測定値が後述する異常値を含んでいないときは，この平均値がもっとも確からしい値である。

たとえば，1つの滴定実験についての複数の滴定値（測定値）のなかに，他と比べかなり離れた値があったとする。平均値の計算において，その異常値を省くべきではないかとの考えが起こりえる。この判断は，次に示すいくつかの取り扱いに基づいて行われる。

平均偏差 各測定値の平均値からの隔たりの平均，すなわち，平均値に対する測定値のバラツキを表すのが式（11.2）で定義される平均偏差（average deviation, d）である。

$$\text{平均偏差 } d = \frac{1}{n} \Sigma_i |x_i - \bar{x}| \tag{11.2}$$

平均偏差が求まれば，平均値より $4d$ 以上はなれた測定値があれば，排除（棄却）し，改めて残った測定値について平均値，平均偏差を求める。本法によってデータの排除を行うには，測定値が 3 個以上なければならない[*1]。

標準偏差 標準偏差（standard deviation, σ）は次式で与えられる。

$$\text{標準偏差 } \sigma = \sqrt{\frac{\Sigma_i (x_i - \bar{x})^2}{n}} \tag{11.3}$$

この式は十分に多数の測定値があるときに成り立つものであり[*2]，少数の測定値しかえられないときには，次式の標準偏差 s を用いなければならない。

$$\text{標準偏差 } s = \sqrt{\frac{\Sigma_i (x_i - \bar{x})^2}{n - 1}} \tag{11.4}$$

[*1] 異常値の棄却判定については，統計的な根拠に基づいた方法がいくつか提唱されている。

[*2] 式（11.3）で定義される σ は，母集団の全ての x_i を用いて計算する母集団の標準偏差であり，s は標本標準偏差（sample standard deviation）と呼ばれることがある。

十分に多数の測定値があるとき，それらは正規分布（図 11.1）するので，測定値の 68.3%は ±1σ の間に，95.4%は ±2σ の間に，99.7%は ±3σ の間に存在するはずである。通常，平均値から 3σ 以上はなれた測定値は排除して計算をやりなおす。分析結果は，$\bar{x}\pm\sigma$ または $\bar{x}\pm s$ とする。

標準偏差を平均値に対する百分率で表したものが変動係数（coefficient of variation, v）である。相対標準偏差（relative standard deviation, RSD）と呼ばれることもある。ばらつきの大きさが測定量の大きさにほぼ比例するときは，ばらつきの大きさの表示には標準偏差ではなく変動係数の方がよく用いられる。

$$変動係数\ v = \left(\frac{s}{\bar{x}}\right)\times100\% \tag{11.5}$$

このほか，Q-テストや t-分布の手法で異常値を棄却するやり方がある。

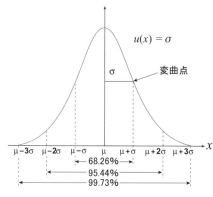

図 11.1　正規分布曲線

11-1-2　有効数字

対象に関するある特定の量についての測定量を得たとき，その値がどの程度確からしいかを表示する方法には，1 つの値で表示する方法と，確からしい値の範囲を表示する方法がある。1 つの値で表示する際には，以下に述べる有効数字を考慮して表示しなければならない。

有効数字（significant figures）は，目的に対して決められた精度を保っている数字である。このような意味のある有効数字の桁数は有効桁数という。有効数字（または有効桁数）が表記された値は，一般に最小桁のみが曖昧さを持つ。有効数字の表記法や取扱いについては，次の要点をあげる。

（1）意味のある数字では，特に末尾の「0」に注意

「2」と「2.0」は数学的には同一の値であるが，有効数字の解釈は同一ではない。「2」では小数第 1 位の値は意味がないが，「2.0」では小数第 1 位の値が 0 という意味がある数として表記されている。意味のある末尾の 0 は省

略してはいけない。

（2） 位取り記数法を使う上で表記することが必要な「0」の扱い

たとえば，「250」と記載された数字の有効桁数は3桁であろうか，あるいは有効桁数は2桁と解すべきだろうか。原則的には表示されている0は意味のある数字であると解すべきであるが，どちらにも解釈し得る曖昧さが残る。したがって，小数点の位置を表示するだけの0は用いるべきではない。「250」の有効数字が2桁であれば 2.5×10^2，3桁であれば 2.50×10^2 と表示するなどして，曖昧な解釈を許さない表記にすべきである。

（3） 有効数字が表示されている値を用いた四則演算

和および差の場合は，小数点の位置を揃えたうえで，有効数字がそろっている桁のみを計算する。たとえば，$5+1.4=6$ あるいは $1-0.2=1$ である。積および商の場合は，用いた値のうち最も有効桁数の少ない桁数に丸める。たとえば，$2.34 \times 3.4 \div 5.678 = 1.4011\cdots = 1.4$（2桁）である。

（4） 数学定数や物理化学定数を用いる計算

π や e などの数学定数，N_A（アボガドロ定数）や R（気体定数）などの物理化学定数を計算に用いるときは，必要な桁数よりも1桁以上多い桁数をとって計算する。

有効数字を用いた表示から，意味のある桁がどの程度確からしいのかを読み取ることはできない。たとえば，「2.5」が 2.5 ± 0.1 なのか $2.45<$「2.5」<2.55 なのか，あるいはもっと狭い範囲なのか，広い範囲なのかを表示だけから判読することはできない。また，乗算で桁上がりが生じる前後で丸めの大きさが大きく異なるという問題もある。たとえば，$3.3 \times 3.0 = 9.9$，$3.3 \times 3.1 = 10$ となるが，前者では小数第2位，後者では小数第1位を丸めており，乗数が0.1異なるだけで丸めを行う桁が1桁異なることを見れば，このことは明らかであろう*。

このように，1つの値で表示する場合に有効数字を考慮することは重要であるが，どの程度確からしいのかを表示する必要があるときは，確からしい値の範囲を表示する方法を用いることが必要である。

有効数字のみを表記するとき，有効でない桁を丸める操作を行うことが必要な場合がある。丸めは一般に四捨五入を用いるが，丸める桁の数字が5のときは常に切り上げとなり，丸めによる偏りが発生する。このため JIS Z8401 では丸めの方法として四捨五入と併せて，以下のルールを規定している。

＊ 値を十進法で表示する限り，避けることができない問題である。このため，桁上げが発生して最上位桁が1となった場合にのみ，有効桁を1桁余分にとるという方法で対応する（本文中の例では $3.3 \times 3.1 = 10.2$ とする）こともある。

小数第 n 位に丸めるとき，小数第 $n+1$ 位，第 $n+2$ 位の値によって，以下のように丸める。

1）小数第 $n+1$ 位の数字が 5 以外のときは，四捨五入する。

【小数第 1 位に丸める例】2.445 → 2.4，2.461 → 2.5

2）小数第 $n+1$ 位の数字が 5 のとき，小数第 $n+2$ 位以下の数値が明らかに 0 でなければ切り上げる。

【小数第 1 位に丸める例】2.451 → 2.5

3）小数第 $n+1$ 位の数字が 5 で小数第 $n+2$ 位以下の数値が不明なときあるいは 0 のときは，小数第 n 位が偶数のときは切り捨て，奇数のときは切り上げる。

【小数第 1 位に丸める例】2.35 → 2.4，2.45 → 2.4，2.550 → 2.6

11-1-3　検量線と線形最小 2 乗法

分析化学では，データ（信号強度）を試料濃度に対してプロットして，検量線（calibration curve）を作成することがしばしばある。かつては，複数の測定点の間に定規をあて，直感的に最も妥当と思われる直線を引くことにより検量線を作成していた。しかし，パーソナル・コンピューター（PC）を用いて統計学的な処理を行うことにより，客観性の高い直線を見出すことができる。

統計学的に最もよい直線とは，複数の測定点の各点と直線からの距離（ズレ）の 2 乗の和が最小になるように選ばれた直線である。このやり方を線形最小 2 乗法（method of least squares）という。各種のデータ解析プログラムには，線形最小 2 乗法が組み込まれており，簡単に利用できるようになっている。

未知試料中の目的化学種を定量するには，検量線法（calibration curve method）によるのが最も一般的である。一連の異なる濃度の標準溶液（standard solution）の信号強度を，濃度に対してプロットして検量線を作成する。未知試料の信号強度を測定し，検量線に当てはめて濃度を求める方法である（図 11.2a）。一般的に，適当な濃度範囲内で，検量線は原点を通る直線となる。

ところで未知試料中の共存物質が，目的化学種の信号強度に大きく影響を与えることがある。共存物質の種類や濃度が特定しにくい場合，検量線法ではなく標準添加法（standard addition method）を用いる。この手法では，未知試料の一定量を数個分取し，それぞれに目的化学種の標準溶液の異なる量を添加し，一連の溶液（X, X+S$_n$）を調製して測定する（図 11.2b）。信号強度を，添加濃度（0, S$_1$, S$_2$, S$_3$, …）に対してプロットし，マイナス方向に外挿する。信号強度が 0 となる点の濃度値（xy 座標 x 切片の絶対値）を目的

化学種の濃度とする方法である。ただし，この手法は，目的化学種の標準溶液による検量線が，原点を通る良好な直線性を示す場合にしか適用できない。

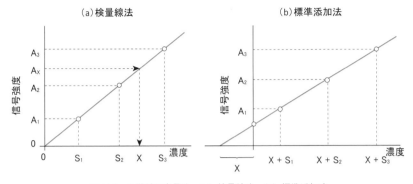

図 11.2　化学種の定量法　(a) 検量線法，(b) 標準添加法

11-2 測定量の値の確からしさの表現

11-2-1　従来の誤差論と不確かさ導入の背景

確からしい値の範囲を表示する方法では，値がばらつく範囲を統計的モデルに当てはめて表示する。

同一対象に対して多数回の測定を行うと，測定量の値は図 11.1 に示したようにある極大値を中心とした分布になり，さらに，この分布が正規分布に近いことが経験的に知られている。そこで，従来の測定量の誤差の取り扱いは，この分布の中心の値と真値（true value）とのずれを (1) 系統誤差（systematic error），(2) 偶然誤差（random error）に分類した上で，測定結果に基づいてそれぞれの誤差を見積るという考え方で構成されていた。

しかし，この取り扱いには本質的に大きな問題があると考えられる。それは，いかなる場合においても測定対象の真値は決して知り得ないということである。校正を行えば系統誤差は求めることができると思われるかも知れないが，校正に用いた標準試料がどの程度の系統誤差をもっているのかわからず，また，測定条件設定の制限上，系統誤差を生じる可能性がある要因を十分にコントロールできないため，たとえ校正を行ったとしても，厳密には系統誤差を求めることはできない。このように，原理的に知り得ない値を一定値であると仮定した取り扱いが果たして有効なのか，ということに疑問が持たれたことから，誤差を系統誤差と偶然誤差に分類して取り扱うという従来の方法に代えて，これらを統一的に取り扱う「不確かさ」（uncertainty）が導入された。

「不確かさ」の取扱いは統計的誤差論とよく似ているが，根本的な考え方が異なっている点に留意する必要がある。以下，不確かさに関する基本的な考え方と取扱いを概説する[*]。

系統誤差
　系統誤差は，測定結果にかたよりを与える原因によって生じる誤差であり，機器誤差や操作誤差，方法誤差などがある。原因が確定できれば，回避あるいは補正可能なものである。

偶然誤差
　偶然誤差は，突き止められない原因によっておこり，実験的な不確実さに起因する。物質や測定法の統計学的性質に起因するランダムな誤差であり，確率論によって評価される。

[*]　詳細は次の成書等を参照。飯塚幸三・監修「計測における不確かさの表現のガイド—統一される信頼性表現の国際ルール」日本規格協会（1996）。上本道久「分析化学における測定値の正しい取扱い方」日刊工業新聞社（2011）。

11-2-2　不確かさの概念構成

　新しい概念である「不確かさ」は誤差を系統誤差と偶然誤差に分類しないで，測定によって実際に得られる値を出発点として，測定量にばらつきを与える個々の「不確かさ」の大きさ（標準不確かさ，standard uncertainty）を合理的に見積り，これらを合成して合成標準不確かさ（combined standard uncertainty）を計算し，総合的な不確かさ（拡張不確かさ，expanded uncertainty）を求めて，真値を含むことが妥当と判断される値の範囲を表そうとするものである。

　従来の誤差論と不確かさの対応関係を図 11.3 に示す。不確かさの考え方では，「系統誤差」も測定量にばらつきを与える要因として偶然誤差と区別しないで取り扱う。この点が従来の誤差論との大きな違いである。

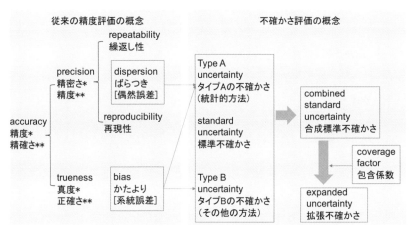

図 11.3　従来の精度評価と不確かさ評価の対応関係

*JIS Z 8103 による用語，**JIS Z 8402 による用語。教科書によっては，"accuracy" を「正確さ」として，"trueness" の意味で用いている場合もある。
（今井秀孝，計測と制御，**37**, 300 (1998) を一部改変）

11-2-3　不確かさのタイプと見積り方法

　すべての測定量は，何らかの原因でばらつきが生じ，その結果，不確かさを持つ。不確かさの取扱いにおいては，そのばらつきを発生させる要因を 2 つのタイプに区分して取り扱う。

　タイプ A の不確かさ：ばらつきの要因は不明であるが，繰り返し測定によって正規分布に近いばらつきであることを統計的に確かめることができるものである。タイプ A の不確かさの大きさ（標準不確かさ）には，統計的方法で推定された正規分布の標準偏差を用いる。たとえば，n 回の繰り返し測定によって正規分布で近似できる $x_i (i = 1, 2, \cdots, n)$ の値が得られたとすれば，タイプ A の不確かさには次の式で表される平均の標準偏差 $\bar{s}$ を用いる。

$$平均の標準偏差 \ \bar{s} = \frac{1}{\sqrt{n}}s = \sqrt{\frac{\Sigma_i(x_i - \bar{x})^2}{n(n-1)}} \qquad (11.6)$$

Aの不確かさは従来の偶然誤差に近いものである。しかし，従来の意味での系統誤差であってもタイプAに含めることができるものがあることに留意する必要がある。

タイプBの不確かさ：タイプA以外の不確かさはすべてタイプBに分類する。タイプBは測定量に影響を与える要因のうち，統計的に確かめることはできないが合理的根拠に基づいてばらつきの範囲を推定することができるタイプのものである。タイプBの不確かさを推定するときには，その要因に応じて分布の型を合理的に判断することが求められる。多くの場合，正規分布，矩形分布あるいは三角分布のいずれかとすることが一般的である（図11.4）。例えば，測定機器の仕様や校正値などのように不確かさが標準偏差に特定の乗数を掛けた値で表されている場合は，その乗数で割った値が標準不確かさとなる。一方，矩形分布，三角分布のそれぞれにおいて分布の下限値，上限値をそれぞれ $-a$, a とすると，すなわち分布の半値幅を a とすると，標準不確かさはそれぞれ $a/\sqrt{3}$, $a/\sqrt{6}$ である。これらの値はそれぞれの分布の分散の平方根の値である。

タイプAまたはBへの区分は，不確かさを生じる要因や不確かさの実測可能性に基づいて個別に判断するが，その一例を11-2-5節で述べる。

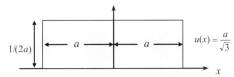

(a) 矩形分布：限界値のみが与えられていて，分布が不明な場合

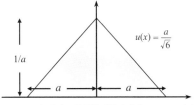

(b) 三角分布：限界値が与えられていて，中心に近くなるほど高頻度となる場合

図 11.4 タイプBにおける代表的な分布曲線

11-2-4 合成不確かさ

測定量に複数の要因の不確かさが影響するとき，要因ごとに求めた個々の不確かさを合成することが必要である。不確かさの合成では，統計学上の誤差の伝播則と同じ取扱いをする。すなわち，個々の要因の標準不確かさを

u_i，感度係数を c_i（i は各要因）とすると，個々の要因が互いに無関係であるときには合成標準不確かさ u は式 (11.7) で計算される[*1]。

$$u^2 = \Sigma(c_i u_i)^2 \tag{11.7}$$

感度係数は個々の要因の変化量に対する測定量に及ぼす変化量の割合，すなわち，個々の要因の変化量を測定量の変化量に換算するための係数である。

誤差伝播則と同様，すべての要因が積または商の形で測定量と関係づけられているときには，標準不確かさ u_i の代わりに相対標準不確かさ u_i/x_i（x_i は要因 i の代表値）を用いると，合成相対標準不確かさ u/x（x は測定量の代表値）を式 (11.8) で計算することができる。

$$(u/x)^2 = \Sigma(u_i/x_i)^2 \tag{11.8}$$

以上のようにして求めた合成標準不確かさ u を測定量の不確かさとして測定量に併記する。この場合，測定量の真の値は（測定量の表示）±（合成標準不確かさ）の範囲内にあると合理的に推定できたものとして取り扱う。仮に測定量が正規分布しているとすれば，真の値がこの範囲内にある確率は 68% である。

真の値が存在すると推定した範囲の幅をさらに広げて信頼性をより高めるために，拡張不確かさ（expanded uncertainty）が用いられることがある。拡張不確かさは標準不確かさに包含係数(coverage factor)を乗じたものであり，包含係数の値としては一般には2, 3 あるいはこの間の値が用いられる。拡張不確かさを表示するときは包含係数を併記しなければならない。

11-2-5 不確かさ見積りの実例

測定量の不確かさを見積もるには，一般に下記の手順を経る。

(1) 対象とする測定量を明確にする（操作的定義）。

(2) 測定量にバラツキを与える要因を列挙する。

(3) それぞれの要因について標準不確かさを計算する。

(4) 合成標準不確かさを計算する。

(6)（必要なら）包含係数を設定して，拡張不確かさを計算する。

一般には，これらの手順を一覧できるようにしたバジェット表（不確かさの評価の結果）を作成する。以下に具体的な事例について不確かさの計算例を示す[*2]。

[事例] 金属を溶解して調製した標準溶液の濃度の不確かさ

この事例では，メーカーによって純度が保証されている高純度金属約100 mg を電子天秤で秤量して硝酸で溶解し，メスフラスコで定容100 mL に希釈して調製するという手順を想定する。この場合，濃度 c の計算は次の式で行う。

*1 産業技術総合研究所などは，不確かさの取扱いを普及するために，不確かさの解説や講習用資料などをウェブページで広く公開している。「不確かさ site:aist.go.jp」で検索できる。

*2 A. Williams, S. Ellison 編，日本分析化学会・監訳「分析値の不確かさ - 求め方と評価」丸善出版（2013）.

$$c = \frac{mP}{V} \tag{11.9}$$

ここで，各記号は以下の通りである。

c：標準溶液の濃度

m：金属の質量

P：金属の純度

V：標準溶液の体積

次に，計算に用いる各量の不確かさを見積もる。

金属の純度：金属の純度は地金の純度と表面の不純物（主として酸化物）によって決まる。メーカーの保証書には，通例，純度を保証するための表面洗浄を行った後の純度が記載されているので，指定された操作を行う必要がある。保証書に 99.99 ± 0.01 ％ と記載されていたとすれば，$P = 0.9999 \pm 0.0001$ である。また，不確かさの分布に関する情報はないが，純度がこの範囲内にあると考えて不確かさはタイプBの矩形分布であると考えることが妥当である。

金属の質量：金属の質量は，風袋と金属の合計質量から風袋質量を差し引いて求める。この値が 0.10028 g であったとする。この場合，電子天秤の表示値の不確かさの要因には，(a) 繰り返し性，(b) 最小桁表示未満の丸め誤差の変動，(c) 表示目盛り校正の不確かさ（感度と直線性），が考えられる。さらに，空気による浮力の影響も考慮することが必要である。空気による浮力の影響は，測定対象である金属の密度が校正用分銅（多くの場合，ステンレス鋼製）の密度に近ければ，電子天秤の表示値の不確かさに比べて無視できる。電子天秤の表示値の不確かさを要因ごとに見積もって合成することは非常に複雑なので，ここでは電子天秤の校正証明書とメーカーが提供する不確かさ推定の推奨情報を上記 (a) ～ (c) を含む表示値の合成不確かさとして用いることにする。ここでは，この値が 0.05 mg であったとし，タイプAであると考える。

標準溶液の体積：標準溶液の体積，すなわち使用するメスフラスコの体積の不確かさの要因には，(1) 標線の位置による体積の不確かさ，(2) 繰り返し性，(3) 温度の影響，がある。

(1) 標線の位置による体積の不確かさ

器具の校正をしないで公称値（器具に表示されている体積値）をそのまま用いるとすれば，体積は公差の範囲内に分布する。JIS クラス A の 100 mL メスフラスコの公差は ±0.1 mL と規定されているので，この規格のメスフラスコを使用すれば，公差の値をこの不確かさとして採用する。公差の範囲内での体積の分布は未知なので，この不確かさはタイプBである。ただし，

なるべく公称値に近い値になるよう管理されている製造プロセスを考慮すると，公称値に近いほど高頻度の分布をすると考えられるので，分布形は矩形分布ではなく三角分布であると考える。このとき，標準不確かさは 0.1 mL ÷ $\sqrt{6}$ = 0.04 mL となる。

（2）繰り返し性

主として液面と標線（目視）の一致の程度によるものであり，その分布は正規分布で近似できると考えてよい。この不確かさは，調製に用いるメスフラスコと同じ規格のフラスコ（「調製に用いるフラスコ」と同一でなくてもよい点に注意）を使って，温度がほぼ一定に制御された条件下で水を繰り返し測り取って秤量することによって推定することができる。たとえば，10回の測り取りを行って求めた標準偏差が 0.02 mL であったとすれば，この値をこの要因によるタイプ A の標準不確かさとして使うことができる。なお，この値は一度求めておけば，同じ規格のフラスコに対して適用することができる。

（3）温度の影響

メスフラスコを使用する温度がメーカー指定の温度（JIS では 20 ℃と規定している）とは異なることによる不確かさである。たとえば，特に空調をしていない実験室で室温が 20±4 ℃の範囲で変動しているとする。メスフラスコの素材であるホウケイ酸ガラスの体膨張率は水の体膨張率の約 1/25 なので，温度の体積への影響は水の体膨張のみを考慮したので十分である。水の体膨張率は 0.21×10^{-3} ℃$^{-1}$（20 ℃）であるから，±4 ℃に対応する体積の不確かさは

$$0.21 \times 10^{-3} \text{℃}^{-1} \times (\pm 4 \text{℃}) \times 100 \text{ mL} = \pm 0.084 \text{ mL}$$

となる。この場合，特に室温制御をしていないので，室温分布に関する情報はなく，不確かさはタイプ B で矩形分布であると考えるのが妥当である。このとき，標準不確かさは 0.084 mL ÷ $\sqrt{3}$ =0.05 mL となる。なお，空調等で室温制御しているとすれば，制御温度範囲と分布形を実測した上でタイプ A の不確かさとして取り扱うこともできる。

以上の (1), (2), (3) の要因がすべて和の形で合成されるとすれば，体積の合成標準不確かさ $u(V)$ は，式 (11.7) により次の式で合成される。

$$u(V) = \sqrt{0.04^2 + 0.02^2 + 0.05^2} = 0.07$$

以上の結果をもとにバジェット表を作成すると表 11.1 のとおりになる。まず式 (11.9) を使って濃度 c を計算すると，下記の通りとなる。

$$c = \frac{100.28 \text{ mg} \times 0.9999}{100.0 \text{ mL}} = 1.0027 \text{ mg/mL} = 1002.7 \text{ mg/L}$$

　式(11.9)はP, m, Vの積または商となっているので，cの相対合成標準不確かさ$u(c)/c$は，式(11.8)のように表11.1右端の相対標準不確かさを使って以下のように合成される。

$$\frac{u(c)}{c} = \sqrt{0.000058^2 + 0.0005^2 + 0.0007^2} = 0.0009$$

$$u(c) = c \times \frac{u(c)}{c} = 1002.7 \text{ mg/L} \times 0.0009 = 0.9 \text{ mg/L}$$

　表11.1に示した要因ごとの相対標準不確かさを比較すると，金属の質量と水溶液の体積が合成標準不確かさに同程度に寄与しており，金属の純度の不確かさの寄与はほとんどないことがわかる。

　拡張不確かさを表示するときの包含係数には2を用いることが多く，この場合についても同様に扱うことにする。以上の結果に包含係数2を掛けて拡張不確かさ$U(c)$を求めると，

$$U(c) = 0.9 \text{ mg/L} \times 2 = 1.8 \text{ mg/L}$$

となる。

表 11-1　金属を溶解して調製した標準溶液の濃度の不確かさのバジェット表

要因	値 x	不確かさ	タイプ	標準不確かさ $u(x)$	相対標準不確かさ $u(x)/x$
金属の純度 P	0.9999	0.0001	B（矩形）	0.000058	0.000058
金属の質量 m	0.10028 g	0.00005 g	A	0.00005 g	0.0005
標準溶液の体積 V	100 mL	（本文中に示したとおり）		0.07 mL	0.0007

11-3　トレーサビリティ

　不確かさの考え方は計測のトレーサビリティ（traceability）と深く結びついている。すべての測定には何らかの測定装置を用いるが，測定装置の表示自身もその測定装置に固有の不確かさを持っている。この不確かさがどの程度なのかを求めるためには，その測定装置よりも不確かさが小さい測定装置や標準試料を用いる必要がある。このような操作を測定装置の校正（calibration）という。ところが，校正に用いる測定装置や標準試料も不確かさを持っているので，さらに不確かさが小さい測定装置や標準試料で校正することが必要である。このように，校正の連鎖によって不確かさがより小さな上位の標準をさかのぼっていくと，最後は単位の基本となる国家標準[*]にたどり着く。単位の基本となる国家標準は，後述するSIの基本単位を再現する装置である。このように下位末端の測定が校正によって連鎖的につながることを測定のトレーサビリティと呼ぶ。測定量や測定量が持つ不確かさは，このように校正の連鎖によって最終的に国家標準に結び付けられるように取り扱われなければならない。

> **標準物質**
> 　標準物質（reference material）または標準試料（standard sample）は，純度あるいは特定成分の含有量等が明確化された物質である。鉄鋼や岩石，底質，植物，生体，食品など多様な標準物質が米国国立標準技術研究所（NIST），日本分析化学会など各国の研究機関，学術団体等から供給されている。

[*]　日本では，産業技術総合研究所が日本の国家標準の整備および維持を行っている。

159

多くの場合，測定装置には校正証明書が添付されており，ある一定の条件で使用したときにその測定結果にどの程度の不確かさがあるのかが記載されている。校正証明書の記載は単位の国家標準につながるトレーサビリティが確保されているので，指定された条件を守って測定装置を使用する限り，トレーサビリティが確保された形で計測を行っていることになる。

11-4 国際単位系（SI）

測定量は，量の大きさの基準となる単位とそれが何個分なのかを表す数値を組み合わせて，（数値）と（単位）をこの順に並べて記載する。この記載では，形式的には（量）＝（数値）×（単位）の形となっている。量どうしの計算を行う場合には，数値だけでなく単位も含めて計算式に代入して計算すると，計算結果は自動的に求めたい量の数値と単位の積の形となる。

量の表現に用いる単位は，原則として SI（Le Systeme International d'Unites, 国際単位系）を用いることとなっており，その定義と用法は厳密なルールによって規定されている。詳細は国際文書を参照してもらいたい。ここでは分析化学・計測化学でよく使われる非 SI 単位についての留意事項を述べる[*1]。

（1）体積：単位リットル（記号：l, L）は SI 単位ではないが，SI 単位と併用することが認められている。また，単位記号は小文字であるが，数字の 1 と紛らわしいときには例外的に大文字 L を使っても良いこととされている[*2]。大きさは厳密に $1\,L = 10^{-3}\,m^3$ である。$10^{-1}\,m = dm$ であることから，$1\,L = 1\,dm^3$ となるので，L のかわりに接頭語付き SI 単位である dm^3 もよく使われる。

（2）濃度：化学分野では伝統的に溶液濃度として溶液 1 L あたりの溶質物質量を表す物質量濃度（体積モル濃度，molarity）が多用される。SI 単位を用いた単位記号は $mol\,dm^{-3}$（または mol/dm^3）であるが，$mol\,L^{-1}$（または mol/L）もよく用いられる。mol/L と同じ大きさの単位記号として M がよく用いられる。ただし，単位記号 M は SI では規定も言及もされていない。

濃度を質量分率で表示するとき，たとえば混合物 1 g 中の成分が 1 mg のとき，その成分の質量分率を 1 mg/g のように表記することがある。SI には同一量の比をもとの量の単位を残したまま表記するという規定はないが，JIS Z 8202-0:2000 ではもとの量の単位を残した表記を許容している。

（3）圧力：標準大気圧（記号：atm）は SI 単位ではないが，SI ではその大きさを $1\,atm = 101325\,Pa$ と定義している。ただし，使用は避けるべきとされている。トル（記号：Torr）は真空に近い低圧系実験で用いられていたが，SI ではその大きさを $1\,Torr = 101325/760\,Pa$ と定義したうえで，使用は避けるべきとしている。なお，データブックでは標準圧力として 1 atm を採用しているものと $1 \times 10^5\,Pa$ を採用しているものがあるので，標準圧力の値

国際単位系（SI）
国際度量衡局・編，産業技術総合研究所計量標準総合センター・訳，国際文書 第 8 版（2006）国際単位系（SI）日本語版（2006）https://www.nmij.jp/library/units/si/R8/SI8J.pdf ）（2019/1/1 閲覧）なお，2018 年秋に開催された国際度量衡総会で SI 基本単位のうち，キログラム（質量），ケルビン（温度），アンペア（電流），モル（物質量）の定義の改定が決議され，2019 年 5 月 20 日から施行された。詳細は下記ページを参照。また，これにあわせて，国際文書第 9 版が刊行された。https://www.bipm.org/en/publications/si-brochure（2019/8/30 閲覧）

＊1　岩本振武，ぶんせき，**2017**(8), 340-346 (2017).

＊2　SI では，人名に由来する単位記号には大文字，それ以外には小文字を割り当てることとしている。リットルは人名由来ではないので，大文字を許容するのは例外的取り扱いになる。

には注意が必要である。

11-1　測定値を用いて計算する標準偏差に，式 (11.3) の σ ではなく式 (11.4) の s を用いるのはなぜか。

11-2　同一の測定を複数回繰り返したとき，他の値から大きく外れた値が得られることがある。このような値を棄却するかはどのようにして判断するか。

11-3　シュウ酸 2 水和物〔$(COOH)_2 \cdot 2H_2O$〕を用いて調製したシュウ酸水溶液による NaOH 水溶液の標定に対して，標定された NaOH 濃度の「不確かさ」を求めるためのバジェット表を作成するとき考慮すべき要因を列挙せよ。

12 pH測定と電位差分析法

多くの化学および生化学反応は，pHの影響を受けるので，緩衝液を用いてpHを調整しなければならない機会がしばしばある。通常，pHはガラス電極（glass electrode）と参照電極*間に生じる電位差（起電力）の測定から得られる。pHは水素イオン濃度 $[H^+]$（または活量 a_{H^+}）に結び付けられている。結局，2つの電極間の電位差，すなわち，1つのガルバニセル（電池）の起電力 E_{cell} によって，$[H^+]$ または a_{H^+} が求められる。このようにpH測定は電位差分析法の一種である。

電位差分析法などが含まれる電気分析法は，次のような手法に分類される。

(1) 電量分析法（クーロメトリー coulometry） 電気分解によって流れる電気量から，ファラデーの法則に基づいて物質を定量する。クーロメトリーの電気分解法には，定電圧あるいは定電流でおこなう2方式がある。

(2) ボルタンメトリー（voltammetry） 微小電極にかけた電圧（電位）E と流れる電流 I の関係，すなわち電流－電位曲線を調べる。電解電流値が急激に変化する電位に基づき，物質が同定され，電流値からは定量がおこなわれる。微小な静止電極の電位を掃引するサイクリックボルタンメトリー（cyclic voltammetry, CV）が主流となっている。

(3) 電位差分析法（ポテンシオメトリー potentiometry） 2つの電極（半電池）が構成する電池（ガルバニセル）の起電力によって，イオンなど溶存物質の濃度（または活量）を測定する。目的イオンに感応する指示電極と，目的イオンとは無関係に一定電位を保つ参照電極から構成される。

(4) 導電率法（conductometry）電解質溶液の電気抵抗（交流インピーダンス）を測定し，その逆数である電気伝導度（導電率）の値から，電解質濃度や弱電解質の解離度などを求めることができる。

本章では，電位差分析法を取り上げる。まずpHの測定法，次に特定のイオン（陽イオンまたは陰イオン）にのみ感応するイオン選択性電極（ion selective electrode）について解説し，最後に，電位差測定により終点検出する電位差滴定法について述べる。

---

*　参照電極については，第8章（8-3-5節）参照。

電位差分析法による pH 測定

12-1-1 pH の定義と標準緩衝液

酸性あるいは塩基性の強さに関係する水素イオン濃度 [H$^+$] は，水素イオン指数として，対数値に負の符号をつけて pH として表わすとされた（第3章 3-4-1 節）。

$$pH = -\log[\text{H}^+]$$

ところが pH の測定は，水素電極[*1]と参照電極からなる電池の起電力に基礎を置いているので，pH に関係するのは水素イオン活量 a_{H^+} であり，正確には水素イオン濃度 [H$^+$] ではない。それゆえ厳密には，pH は次式のように定義される。

$$pH = -\log a_{\text{H}^+} \tag{12.1}$$

これで pH は正しく定義された。しかしこの定義は「理想的な定義」であり，現実的には，必ずしも万全ではない。なぜなら，溶液中の単独イオン活量（a_+, a_-）は実験によって求められることはなく，平均活量 $a_\pm$[*2]のみが測定されるからである。式(12.1)に矛盾することなく，実験的に可能な（操作上の）pH の測定法が定義されている。

現在，国際的に標準とされている pH の定義は操作的なものである。水素イオンを含有する溶液 X および S についての水素電極の電位（または起電力）を E_X および E_S とする。これらの電位（または起電力）はいずれも，同一の温度および H$_2$ 圧力の条件下で，また同じ基準電極に対して測定された値である。溶液 X の pH すなわち pH(X) と溶液 S の pH(S) の間には，次の関係がある[*3]。

$$pH(X) = pH(S) + \frac{E_X - E_S}{2.303 RT/F} \tag{12.2}$$

この水素電極は，よい近似で水素イオンに感応する他の電極，たとえばガラス電極やキンヒドロン電極[*4]などで置き換えることができる。2つの溶液間の pH の差が定義されたので，pH(S) を（人為的に）指定すると，pH(X) が決定できる。

pH の標準溶液としては，表 12.1 の溶液が採用されている。これらはいずれも pH 緩衝液または緩衝作用を有する水溶液である。しかし，校正に用いる標準溶液が異なると，ある1つの溶液の pH は同一値にはならず，わずかではあるが異なってくる。普通に調製された標準溶液の正確さは，± 0.01pH 程度である[*5]。その他の誤差は，水素イオン電極（ガラス電極）の応答の不完全性，塩橋による液間連絡の電位誤差（わずかな相違）などによって引きおこされる。

1種類ではなく複数の pH 標準溶液，すなわち S$_1$ および S$_2$ を基準として，溶液 X の pH を決定する方法も可能である。このやり方は，2点補正である。

*1 pH の測定は，原理的には水素電極による。水素電極 (H$^+$ + e$^-$ $\rightleftarrows$ 1/2 H$_2$) の電位は $E = -0.05916 \log \dfrac{p^{1/2}}{a_{\text{H}^+}}$ (25 ℃) (p は電極表面上の水素分圧) によって決定される。

*2 1:1型電解質について，平均活量 $a_\pm = \sqrt{a_+ a_-}$ である。ほかの電解質が共存すれば複雑になる。

*3 式(12.2)中の RT/F については，第8章 8-3 節を参照（R: 気体定数，T: 絶対温度，F: ファラデー定数）。

*4 p-ベンゾキノンとヒドロキノンの等モル濃度混合物をキンヒドロンといい，その水溶液に Pt など不活性電極（金属）を浸した電極である。

*5 海水の pH 測定は，0.01 − 0.001 の精度が望ましいとされる。[K. Grasshoff, K. Kremling, M. Ehrhardt, *Methods of Seawater Analysis*, Wiley-VCH (1999)]

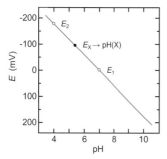

図 12.1　2 点補正による pH の決定

溶液 S_1 および S_2 についての電位（または起電力）を E_1 および E_2 とする。E_X, E_1 および E_2 に対応する pH の関係は次式となり，pH(X) が求められる（図 12.1 参照）。

$$\frac{\mathrm{pH(X)}-\mathrm{pH(S_1)}}{\mathrm{pH(S_2)}-\mathrm{pH(S_1)}} = \frac{E_X - E_1}{E_2 - E_1} \tag{12.3}$$

この方法はガラス電極を用いる場合に，特に推奨される。ガラス電極の電位変化は，ネルンスト式による厳密な理論値（25 ℃において $0.05916/\Delta\mathrm{pH}$）に，常に従うとは限ないからである。

表 12.1　pH の標準溶液，pH(S) の値

温度 (℃)	酒石酸水素 カリウム (25℃で飽和 したもの)	0.05 mol kg^{-1} フタル酸水素 カリウム	0.025 mol kg^{-1} KH$_2$PO$_4$ 0.025 mol kg^{-1} K$_2$HPO$_4$	0.01 mol kg^{-1} NaB$_4$O$_7$・ 10H$_2$O	0.025 mol kg^{-1} NaHCO$_3$ 0.025 mol kg^{-1} Na$_2$CO$_3$
0		4.000	6.984	9.464	10.317
5		3.998	6.951	9.395	10.245
10		3.997	6.923	9.332	10.179
15		3.998	6.900	9.276	10.118
20		4.000	6.881	9.225	10.062
25	3.557	4.005	6.865	9.180	10.012
30	3.552	4.011	6.853	9.139	9.966
35	3.549	4.018	6.844	9.102	9.926
37	3.548	4.022	6.841	9.088	9.910
40	3.547	4.027	6.838	9.068	9.889
50	3.549	4.050	6.833	9.011	9.828

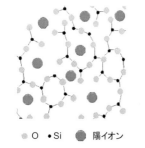

○ O　● Si　● 陽イオン

図12.2　ケイ酸塩ガラス網目構造中の陽イオン（平面への投影図）

12-1-2　ガラス電極

上記のように，溶液の pH は水素電極の電位によって定義された。しかし実際の pH 測定では，水素電極に代わって，水素イオンに選択的なガラス電極が用いられる。ガラス電極は，H^+ とケイ酸塩ガラス表面間の強い親和力を利用している。ケイ酸塩ガラス中には，Na^+ および Ca^{2+} が含まれているが，これらの陽イオンは非晶質の SiO_2（または SiO_4 四面体）網目構造の中で，負電荷を帯びた酸素原子と結合している（図 12.2）。これら陽イオンのうち Na^+ はガラス内部を移動することができる。またガラス表面付近の Na^+ は水溶液中の H^+ とイオン交換する。こうしてガラス膜の両面に接した溶液の pH が異なっていると，ガラス膜両面間に電位差が生じるのである。図 12.3 に pH 測定用ガラス電極を示す。

ガラス表面は，水に浸すと膨潤する性質があり，厚さ $10^{-5} \sim 10^{-4}$ mm の水和ゲル層が形成されるが，ガラス本体内部は乾燥ガラス層のままである。ガラス表面にできた水和ゲル層の Na^+ は，溶液との界面で溶液側の H^+ と置

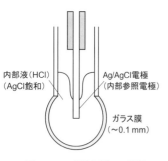

内部液（HCl）
（AgCl飽和）

Ag/AgCl電極
（内部参照電極）

ガラス膜
（～0.1 mm）

図 12.3　pH 測定用ガラス電極

き換わる，すなわちイオン交換反応がおこる（図 12.4）。水和ゲル層に取り込まれる H^+ の量は，溶液の pH に依存し，他方の水和ゲル表面も同様である。これら 2 つの水和ゲルの間で電荷移動がおこるが，膜の電気抵抗は大変大きく，通常 $10^8\ \Omega$ 程度であり，実際に流れる電流はごく小さい。

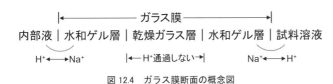

図 12.4　ガラス膜断面の概念図

このように，内部液および試料溶液に接する水和ゲル層の H^+ は，ガラス膜を貫いて，互いのどちらかに移動しているように見える。しかし H^+ 自身は乾燥ガラス層を移動することはできず，電荷移動は H^+ に代わって陽イオン Na^+ が担う。いずれにせよ，このように内部液と試料溶液がガラス膜によって隔てられた状態では，陽イオン H^+ だけが電位決定に関与し，陰イオンは直接関与しない。こうして，ガラス電極を用いた計測により，H^+ 単独の活量 a_{H^+} が測定できるように見える[*1]。ガラス膜電位は，ガラス電極の内部参照電極と外部参照電極間の電位差（起電力）として測定され（図 12.5）[*2]，式 (12.2) により pH 値が算出される。この式は，25 ℃において次式のように書き替えられる。

　　ガラス電極の応答：$E =$ 定数 $+0.059\ \text{pH}$　　　　　　　　　（12.4）

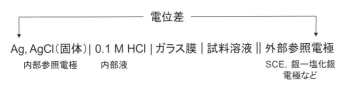

図 12.5　pH ガラス電極の電位差測定[*3]

12-1-3　pH ガラス電極のアルカリ誤差と酸誤差

（a）アルカリ誤差

水和ゲル層は水素イオンに強い親和性を持っているが，水素イオン以外のイオン，特にアルカリ金属イオンにも親和性を持つ。塩基性の高い溶液中では，水素イオン活量は著しく低下しており，Na^+ や K^+ などのイオンが界面での交換反応に関与してくる。このような場合，アルカリ誤差（alkaline error）が生じる。$\text{pH} > 12$ では，0.01 M 以上の Na^+ はガラス電極に影響を与え，pH の値は低く観測される。ケイ酸塩ガラス組成の Na 成分を Li 成分に替えると，Na^+ によるアルカリ誤差の影響は小さくなる。なお，電界効果

[*1]　a_{H^+} ではなく，実際には，平均活量 $a_{\pm}$ が測定されていると考えられる。もしガラス膜がないとすると，濃度の異なる HX 溶液（S_1 および S_2）の間には，濃度比（平均活量 $a_{\pm}$ の比）だけでなく，イオンの輸率（τ_+, τ_-）の差により液間電位 $E_0 = (\tau_+ - \tau_-) \times 0.059 \log \dfrac{(a_{\pm})_1}{(a_{\pm})_2}$ が発生する。ここで，2 液をガラス膜で隔てたとすると，陰イオンはイオン輸送に寄与しない（$\tau_+ = 1$, $\tau_- = 0$）ので，（ガラス膜）電位は $E = 0.059 \log \dfrac{(a_{\pm})_1}{(a_{\pm})_2}$ となる。

[*2]　市販の pH ガラス電極においては，通常，ガラス膜の支持体部分に外部参照電極が一体的に組み込まれている。このような電極は pH 複合電極と呼ばれる。

[*3]　外部参照電極が電池の右側であることに注意。

トランジスター（field effect transistor, FET）を用いた小型の pH メーターでは，アルカリ誤差は少ない。このような FET は，ISFET（ion-sensitive field effect transistor）センサーと呼ばれる。

（b）酸誤差

酸誤差（acid error）は，非常に酸性の強い溶液（pH < 1）で生じる誤差であり，pH 値は真値より大きく観測される。水和ゲル層内の水が H^+ の水和に使われるため，水の活量が小さくなる（$a_{H_2O} < 1$）ことに起因していると説明される。高濃度の共存電解質やエタノールなど非水溶媒の添加によっても水の活量は小さくなるため，同様の誤差が生じる。

12-2 イオン選択性電極

12-2-1 様々なイオン選択性電極

特定のイオン種に感応する薄膜の両側に，濃度の異なる溶液を接触させると膜電位が発生する。この膜電位を計測することによってイオン種の濃度または活量を測定することができる。このような電極をイオン選択性電極（ion selective electrode, ISE）またはイオン電極（ion electrode）という。たとえば pH ガラス電極は，H^+ に選択的に応答するのでイオン選択性電極である。イオン選択性電極は，簡便に迅速計測できるため，臨床検査の一部として Na^+, K^+, Cl^-, pH および P_{CO_2} の測定に利用されており，また河川水質モニターや食品中の塩分濃度計など身近に用いられているものが多い。

イオン選択性電極は次のように分類される。

（1）H^+ および 1 価陽イオン用のガラス電極
（2）固体膜電極
（3）液膜型電極
（4）気体分離膜を備えた複合型電極

（1）H^+ および 1 価陽イオン用のガラス電極

12-1-2 節で示した pH 測定用ガラス電極は水素イオンに対して高い選択性をもっているが，そのガラス膜の主な成分は，Na_2O（22%），CaO（6%），SiO_2（72%）である。しかしガラス電極は，他の 1 価陽イオンにも応答するので，高い pH 領域ではアルカリ誤差が生じることはすでに述べた。アルカリ金属イオンにも応答するガラスの性質を利用すると，アルカリ金属イオンに感応するガラス電極（ISE）ができる。アルカリ金属イオン選択性ガラス電極は，アルカリ金属アルミノケイ酸塩でできている（表 12.2）。たとえば K^+ 測定用ガラス電極の電位は，適宜な参照電極に対して，25℃で，次式の電位差を与える。

$$E = E' + 0.059 \log a(K^+) \tag{12.5}$$

ここで，E' はこの系の定数である。

表 12.2 陽イオン感応性ガラス電極のガラス組成の例

測定される陽イオン	ガラス組成（%）			選択性の概算値
	Na$_2$O	Al$_2$O$_3$	SiO$_2$	
Na$^+$	11	18	71	K_{Na^+, K^+}^{Pot}, 3.6×10^{-4} (pH 11 で)
K$^+$	27	5	68	K_{K^+, Na^+}^{Pot}, 0.05
Ag$^+$	28.8	19	52.2	K_{Ag^+, H^+}^{Pot}, 10^{-5}

G. A. Rechnitz, *Chem. Eng. News*, **45**, 146 (1967). 選択性については 12-2-2 節参照。

　一般に，イオン選択性電極の示す電位差は，電荷 n のイオン i の活量 a_i に対してネルンスト応答し，25 ℃において式 (12.6) となる。

$$E = E' \pm (0.059/n) \log a_i \tag{12.6}$$

実用上は，$(0.055/n) \sim (0.059/n)$ の値で比例関係があれば，ネルンスト応答するといってよい。しかし，値が $(0.055/n)$ を下回るようになると，「擬」ネルンスト応答ということになるが，適当な検量線を作成できるのあれば，分析目的には使用できる。

　1：1 型電解質のイオン濃度が 10^{-3} M 以上では，イオン活量を基準にした応答曲線からは，ズレが生じるようになる（図 12.6）。このような場合，検量線および試料溶液のイオン強度を一定に保つようにして測定すれば，より正確な濃度が得られる。

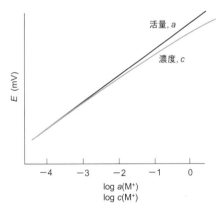

図 12.6　1：1 型電解質のイオンの活量および濃度を基準にしたイオン選択性電極の電位変化

（2）固体膜電極

　ハロゲン化物イオンを測定するために，たとえば，Cl$^-$ イオン選択性電極がある。電位差を発生する薄膜（厚さ 0.3 ～ 0.5 mm）は，ディスク状にプレス成型された AgCl であるが，電気抵抗および光電効果を低減するために，Ag$_2$S が混合されている。内部液 0.1 M NaCl は，AgCl 薄膜によって試料溶液（Cl$^-$）から隔てられている。内部参照電極と外部参照電極間の電位差 E は，

Cl⁻ 濃度（または活量）にネルンスト応答する [式 (12.7)]。内部液中の Cl⁻ は，薄膜の片側の電位を一定に保つだけでなく，内部参照電極（Ag/AgCl 電極）の電位を一定に保つ役割も果たす。

$$E = E' - 0.059 \log a(Cl^-) \tag{12.7}$$

臭化物およびヨウ化物イオン選択性電極は，塩化物イオン選択性電極と同様な構造である。ネルンスト応答する濃度下限は，Cl⁻，Br⁻ および I⁻ について，それぞれ $10^{-4}, 10^{-5}$ および 10^{-6} M 程度である。溶解度積の大きさの関係からすると，AgI 電極（ISE）により，I⁻，Br⁻，Cl⁻ を測定できるが，AgCl 電極（ISE）で測定できるのは Cl⁻ だけである。

固体の膜として，単結晶を用いる例もある。LaF_3 薄膜は F⁻ の分析に用いられている。飲料水中の F⁻ の定量に適した電極であり，共存するアルミニウムや鉄による妨害はクエン酸やリン酸の添加により防ぐことができる。

（3）液膜型電極

液状のイオン交換体または錯形成剤（リガンド）を，有機溶媒（高級アルコール，ニトロベンゼンなど）に溶解させる。それにポリ塩化ビニル（PVC，平均重合度 1000〜1100 程度）を溶かしたのち，溶媒を蒸発させてゲル型の多孔質状の液膜とするか，あるいは多孔質のテフロンやセラミックに含浸して液膜とする。液膜型陽イオン電極の中では，Ca^{2+} 測定用電極が最初に実用化された。

このカルシウム電極は Ca^{2+} のイオン交換過程によって機能する。イオン交換体はリン酸の誘導体（ジエステル）$(RO)_2PO_2H$ であり，Ca^{2+} に強い親和力を持ち，プロトン解離しながら錯形成する[*1]。液膜内の $(RO)_2PO_2H$ は水との界面で，溶液中の Ca^{2+} とイオン交換するのである。イオン交換液膜は内部液（10^{-3} M $CaCl_2$）および試料溶液に挟まれており，両者間の Ca^{2+} イオン濃度または活量の差により，膜電位が生じる。外部参照電極との間の電位差は，次のネルンスト式で表される。

$$E = E' + 0.0296 \log a(Ca^+) \tag{12.8}$$

イオン交換体を溶解させる有機溶媒の種類によってイオン選択性は大きく変化する。フェニルホスホン酸ジオクチルを溶媒とすると，Ca^{2+} への選択性は特異的であり Mg^{2+} の妨害を受けない。しかしデカノールを用いると，Ca^{2+} および Mg^{2+} はほぼ同等の選択性となり，水の硬度を測定するのに適したイオン選択性電極となる。

クラウンエーテル類とアルカリ金属イオン間の錯形成反応を，液膜型電極に利用することができる。このようなイオン電極において，クラウンエーテル類は非イオン性のイオン輸送担体であり，「ニュートラルキャリア」と呼ばれている。ビス（ベンゾ-15-クラウン-5）[*2] は K⁺ との親和性が高い。有機

*1　$[(RO)_2PO_2]_2Ca$ 錯体

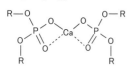

R：アルキル鎖，炭素数 8 〜 16

*2　bis[(benzo-15-crown-5)-4-methyl]pimelate

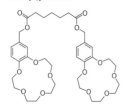

溶媒としては 2-ニトロフェニルオクチルエーテルを用い，PVC 液膜を作製する。このような K⁺ 測定用の液膜型電極は，Na⁺ に対する K⁺ 選択性が非常に優れており，臨床検査に応用されている。

K⁺ のイオンサイズからすると 18-クラウン-6 が適当であるが，このビス（ベンゾ-15-クラウン-5）はサンドイッチ状に K⁺ を挟ようにして結合する。実用化された ISE には，ビス型ではなく，モノ型が使用されているが，2：1 の比でうまく K⁺ を挟みながら結合できるような置換基が導入されている[*1]。

*1 緒方隆之，榊徹，島本敏次，日本臨床検査自動化学会会誌，**12**, 125 (1987).

（4）気体分離膜を備えた複合型電極

通常の pH ガラス電極のガラス膜の部分を，CO_2 透過膜で被覆し，溶液中に溶存している CO_2 量を pH 変化により求めることができる。このような複合型イオン電極により，血液中の CO_2 量が測定されている。

12-2-2　選択定数

イオン選択性電極の性能は，ネルンスト応答性だけでなく，各種妨害物質に対する選択定数（selectivity constant）で評価される。たとえば pH ガラス電極で H⁺ を測定するとき，Na⁺ がどれだけ影響を及ぼすかは，選択定数 K_{H^+, Na^+}^{Pot} で表わされる。この場合，選択定数は，ある一定濃度（または活量）の H⁺ と同じ電位応答を与える Na⁺ 濃度（または活量）の比であり，もし $c(H^+) = 10^{-12}$ M と同じ電位応答を $c(Na^+) = 0.01$ M が与えるとすれば，

$$K_{H^+, Na^+}^{Pot} = \frac{c(H^+)}{c(Na^+)} = \frac{10^{-12}}{0.01} = 10^{-10}$$

となる。選択定数が小さいほど妨害イオンの影響は小さい[*2]。

K⁺ 測定用ガラス電極の Na⁺ イオンに対する選択性（$K_{K^+, Na^+}^{Pot} = 0.05$）は，それほど優れたものではない。しかし液膜型 ISE において，錯形成剤（リガンド）として前述のビス（ベンゾ-15-クラウン-5）などを用いると，Na⁺ に対する K⁺ の優れた選択性（$K_{K^+, Na^+}^{Pot} = 3 \times 10^{-4}$）が得られる。

*2 この値の逆数値で選択定数が示されることがある。その場合は，選択定数が大きいほど，妨害イオンの影響は小さい。

12-3　電位差滴定

電位差滴定は，滴定の終点検出を指示薬の色変化ではなく，電位差測定によって行う容量分析法である。酸化還元滴定においては，滴定剤の滴下により電位変化がおこるため，電位の測定により終点決定ができる（第 8 章 8-5 節を参照）。酸化還元滴定以外の滴定においても，すなわち酸塩基滴定，沈殿滴定およびキレート滴定のいずれにおいても，電位差測定により終点が決定できる場合がある。電位差滴定法において，試料溶液中に対象イオンに感応する電極（指示電極）と参照電極を入れ，滴定しながら両極間の電位差を測定する（図 12.7）。

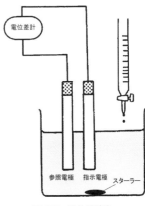

図 12.7　電位差滴定

　指示電極に銀電極（Ag 線）を用い，0.10 M AgNO₃（100 mL）を 0.10 M NaCl で滴定する例について考える。NaCl を滴下すると，AgCl 沈殿生成による Ag^+ 濃度変化（減少）にともない，構成された電池（参照電極(SCE)||Ag^+|Ag）の電位差（起電力，E_{cell}）は緩やかに低下していく。

$$E_{cell} = E^0_{Ag^+/Ag} + 0.059 \log [Ag^+] - 0.241$$
$$[+0.799] \qquad (SCE の電位)$$
$$E = E_{cell} = 0.558 + 0.059 \log [Ag^+] \qquad (12.9)$$

当量点に近づくと，$[Ag^+]$ は 0 に近づいていき，電位が急激に低下する。当量点付近を過ぎると，電位の低下は再び緩やかになる。滴下量（V mL）に対し電位（$E = E_{cell}$）をプロットしたグラフにおいて，当量点は変曲点 (inflection point) となっている。

　電位データを用いて，より正確に終点を求める方法として，グラン・プロット（Gran plot）法がある。この方法では，滴定率 0.8 または 0.9 ～ 1.0 範囲のデータを使う。滴下量（V mL）[x 軸] に対し，$V \times 10^{-E/0.059}$ [y 軸] をプロットしたグラフは直線となり，x 軸との交点（x 切片）が終点の値である。

　EDTA による Cu^{2+} のキレート滴定において，金属銅電極（Cu 線）または Cu^{2+} イオン選択性電極を指示電極として終点を検出することができる。当量点付近では，$[Cu^{2+}]$ は 0 に近づくため，電位は急激に低下する。

■■■■ **演習問題** ■■■■■

12-1　pH ガラス電極と外部参照電極により構成されたガルバニセル（電池）を pH 7.00 の緩衝液に浸したとき，25 ℃で 0.614 V の電位差を生じた。電位差が (a) 0.531，(b) 0.685 V を示す溶液の pH を計算せよ。

12-2　ガラス電極による pH 測定において，電位が 1.3 mV 変化したときの pH 変化はいくらか。また，この変化は水素イオン濃度（または活量）の何％の変化に相当するか。

12-3　指示電極に銀電極（Ag 線）を用い，飽和カロメル電極（SCE）を参照電極として，0.10 M AgNO₃（50 mL）の 0.10 M NaCl による電位差滴定をおこなったところ，当量点の電位は 0.265 V であった。ここで 25 ℃における SCE の電位は 0.241 V とする。次の各問題に答えよ。
　(1) 当量点におけるイオン強度を計算せよ。
　(2) 式 (12.9) を用いて，当量点における $[Ag^+]$ 濃度を計算せよ。
　(3) 当量点のイオン強度における AgCl の溶解度積 K_{sp} を求めよ。

13 高速液体クロマトグラフフィー

クロマトグラフ法（クロマトグラフィー chromatography）は，混合物から特定の物質（成分）を分離するための1方法である。今日では，分離した成分を何らかの検出法と組み合わせることによって，定性および定量を行うシステム化された分析方法となっている。クロマトグラフィーは，移動相の種類の違いにより，液体クロマトグラフィー（LC），ガスクロマトグラフィー（GC）および超臨界流体クロマトグラフィー（SFC）に大別されるが，どれを選択するのかは，分離対象物の性質や分子サイズ等に依存する。本書では液体クロマトグラフィーについて取り扱うことにし，第13章で，高速液体クロマトグラフィー（HPLC），第14章でイオンクロマトグラフィー（IC）の分離機構ならびに検出法や定量法を解説する。

> **クロマトグラフィー，クロマトグラフ，クロマトグラム**
> クロマトグラフィーは分析方法，クロマトグラフは用いる装置，クロマトグラムは得られた応答曲線を指す。

13-1 Tswett の原理と Kirkland の充填剤

ロシアの植物学者ツベット（M. S. Tswett）は，緑葉成分の研究を進める中で，緑葉成分が混合物であること，葉緑素が複数の種類を持つことに着目した。その際，葉緑素の成分の溶媒に対する溶解性や混合物の分離に関する考え方を実験に反映した結果，ろ紙（セルロース）や炭酸カルシウム，ケイ酸塩などを葉緑素の吸着の場として，それらの溶解のための溶媒を組み合わせた「分離」（＝原理）を発見した。薄層および液体クロマトグラフィーの基本原理となるツベットの研究は，固定相と移動相の概念を生み出した。

> **イオンクロマトグラフィー**
> イオンクロマトグラフィーは，主にイオン交換分離に基づく液体クロマトグラフィーの一種であるが，特に，無機イオン種や有機酸イオン等を効率的に分析するために開発された。

その後70年を経て，1971年にカークランド（J. J. Kirkland）がいわゆる"硬い"微粒子をつくることで，充填剤の新たな概念が生まれた。彼は世界初の球状充填剤を開発し，微小粒子（～5 μm）の完全多孔性充填剤の製造プロセスを確立した。それまでは，液体クロマトグラフィーの移動相（液体）の流れは重力に基づく自然滴下であったので，カラム通過に時間が長くかかり，成分帯が拡散して分離が悪くなることが多かった。新たに開発された充填剤は，送液ポンプによる加圧に耐えるので，移動相を高速で流すことが可能となった。液体クロマトグラフィー用カラムの性能は飛躍的に向上し，今日の高速液体クロマトグラフィー（high performance liquid chromatography, HPLC）の装置開発につながった。

> **高速液体クロマトグラフィー（high performance liquid chromatography, HPLC）**
> HPLCは，高圧液体クロマトグラフ（high-pressure liquid chromatograph）の誕生により始まった。日本工業規格では，HPLCは高性能液体クロマトグラフィーではなく，高速液体クロマトグラフィーが正式名称となっている。[日本工業規格 JIS K0124：2011 高速液体クロマトグラフィー通則 General rules for high performance liquid chromatography]

13–2 クロマトグラフィーの充填剤

　高速液体クロマトグラフィー（HPLC）に用いられる充填剤には，全多孔性型（ポーラス型）と表面多孔性型（ペリキュラー型）がある。全多孔性型 [図 13.1 (a)] の充填剤には，シリカゲルやポーラスポリマーがあり，直径 2 ～ 30 μm の球形粒子で多孔性である。このうちポーラスポリマーとしては，スチレン—ジビニルベンゼン共重合体の微粒子が主に用いられる。表面多孔性型 [図 13.1 (b)] の充填剤は，30 ～ 40 μm の不活性な核の表面に，厚さ 1 ～ 2 μm 程度の多孔性シリカやアルミナ等をコーティングしたものをいう。また，化学結合型 [図 13.1 (c)] とよばれる充填剤は，全多孔性粒子に対して化学的に修飾基を結合させたものをいう。

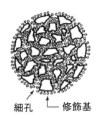

微細孔　　　　　　　　　　　　　　　　　　　　　細孔　　修飾基

全多孔性型（a）　　　　　表面多孔性型（b）　　　　化学結合型（c）

図 13.1　充填剤粒子の模式図

　充填剤としての粒子とその要素を考えると，1) 形状：破砕形や球形などの形状は，充填後のカラムの安定性に影響する。2) 粒子径：微量分析用に 1 ～ 5 μm のサイズから，分取用として数十 μm のサイズがあるが，充填の密度（g/cm³）に影響する。3) 粒度分布：粒度の分布幅が狭いほど良い分離につながる。

　これらの要素は，充填時の容易さ，カラム圧，カラムの性能（ピーク形状，理論段数など）および充填状態時（充填後）の安定性に影響してくる。粒子径が 1/2 になると，理論段数は 2 倍になるが，カラム圧（送液時の圧力）は 4 倍になる。さらに，4) 細孔径とその分布（平均細孔径：5 ～ 20 nm）と比表面積（50 ～ 500 m²/g）との間には相関があり，同一細孔径であれば，比表面積の小さいほど粒子内の空隙率が小さく，比重が大きい。同一比表面積であれば，細孔径の小さい方が，粒子内の空隙率が小さく比重が大きくなる。細孔径の影響は，高分子の試料（＝分析種）に対して顕著であり，大きい細孔径であれば，細孔内拡散が容易である。また，多孔質粒子を充填したカラムでは，多孔質層に留まる時間が長いため，低分子化合物を強く保持させることができる。しかし，固定相での分子移動が遅い高分子化合物では逆に試料バンドが広がる原因となり，結果的にピーク形状が悪化してしまう。

　次に，充填剤としてのモノリス型シリカゲルとその特徴について述べる。上述の多孔質球状シリカゲルとは異なり，2種類の大きさの（二重細孔構造に基づいた）細孔を有する棒形状の一体型シリカゲルをモノリス型シリカゲルという（図13.2参照）。これを充填したモノリスカラムは，シリカが網目状の構造となっており，構成するシリカ骨格が細く，多孔質の層も薄くなっている。そのため，移動速度が遅い高分子化合物であっても試料バンドが拡散しにくく，その結果として粒子充填型よりも良好なピーク形状が得られると考えられている。たとえば，タンパク質は分子量が大きいため，細孔径の小さい粒子充填カラムではピーク形状が崩れる傾向がみられるが，モノリス型カラムを用いるとその構造のため高分子化合物であってもピーク形状が崩れにくく，細孔径の大きな粒子充填カラムよりも優れた分離性能を示す。

多孔質
球状シリカゲル粒子

モノリス型
シリカゲル

図 13.2　球状シリカゲル粒子とモノリス型シリカゲルの拡大図
（GL Sciences Inc., *LC Technical Note*, LT116 (2012).）

13-3　分離機構に基づく液体クロマトグラフィーの分類

　分離機構に基づいた分離方法を分離モードという。分離モードは，吸着クロマトグラフィー，分配クロマトグラフィー，イオン交換クロマトグラフィー，サイズ排除クロマトグラフィーおよびアフィニティクロマトグラフィーに分類される。次に各分離モードについて，分離機構に基づく対象物の固定相への保持のメカニズムを考える。

（a）吸着クロマトグラフィー

　吸着クロマトグラフィーは，固体粒子表面の吸着力（＝吸着点に保持される程度）を利用して，対象物を分離する方法である。この固体粒子を吸着剤というが，固定相として用いる吸着剤としては，シリカゲル，セライト[*1]，アルミナ，フロリジル[*1]，活性炭等の無機材料や，ポリスチレン，ポリアクリルアミド等の有機材料が用いられている。

　シリカゲルでは，表面のシラノール基が主な吸着部位であり，対象物との水素結合によって吸着が起こるために，その状態の違いによる吸着性の大小が分離に反映される[*2]。

　アルミナ表面では，誘起双極子モーメントが働くことにより対象物の吸着

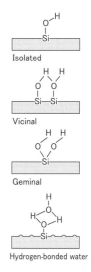
シラノール基の様々な状態
および水との水素結合

*1　セライト（celite）は，炭酸ナトリウムを添加して焼成した珪藻土である。フロリジル（florisil）は，ケイ酸マグネシウムを粒子状にしたものをいう。

*2　シリカゲル表面のシラノール基の状態は上図のように3分類される。第4図は，孤立シラノール基が水と水素結合した状態を示す。

が起こる。ポリスチレンでは，対象物との π-π 相互作用や π-H 相互作用の大小の差が吸着力の差である。しかしながら，実際には吸着剤表面が移動相溶媒による水和または溶媒和された状態となるため，むしろその部分が新たな固定相となって，移動相との分配が生じることで分離が起こる可能性も考えられる[*1]。

ところで，極性の大きい物質に対しては，固定相としてシリカゲルやアミノ酸誘導体などの親水性物質，移動相として水系を用いる方法が用いられるが，これは親水性相互作用クロマトグラフィー（hydrophilic interaction chromatography, HILIC）と称されており，分離対象の極性物質と充填剤表面に存在する水素結合性吸着点に基づく分離法であり，広義の吸着クロマトグラフィーと言うことができる。固定相の極性が移動相の極性よりも高く，親水性物質をよく保持することができる。シリカゲルにアミノ基を結合させた充填剤で，移動相に水／アセトニトリルを用いて糖類を分離する方法は今日でも用いられているが，これも HILIC と考えられる。

HILIC は，後述する逆相分配クロマトグラフィーと対比される。固定相との相互作用がない溶質の保持時間 t_0（ホールドアップタイム，13-5 節参照）を表す非保持マーカーとして，逆相分配クロマトグラフィーではウラシル（ピリミジン-2,4-ジオン）等の親水性化合物が用いられるが，HILIC ではトルエン等の疎水性化合物が用いられる。

（b）分配クロマトグラフィー

分配クロマトグラフィーでは，固定相と移動相の極性の大小の組み合わせで，順相分配および逆相分配に分けられる。固定相の極性が移動相の極性よりも大きい場合，たとえば，極性を持つシリカゲルを固定相とし，ヘキサンやクロロホルムなどの極性が小さい溶媒を移動相とする場合に順相クロマトグラフィーと称する。逆に，固定相の極性が移動相の極性よりも小さい場合，たとえば，アルキルシリル化シリカゲルを固定相とし，メタノールやアセトニトリルなどを移動相とする場合は逆相クロマトグラフィーである。

互いに混じり合わない2液相（たとえば水とベンゼン）が相分離している中に，物質 A を溶解させると，両液相中の濃度比は一定となる（分配平衡にある）。その濃度比を分配係数（partition coefficient）というが（第 10 章参照），分配係数は，化学物質の疎水性の指標でもある。疎水性は，化学物質が生物体内や自然環境中でどのような挙動を示すかを予測するための性質である。したがって分配係数は，化学物質の構造と生物学的な活性との間の相関（構造活性相関）の指標ともなり得る。

分離に際しては，多孔質の固体（担体または支持体）の表面を化学的に修飾した固定相を用いる[*2]。シリカゲルのシラノールに対してアルキル化クロ

ロシランを作用させるとアルキル化シリル基（−Si(CH₃)₂R）が導入され，本来のシリカゲルの極性が逆転（無極性化）する。これによって，固定相が疎水性のアルキル基で覆われることになり，疎水性相互作用を利用する分離が展開される。移動相として，水やアルコール，アセトニトリルなどの極性溶媒あるいはこれらの混合溶媒が使用され，緩衝液による pH の調整が可能となり，分離の対象が格段に拡がった。

（c）イオン交換クロマトグラフィー

　イオン性の分離対象物に対して，イオン交換作用の大小を利用して目的物質を分離する方法である。したがって，イオン交換基を有する固定相との間に働く相互作用（＝静電的引力）の差が分離の差となって表れる。イオン交換クロマトグラフィーでは，支持体に結合したイオン交換基が固定相になり，pH や塩濃度を調製した緩衝液が移動相となる。イオン性の物質が，静電的な結合によって移動相と固定相に分布する。イオン交換基の種類（第 10 章参照）によって，陽イオン交換クロマトグラフィーと陰イオン交換クロマトグラフィーに分類される。

（d）サイズ排除クロマトグラフィー

　サイズ排除クロマトグラフィーは，分離対象分子の立体的な大きさの違いによる，ふるい作用に基づく分離法である。研究の対象となる物質に応じて，水溶液または有機溶媒が移動相となり，それぞれゲルろ過法またはゲル浸透法と呼ばれることがある。いずれにしても，分子の大きさ＝サイズの違いに基づく分離方法という意味では同じである。ふるいの機能を持つのは固定相であり，分離対象の分子が，固定相担体の表面に存在する三次元網目構造の細孔内に浸透していくか，あるいは細孔内に入れず排除されてしまうかの違いは分子の大きさに基づく。細孔内部に浸透する分子は保持が大きく，細孔よりも大きい分子は保持が小さい。このように分子の浸透性の差に基づく分離方法である。担体表面の細孔は多数存在するので，それらが必ずしも一様ではないが，今日の技術ではその細孔のサイズを自在にコントロールできる。
　またこの分離方法の特徴は，分離対象分子の分子量（M）の対数と保持容量（V）との間に，よい直線性が得られることである。同一条件下では，分子量既知の分子を用いた検量線（較正曲線）から，未知の分子量をおおよそ推定することが可能になる。細孔サイズの異なる種々のカラムを用いると，たとえば，テトラヒドロフラン（THF）溶媒を用いたポリスチレンの分離では，分子量 300 〜 2,000,000 の範囲で直線性の良い較正曲線を得ることができる。

（e）アフィニティクロマトグラフィー

担体に固定された特異的なリガンド*と，タンパク質との可逆的な結合親和性の違いでタンパク質などを分離する方法である。担体に，特異的なリガンドを固定してカラムを作製し，そこにタンパク質を含む溶液を流入すると，リガンドと結合するタンパク質だけがカラムに保持される。ここにリガンド（あるいはその類似物質）を含む溶液を流入することで，競合的に目的のタンパク質のみを分離することができる。酵素，抗体などのタンパク質は，特定のリガンドに強い結合親和性を有している。

* ここでのリガンド(ligand)は，通常の，金属イオンに配位して錯体を生成する配位子（第5章参照）とは意味合いが異なる。ある物質（タンパク質）に対して特異的に結合する物質を指す。タンパク質の特定部位と反応する金属イオンもリガンドとなる。

13-4 高速液体クロマトグラフにおける装置構成と操作

液体クロマトグラフの構成は図13.3に示すように，送液部，分離部，検出部およびデータ処理部に分かれている。送液部は，脱気装置（デガッサー）が装着された送液ポンプによって移動相を一定流量で送液する。試料が注入された後は，移動相と共に分離部の心臓部であるカラムへ送られて分離され，検出器により検出される。分離されたそれぞれの成分の強度は，ピークとなって出力される。このデータをクロマトグラムという。

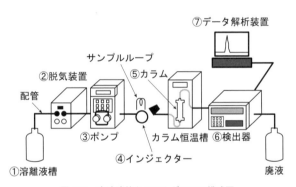

図13.3　高速液体クロマトグラフの構成図

13-5 分離理論：保持および分離に関するパラメータ*

13-5-1　分配比・保持時間・保持係数

3種の成分 S_0，S_1 および S_2 からなる分析試料は，クロマトグラフ系に注入されると，移動相と共に移動する。試料成分は，カラム中で移動相と固定相間で分配を繰り返しながら移動し，分離されていく。試料成分 S_0 は，固定相との相互作用がないので固定相に保持されずカラムを素通りする。その際，成分 S_0 の移動線速度 v_0 は移動相の線速度 v_s に等しい。試料成分 S_1, S_2 は，固定相と何らかの相互作用があり，両相に一定の比で分配されるが，固定相中の試料成分量と移動相中のそれとの比を分配比とよび，k'（保持比または保持係数）で示す。成分 S_1, S_2 は，それぞれ移動相と固定相との間で分配

* 以下の用語については，「JIS K0124：2011 高速液体クロマトグラフィー通則」に基づく。

平衡状態にあるので，S_1 および S_2 のカラム内移動線速度（v_1 および v_2）は分配比に依存する。$v_0 > v_1 > v_2$ であれば，成分 S_1 の方が S_2 よりも早く溶出することになり，分離が達成される。

　この分離の様子を模式的に図 13.4 に示す。これは，溶出する成分を何らかの手法で検出し，その出力（検出強度）を縦軸にとって，分析試料が注入されてからの時間（横軸）の経過と共に連続的に表したものである。各試料成分が溶出されるまでの時間を，それぞれの保持時間（retention time）とよび，t_R で表す。また上述したように，成分 S_0 はカラムを素通りする時間であり，移動相がカラムを通過する時間に等しいので，t_0（holdup time または dead time）で表す。実質的に試料成分が固定相に分配されて存在する時間は，試料成分が固定相に保持された正味の時間（t'_R：補正保持時間）であり，それは保持時間 t_R からホールドアップタイム t_0 を差し引いた時間に相当する。

$$t'_R = t_R - t_0 \tag{13.1}$$

したがって，試料成分 S_1 が固定相中に存在する時間と移動相中に存在する時間との割合は t'_{R1}/t_0 で表され，カラム中で両相に分配されている成分 S_1 の分子数の割合を示している。そこで，$(N_1)_S$ を固定相中の成分 S_1 の分子数，$(N_1)_M$ を移動相中の成分 S_1 の分子数とすると，成分 S_1 の分配比 k'_1 は式（13.2）で表される。

$$k'_1 = \frac{(N_1)_S}{(N_1)_M} = \frac{t'_{R1}}{t_0} = \frac{t_{R1} - t_0}{t_0} \tag{13.2}$$

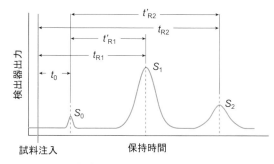

図 13.4　3 種の試料成分（S_0, S_1, S_2）を含む試料のクロマトグラム

　また，成分 S_1 の固定相中および移動相中での濃度比は，分配係数 K であり，成分 S_1 の固定相および移動相中の濃度，$[S_1]_S$ および $[S_1]_M$ を使って式（13.3）で表される。分配係数 K は，固定相と移動相の組合せが決まると，カラム温度が一定であれば成分ごとに一定の値を示す。

$$K = \frac{[S_1]_S}{[S_1]_M} \tag{13.3}$$

13-5-2 分離係数と分離度

2 成分間の分離を考えると，各成分がカラム内で拡がらず，お互いに重なりあわないことが望まれるが，これら 2 成分間の分離の尺度として，分離係数と分離度を用いる。分離係数（α : separation factor）は，2 つのピークの頂点がどの程度分離しているかを表す値であり，2 つのピークの分配比を使って式（13.4）で表される。α が 1 以上であれば，少なくとも 2 つのピークは分離していることを示す。

$$\alpha = \frac{k'_1}{k'_2} = \frac{t_{R2} - t_0}{t_{R1} - t_0} \tag{13.4}$$

一方, 2 つの成分が分離はしている（すなわち, ピークの頂点はずれている）が，どの程度重なっているのか，あるいはピークの裾野の部分の重なりなどは分からないので，その様子を表す尺度として分離度（Rs : resolution）に関する式（13.5）を用いる。$Rs = 1$ のとき，2 つの成分の裾野での 5% の重なりを示しており，$Rs \geqq 1.5$ で 2 つの成分の完全分離を示す。ここで，Wはピーク幅である（図 13.5 参照）。

$$Rs = \frac{2(t_{R2} - t_{R1})}{W_1 + W_2} = \frac{2(t_{R2} - t_{R1})}{1.70\,(W_{1/2,1} + W_{1/2,2})} \tag{13.5}$$

13-5-3 理論段数と理論段相当高さ

カラムの性能・分離効率を表す指標として，理論段数 N（theoretical plate number）がある。これは，段理論における仮想的な段の数を示しており，クロマトグラム上のピークが正規分布（ガウス分布）であると近似できることを前提に定義されている。一般的に，理論段数が大きいほどピーク形状がシャープであり，分離効率の良いカラムである。図 13.5 に基づいて理論段数 N は式（13.6）で与えられる。

$$N = (t_R/\sigma)^2 \tag{13.6}$$

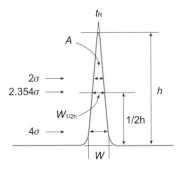

図 13.5　クロマトグラムのピーク

ここで, t_R は保持時間（前出）, σ は標準偏差である。ガウス分布では，ピーク幅 $W = 4\sigma$，ピーク半値幅 $W_{1/2h} = 2.3548\sigma$ の関係式があるので，これを式 (13.6) に代入すると

$$N = 16 \times (t_R/W)^2 \tag{13.7}$$

$$N = 5.545 \times (t_R/W_{1/2h})^2 \tag{13.8}$$

N はカラムの長さ L に依存するので，N の大きさだけではカラム性能を直接比較するパラメータにはならない。そこで，カラムの分離効率を相互に比較するために，理論段相当高さ H （height equivalent to a theoretical plate, HETP）が定義されている。関係式 (13.9) から，理論段相当高さ（または理論段高さ）が小さいほどカラムの分離効率が優れていると言える。

$$H = L / N \tag{13.9}$$

13-5-4 移動相線速度と理論段高さの関係（van Deemter の式）

分析試料がクロマトグラフィー系に導入されると，分離成分は移動相と共にカラムを流れる間に拡散する。式 (13.10) は, van Deemter の式とよばれ，カラム中における理論段高さ H に影響を及ぼす要因を示したものである。

$$H = A + B/u + (C_m + C_s)u \tag{13.10}$$

ここで u は移動相の線流速, A, B, C_m および C_s は測定操作条件によって決まる定数である。A 項は渦巻き拡散とよばれ，微粒子で充填されたカラム内を通過する移動相の流路が，微視的に見れば様々に異なることによる。流路充填剤の粒子径が小さく均一なほど，かつ充填密度が均一なほど小さい値である。B/u は，（移動相の流線と同方向の）分子拡散に基づくもので，分離成分が拡散しやすい条件ほど寄与が増大する。$C_m \times u$ および $C_s \times u$ は，それぞれ移動相中および固定相中の流れに基づく物質移動抵抗*による寄与であり，この C 項は，B 項とは反対に，分離試料が拡散しやすい条件ほど小さくなる。この式に基づいて，理論段高さと線流速の関係をプロットした van Deemter プロットを，図 13.6 に示す。H が最小となるのは，u が $\{B/(C_m + C_s)\}^{1/2}$ のときである。

*　C_m 項は，移動相流速に比べ，分離成分の（流線とは垂直方向への）拡散速度が不十分なことに起因し，C_s 項は，分離成分が充填剤細孔内部から移動相に戻るときの遅れ（またはバラツキ）に関係する。

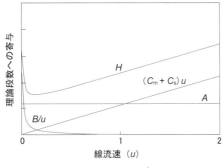

図 13.6　van Deemter プロット

13-6 液体クロマトグラフィーにおける検出器

LC における検出法は，被測定物質の特性だけでなく，移動相溶液の特性にも依存することを考えなければならない。LC の検出器として基本的に求められる要素を列記すると，1) 汎用性があり，また選択性のある検出法であること，2) 検出される物質量と検出器の応答量に直線性があり，良好な定量性を示すこと，3) 検出感度が高く，またダイナミックレンジが広いこと，4) 機械的安定性：温度などの外的要因や移動相の流量および溶液の種類等の影響を受けないこと，5) 短時間で溶出する分離成分に対しての検出応答（レスポンス）が速いことである。これらの要素のうち 5) については，検出の応答速度の違いによってはピーク形状が変化するので，カラムから溶出する分離成分の溶離時間によって，応答速度を適切に設定する必要があることを意味する。

超高速液体クロマトグラフィー（UHPLC）では，分離成分が短時間で溶出するため，検出の応答速度を速くしなければならない。応答速度は，通常，時定数やデータポイント／秒などで表される。このような条件を備えた様々な検出器が開発されてきたが，各検出法の持つ特徴について以下に列記する。

（a）紫外可視吸光光度検出器（UV-VIS）

主として有機化合物について考えると，その多くは，紫外から可視の波長領域において光を吸収し，その分子構造の違いによって吸収の波長領域と強度（吸光度）に違いがある。この特性を利用して，分離成分の吸収する波長の光を用いた検出を行うことができる。分離成分の検出感度は，分離成分（＝被検出物質）のもつモル吸光係数に依存する。さらに，溶離液中の吸光物質の濃度と吸光度の比例関係（Beer's law）[*]により，定量が可能になる。検出波長の設定は，被検出物に対して，最も吸光度の高い波長を検出波長とするか，あるいは他の物質との差を重視した検出波長とするかを自在に選択できる。

[*] Beer's law については，第 15章（15-1 節）を参照。

（b）フォトダイオードアレイ検出器（PDA）

上述の紫外可視吸光光度検出器（UV-VIS）では，あらかじめ分光された単色光を入射するので，時間軸（x 軸）と分離成分の吸光度（y 軸）の二次元データが与えられる。これに対し，フォトダイオードアレイ検出器では，光源からの光（白色光）をセルに入射し，セルを通過した透過光を分光する。そして検知器が複数個並んでいるフォトダイオードアレイにより，広範囲の波長領域の光を瞬時に連続的に検出する。このような手法によって，分離成分の溶出時間，吸収スペクトルおよびその強度を同時に測定した三次元クロマトグラムを得ることができる（図 13.7）。

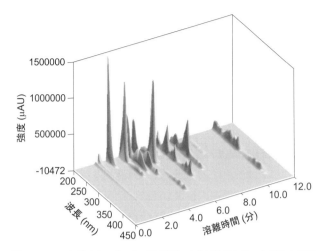

図 13.7　フォトダイオードアレイ検出器による三次元クロマトグラムの例
(*Chromatography*, **32**, 23 (2011).)

(c) 蛍光検出器 (FL)

　蛍光検出は，励起光の照射によって蛍光を発する物質を検出するため，特定の励起波長および特定の蛍光波長を設定することから，選択性の高い検出方法と言える。まず被測定物質の蛍光強度が高いことが前提となるが，もっとも適した蛍光強度を得るには，それを可能にするいくつかの条件を満たされなければならない。蛍光強度は，用いるセルの容量や構造に大きく依存するほかに，温度による変化もあるので，装置内の温度制御が重要である。また移動相溶液の pH の変化や塩濃度および種類により蛍光強度が変化するので，分離に適し，しかも蛍光強度が高くなる移動相組成を選択しなければならない。

(d) 化学発光検出器 (CL)

　化学発光検出器 (CL) は，分離された被測定物質 (＝分離成分) が，何らかの試薬との化学反応によって化学発光現象を伴う場合に，その発光強度の検出よって定性・定量を行うものである。検出できる化学種は限られるが，極めて高感度である。

(e) 示差屈折率検出器 (RI)

　この検出器 (RI) は，リファレンス溶液 (被検出物質が入っていない移動相) とサンプル溶液間に生ずる屈折率の差を利用するものである。この屈折率の差は，分離成分の濃度に比例した応答量となるので，検出できる対象物質の範囲が広く，汎用的な検出器として定量にも用いられる。偏向型の示差屈折率検出器では，フローセル内での光の屈折を利用してリファレンス溶液

とサンプル溶液との屈折率差を検出するが，偏向角は屈折率差に比例するので，両者の屈折率差を求めることにより分離成分を検出することができる。屈折率は温度の影響や，脈流による溶液密度の変化の影響を強く受けやすい。安定的感度で検出するためには，セルを含めた温度安定性や脈流の抑制が重要となる。

（f）蒸発光散乱検出器（ELSD）

カラムからの溶離液をネブライザーガス（窒素や空気など）と共にガラスセルに導入し，続く蒸発管内で溶媒を除去した後，残された不揮発性成分に光を照射し，その時の散乱強度を計測する検出器である。移動相溶媒を蒸発させるので，リン酸緩衝液等の不揮発性試薬を含む移動相は適さないが，原理的には，溶媒の蒸発する温度で被検出物質が蒸発したり分解したりしなければ，全ての成分が検出できるという汎用性を持っている。示差屈折率検出器よりも5～数十倍程度検出感度が高く，またグラジエント溶離法の適用も可能である。

（g）電気化学検出器（ECD）

分離成分のうち，酸化または還元性の官能基を有する物質を対象として，その物質が，電気化学分析で用いる作用電極上で酸化または還元されるときに流れる電流を計測する検出器である。

（h）電気伝導度検出器（CD）

この検出器は，イオン性物質の電気伝導度（導電率）に基づいて検出するものである。第14章で述べるイオンクロマトグラフィーに用いられる。

（i）質量分析（MS）を検出器として用いるLC/MS法

質量分析（mass spectrometry, MS）は，分子をイオン化し，生成した正イオンまたは負イオンをその質量電荷比 m/z にしたがって分離し，それぞれのイオンの強度を測定することによってイオンや分子の定性・定量を行うものである。ここで m はイオンの質量を統一原子質量単位*で割った値であり，z はイオンの電荷数である。このようにイオンの質量を測定する分析法が，LCの検出器として用いられる。

LC/MS法の基本的な流れは，LCで分離された試料のイオン化，イオンの質量分離，イオンの検出およびデータ解析である。試料導入部とイオン化部は，イオン化法により大気圧下のこともあるが，質量分離部と検出部はイオンの状態を保持するため高真空にしなければならない。質量分析計に付随する機能によっては，たとえば，一定時間ごとにマススペクトルを測定してデー

グラジエント溶離法
1種類の溶離液では，多成分試料をうまく分離することができない場合，経時的に溶離液の組成を変化させ，分離を向上させる。

---

* 統一原子質量単位は，かつては原子質量単位（記号 amu）と呼ばれていた。静止して基底状態にある自由な炭素12（^{12}C）原子の質量の1/12と定義される。

タを記憶させ，指定した m/z 値における相対強度を読み出して時間軸で表す抽出イオンクロマトグラム（extracted ion chromatogram）を得ることができる。また，指定した m/z 値をもつイオンのみを連続的に記録できる選択イオンモニタリング（selected ion monitoring, SIM）が可能であり，正確かつ感度の高い定量法となる。

13-7　液体クロマトグラフィーにおける誘導体化

　アミノ酸のように，分析種が特異的な光吸収を示さない場合に，誘導体化により分析種に発蛍光団を導入することによって，検出可能にすることができる。誘導体化の方法には，成分の分離を行う前に誘導体化を行い，誘導体として分離系に導入するプレカラム（プレラベル）法と，成分の分離を行った後に誘導体化を行うポストカラム（ポストラベル）法がある。

　プレカラム法によって誘導する発蛍光団の種類によっては，分析種の疎水性が格段に高まり，それらの分離モードの選択の幅が拡張される場合がある。また MS（質量分析計）を用いて検出する場合には，分析種のイオン化効率を高めるプレカラム誘導体化によって，検出感度を格段に向上させることができる。さらにプレカラム誘導体化に用いる試薬によっては，得られた誘導体の特徴的な開裂（フラグメンテーション）が起こることにより誘導体の構造の特徴付けがなされるために，誘導体化試薬由来のプロダクトイオンから定性・定量が可能となる。

　一方，アミノ酸成分の分離をイオン交換カラムによって行い，分離後にオンラインでニンヒドリン溶液と反応させることによって，「アミノ酸をニンヒドリン誘導体として検出する」のはポストカラム法である。ここでは，アミノ酸に着目して誘導体化を伴う 2 種の分析方法を以下に示す。

（a）プレカラム（プレラベル）法による蛍光検出

　分析試料に対してあらかじめ誘導体化の処理を行い，その後に分離カラムに注入する方法である。誘導体化の試薬によって，アミノ酸誘導体が紫外可視部に吸収を持つのか，蛍光性物質に変わるのか，電気化学的に活性な物質になるのかなど，様々な検出方法に適した原子団を導入することができる。ここでは，一例として OPA（o-フタルアルデヒド）と 3-メルカプトプロピオン酸を用いるアミノ酸の発蛍光誘導体化法を示す（図 13.8）。ただし，プロリンは，これらの試薬によって誘導体化されないので，引き続き FMOC（クロロギ酸 9-フルオレニルメチル）を用いて同様に誘導体化の処理（図 13.9）を行い，これら 2 段階反応を経た試料を分離カラムに注入する。このような方法によって得られたアミノ酸 22 成分のクロマトグラムを図 13.10 に示す。

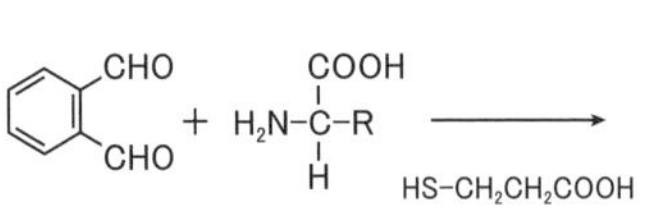

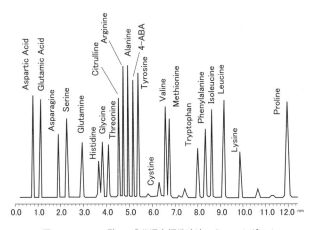

図 13.8　OPA/3-メルカプトプロピオン酸
　　　　によるアミノ酸の誘導体化

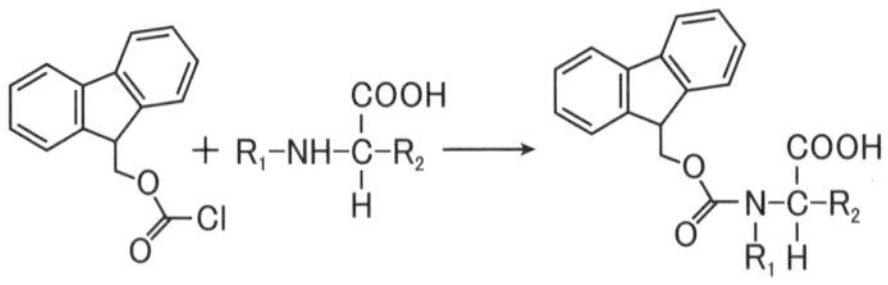

図 13.9　FMOC によるプロリンの誘導体化

図 13.10　アミノ酸 22 成分混合標準溶液のクロマトグラム

(Shimadzu LC talk, Vol.89 (2013).)

（b）ポストカラム（ポストラベル）法による可視吸光分析

　アミノ酸を含む試料をイオン交換クロマトグラフィーによって成分分離
し，分離後の溶離液に何らかの試薬を反応させてアミノ酸を誘導体化し，そ
の誘導体に適した方法で検出する。ここでは，ニンヒドリンを用いたアミノ
酸のポストカラム法による分析例を図 13.11 に示す。

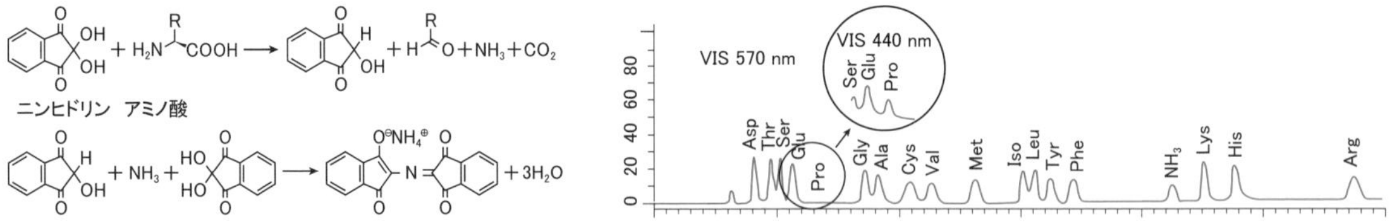

図 13.11　ポストカラム（ニンヒドリン）法によるアミノ酸の分析

(GL Sciences Inc, *LC Technical Note*, LT142 (2014).)

▨▨▨　演習問題　▨▨▨

13-1　HPLC によって 2 成分 S_1 および S_2 の分離を行ったところ，S_1 および S_2 の保持時間は，それぞれ 2.6 min (t_1) および 3.4 min (t_2) であり，ホールドアップタイムは 0.3 min (t_0) であった。S_1 および S_2 のピーク幅は，それぞれ 0.22 min (W_1) および 0.24 min (W_2) であった。それぞれのピークの保持比 k_1' および k_2' を求めよ。また，S_1 のピークを用いて理論段数 N を計算し，さらに S_1 と S_2 のピークの分離係数 α および分離度 Rs を求めよ。

13-2　固定相に ODS 充填剤（オクタデシルシリル基 ($C_{18}H_{37}Si$) 修飾シリカゲル），移動相に 50%アセトニトリル／リン酸緩衝液 (pH 7.0) を用いる逆相クロマトグラフィーで，疎水性の異なる有機酸 2 種の分離を試みたところ，2 成分共ほとんど保持されずに溶離した。この時，移動相条件をどのように変えれば 2 成分が保持され，相互分離できる可能性があるかを考えよ。

13-3　HPLC による微量成分の分離・検出においては，誘導体化法を用いる場合があるが，その目的およびメリットを列挙せよ。

イオンクロマトグラフィー

*1 H. Small, W. C. Bauman, T. S. Steavens, *Anal. Chem.*, **47**, 1801 (1975).

1975 年にスモール（H. Small）ら[1]により開発されたイオンクロマトグラフ法またはイオンクロマトグラフィー（ion chromatography, IC）は，環境水や排水処理工程水の水質管理および様々な製造工程の品質管理に，有用な水質モニタリング法として広く適用されている。

14-1 イオンクロマトグラフィーの定義

*2 サプレッサーにより，溶離液中の電解質成分 $Na^+HCO_3^-$ は CO_2 と H_2O に変換される。

*3 たとえば，測定陰イオン Cl^-（NaCl）の対イオンが H^+ に変換されると，H^+ の著しく高いイオン導電率のため，検出感度が高くなる。一方，測定陽イオン K^+（KCl）の対イオンが OH^- に変換された場合も，同様に検出感度が高くなる。電気伝導は，電気抵抗（R）の逆数である。

*4 J. S. Fritz, D. T. Gjerde, R. M. Becker, *Anal. Chem.*, **52**, 1519 (1980).

初期の IC は，「低交換容量のイオン交換樹脂分離カラムおよび溶離液中の電解質成分を弱電解質成分に変換する[2]サプレッサーを用いて，陰イオンをその酸に，一方，陽イオンの対陰イオンを水酸化物に変換し，電気伝導度（導電率）検出[3]することを特徴としたイオン交換クロマトグラフィー」として定義されていた。しかし，その後，様々なイオン種の同時計測を可能にする分離法（イオン排除，イオン対および静電作用等）や検出法（UV 吸収法，発光法，電気化学法，質量分析法等）が導入された結果，現在では「イオン種の同時分離計測を目的とした自動化された高速液体クロマトグラフィー」[4]が IC の定義として広く受け入れられている。

IC が分析できるものは，無機の陰および陽イオン，有機の陰および陽イオンをはじめ，有機酸，有機塩基等のイオン性物質が主である。

14-2 イオンクロマトグラフィーの分離科学

IC の分離機構は，第 10 章「イオン交換平衡」で述べたように，イオン交換樹脂に固定された（吸着した）溶離液中のイオンと試料イオンとの間で生じるイオン交換反応が基本である。

この分離機構を説明する上で，陰イオンのイオン交換分離について考えてみる。溶離液中に存在する陰イオン（溶離液陰イオン）は，静電効果によって陰イオン交換樹脂表面の正電荷を帯びた陰イオン交換基に吸着し平衡状態を保っている（図 14.1a）。この場合，陰イオン交換基表面に吸着した溶離液陰イオンがイオン交換作用を示すことになる。

イオン交換分離は，主に静電的な相互作用によってイオンを識別する。電気的中性を保つために，陰イオン交換基に固定された（吸着した）溶離液陰イオンと同じ電荷をもつ他の陰イオン（試料陰イオン）が導入されると，交換作用

が生じる（図14.1bおよびc）。カラム内では，そのイオン交換反応が繰り返し起こり，試料陰イオンの性質（電荷数，極性，水和の強さなど）によって，溶離液陰イオンとの交換のされやすさが異なることから，分離が生じる。

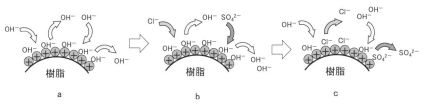

図 14.1　陰イオン交換分離の原理

イオンクロマトグラフの装置構成

イオンクロマトグラフの構成は，図14.2に示すように，溶離液，送液ポンプ，試料注入器，分離カラム，サプレッサー（膜型またはカラム型）および検出器を基本とし，必要に応じてこれらの要素が組み合わされた分離計測システムとなっている。ただし，溶離液の種類や分離法に応じてサプレッサーを接続しない場合（ノンサプレッサー方式）もある。

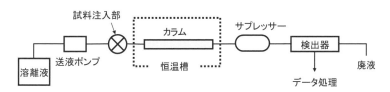

図 14.2　イオンクロマトグラフの基本的構成

サプレッサー

サプレッサーはイオン交換反応を利用して溶離液の組成を変化させ，ベースラインの電気伝導度（導電率）を低減させることで，シグナルノイズ比（S/N比）を向上させるための処理装置である。サプレッサーには，イオン交換膜または樹脂を使用した製品があるが，いずれもイオン交換反応を利用している。

陰イオン分析用のサプレッサーでは，再生液として水素イオンの供給が必要であり，その供給方法として，硫酸水溶液を用いる化学的方式と，水または検出器から排出された液を電気分解して生成させる電気的方式がある。図14.3は，現在最も利用されている膜透析型のサプレッサーの作動原理を示している。この場合，溶離液である Na_2CO_3 溶液中[*]の Na^+ は，イオン交換膜を通して H^+ に変換されるが，H^+ は高い pH 条件下で OH^- や CO_3^{2-} と反応して，結局，H_2O と CO_2 になるよう仕組まれていることが分かる。

[*] 一般的には，炭酸塩と炭酸水素塩を混合して緩衝された溶液が，溶離液として用いられる。

　イオンクロマトグラフでは，溶離液の送液にプランジャーポンプを使用するため，微量濃度の分析などシグナルノイズ比（S/N 比）が問題とされる濃度領域では，送液ポンプに基づく圧力変動の影響を無視できない場合がある。サプレッサーを用いると，溶離液の電気伝導度（導電率）が低くなるため，圧力変動の影響を低減することができる。

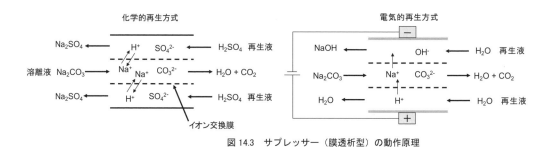

図 14.3　サプレッサー（膜透析型）の動作原理

14-5　イオンクロマトグラフィーの種類

14-5-1　サプレッサーを用いるイオンクロマトグラフフィー

　図 14.2 に示した分離カラムとサプレッサーを用いる陰イオンの IC において，溶離液中のイオンは炭酸や水のような低導電率成分に変換される。一方，試料中の陰イオンは，分離カラムで相互分離されたのち，サプレッサーによって対イオンが H^+ に変換されるため，高導電率化して検出される。図 14.4 は，サプレッサー型 IC による陰イオンのクロマトグラムを示している。

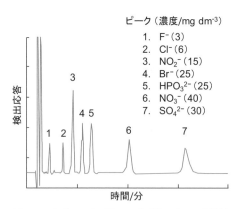

ピーク（濃度/mg dm^{-3}）
1.　F^-（3）
2.　Cl^-（6）
3.　NO_2^-（15）
4.　Br^-（25）
5.　HPO_3^{2-}（25）
6.　NO_3^-（40）
7.　SO_4^{2-}（30）

図 14.4　サプレッサー型 IC による陰イオンの分離例
カラム：陰イオン交換カラム，溶離液：炭酸ナトリウム緩衝液（pH 10）

14-5-2　サプレッサーを用いないイオンクロマトグラフフィー

　サプレッサーを用いない（ノンサプレッサー型）IC は，分離されたイオンを，直接，導電率検出するシステムである。分離カラムは低交換容量のイ

オン交換カラムであり，溶離液は低導電率の酸，塩基あるいは塩などを用いて，試料イオンをイオン交換分離した後に導電率検出器で検出する。この方法は，溶離液の高いバックグラウンド導電率よるノイズがあるものの，装置が簡便なことや溶離液条件の制限が小さいなどの長所がある。用いるイオン交換カラムの性質は，サプレッサーを用いる IC のイオン交換カラムとほとんど同じであるため，溶出されるイオンの順番は同じである。

14-5-3　イオン排除型イオンクロマトグラフィー

イオン排除型 IC は，バウマン（W. C. Bauman）ら[*]がイオン交換樹脂を用いて強電解質成分から非電解質成分を分離するために開発した方法である。装置構成は，カラム型サプレッサーをイオン排除分離カラムとして用い，対応する酸や塩基を分離・検出するシステムである。

*　R. M. Wheaton, W. C. Bauman, *Ind. Eng. Chem.*, **45**, 228 (1953).

簡単にイオン排除分離カラムの分離原理を説明する。図 14.5 に示されるように固定電荷をもつイオン交換樹脂は，静電的な親和力によって対イオンを引き付けるが，一方で固定電荷と同じ符号の電荷をもつイオン（共通イオンとよぶ）を静電的に排除する性質をもつ。その排除の程度は，共通イオンの持つ電荷の大きさにより変化するので，不完全に解離している共通イオンは，その解離度に応じて排斥力が異なるため，分離が生じる。この方法の分析対象は，主に弱酸や弱塩基である。

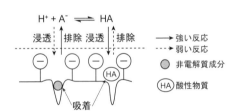

図 14.5　イオン排除型イオンクロマトグラフィーの分離原理

図 14.6 はイオン排除型 IC により分離された陰イオンのイオンクロマトグラムである。これより，電荷数の多い硫酸イオンが陽イオン交換基に対し強い静電的反発を受けるため最初に溶出される。また強酸性陰イオンの中ではイオンサイズが大きく，疎水性の強いヨウ化物イオンが塩化物イオンや硝酸イオンよりも後に溶出される。ギ酸や酢酸のような有機酸は酸性条件下において解離が抑えられるため，樹脂相に浸透し強酸性の陰イオンよりも後に溶出される。また，疎水性の強い有機酸ほど樹脂相に浸透する時間が長くなるためより遅く溶出される。

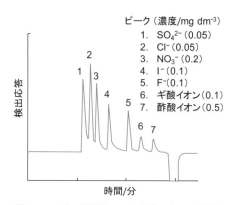

ピーク（濃度/mg dm^{-3}）
1. SO_4^{2-} (0.05)
2. Cl^- (0.05)
3. NO_3^- (0.2)
4. I^- (0.1)
5. F^- (0.1)
6. ギ酸イオン (0.1)
7. 酢酸イオン (0.5)

図 14.6　イオン排除型 IC による陰イオンの分離例

カラム：H^+ 型陽イオン交換カラム，溶離液：コハク酸(pH 3)，検出器：電気伝導度(導電率)検出器

▨▨▨ **演習問題** ▨▨▨

14-1　河川水や湖沼水などをイオンクロマトグラフィーに導入する場合，その試料の前処理として固相抽出カートリッジを用いるときがある。その目的を述べよ。

14-2　陰イオン交換カラムを用いる一般的な IC において，硫酸イオン，フッ化物イオン，塩化物イオン，硝酸イオンの検出される順番を予測せよ。また，その理由を説明せよ。

14-3　イオン交換樹脂に強く保持されたイオンを，早く溶出させるための一般的な方法を述べよ。

15 分　光　法

　分光法（spectroscopy）は光または電磁波による物質の分析法であり，物質と電磁波の相互作用を利用する。相互作用の仕方や電磁波のエネルギーによって様々な方法が考えられる。紫外・可視分光，蛍光光度，赤外吸収・ラマン分光，原子吸光・発光分析，エックス線分析，核磁気共鳴法などがある。本章では，最も汎用的な紫外・可視分光法（吸光光度法），無機元素の定量に欠かせない原子吸光分析法およびICP発光分析法について解説する。また，第16章では蛍光X線分析法について述べることにする。

15-1　紫外・可視分光法（吸光光度法）

　紫外・可視分光法（UV-visible spectroscopy）は，特に，分析化学では吸光光度法（absorption spectrophotometry）とよばれることが多く，古くから利用されている手法の1つである。溶液の着色強度により試料濃度を決定することができる。光電比色計や分光光度計（spectrophotometer）として装置化される以前には，目視による比色法が行われた。たとえば，ネスラー法によるアンモニアの比色定量においては，一連の異なる濃度のアンモニア標準溶液の着色度と，これらと同じ条件で発色させた試料溶液の着色度とを比較することにより，未知試料のアンモニア濃度が求められた（図15.1参照）。ガラス管に入っている溶液試料を側面から観察する代わりに，真上から観察すると，より低濃度の試料の定量が可能になる。しかし，目視による比色法では精度に限界がある。

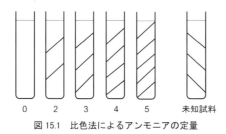

0　　2　　3　　4　　5　　未知試料

図 15.1　比色法によるアンモニアの定量

15-1-1　光と溶液の色

　太陽から地上にふり注ぐ光について考えてみよう。太陽光はいろいろな波長の電磁波を含んでいる。肉眼で感知できる電磁波の波長は，380 ～ 780

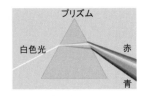

図 15.2　プリズムによる白色光の分光

nm の範囲内であり，可視光とよばれる。太陽からの可視光は，波長による強度の偏りが少なく比較的一様であるので，特定の色だけが感知されることはなく白色光である。この白色光が，実は，様々な色をもつ光の集合体であることは，雨上がりの虹を見るとよく理解できる。

　一般に白色光は，プリズムによって分光される（図 15.2）。真空中では，光速は秒速 30 万キロメートルである。この速度を超えることは決してないが，（真空中でなく）密度の高い媒体中では，光速は低下する。光が通過する媒体と光（電磁波）が相互作用するためである。電磁波の波長が短いほど，この相互作用は大きくなり速度低下が著しくなる。高密度のガラスでできたプリズムの内部を白色光が通過する間に，波長の長短により速度の違いが生じる。結局，波長の長い赤色の光よりも，波長が短い青色の光の方が大きく屈折することになるのである。

　波長が 380 nm よりも短い電磁波は紫外光（紫外線）であり，可視光よりもエネルギーが高い*。さらに波長の短いエックス線やガンマ線は非常に高いエネルギーを持っている。逆に，約 800 nm より波長が長いと赤外線であり，さらにマイクロ波や短波，長波などの電波となる（表 15.1）。

＊　$E = hc/\lambda$ の関係がある。ここで h はプランク定数，c は光速，λ は波長であり，波長が短い（振動数が高い）ほどエネルギーが高い。

表 15.1　電磁波の分類と波長

エックス線	紫外線		可視光		赤外線		マイクロ波
		近紫外	紫，青	赤	近赤外		
	10 nm	200 nm	380 nm		780nm	0.1 mm	

　ビーカー中で，硫酸銅の結晶を水に溶かすと，溶液は青色になる。生成した水和銅(II)イオンが主に黄色の光を吸収するために，白色光の残りの色（補色）が見えてくるためである（表 15.2 参照）。青色に着色した硫酸銅水溶液であったが，これを水で希釈するとほとんど無色になってしまう。水和銅(II)

表 15.2　可視光の吸収波長と溶液の色

波長（nm）	光の色	溶液の色（補色）
＜380	（紫外）	
380 − 435	紫	黄緑
435 − 480	青	黄
480 − 490	緑青	橙
490 − 560	青緑	赤
500 − 560	緑	赤紫
560 − 580	黄緑	紫
580 − 595	黄	青
595 − 650	橙	緑青
650 − 780	赤	青緑
＞780	（近赤外）	

イオンの着色が，本来，かなり弱いためである。この無色になった溶液にアンモニアを加えると，溶液は濃い青色に変色する。このとき，水和イオンはアンミン錯体（$[Cu(NH_3)_4]^{2+}$ 等）に変化している。このアンミン銅（II）イオンは，600 nm 付近の橙色の光を強く吸収するので，青色に見えるのである。一般に，水和遷移金属イオンの着色は弱いが，適当な配位子で錯イオンに変えると強く発色する。

　光吸収の度合は，化学種の濃度 c や光の通過する距離（光路長 l）と深く関わりをもち，これらの関係により，化学種の定量が可能になることを次節で示したい。

15-1-2　光吸収とランベルト―ベールの法則

　光吸収の度合を示すのに，溶液に入射した光の透過度を考えてみる。入射光および透過光の強度をそれぞれ I_0 および I として，これらの比 I/I_0 は透過率（transmittance）である。ある溶液について光路長（path length）l のセル（a）で測定すると，透過率 $I/I_0 = 0.60$ であったとする。ところで 2 倍の光路長 $2l$ のセル（b）にも，（a）と同じ溶液が入っている（図 15.3）。そうするとセル（b）の透過率は，はたして 0.60 のままであろうか，あるいは半分の $0.60/2 = 0.30$ であろうか。いや，これらはいずれも誤りであり，正しい透過率は $(0.60)^2 = 0.36$ である。1 段目と同じ割合の減衰が，2 段目においても繰り返されるからである。一般的に，様々な自然界の現象は指数関数的に変化するのである。すなわち，透過光の強度は，次式のように減衰する。

$$I = I_0\, e^{-k_1' l} \tag{15.1}$$

ここで k_1' は比例定数である。上式の対数を取ると

$$\ln \frac{I}{I_0} = -k_1' l$$

自然対数を常用対数に変換して

$$\log \frac{I}{I_0} = -k_1 l \tag{15.2}$$

このように，$\log(I/I_0)$ は，光路長 l と比例関係にある。この関係をランベルトの法則（Lambert's law）という。

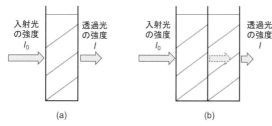

図 15.3　ランベルトの法則　(a) 光路長 l, (b) 光路長 $2l$

　今度は，試料濃度 c と光吸収の関係を検討してみよう（図 15.4 参照）。濃度 c のセル（a）の透過率は，先ほどと同じく 0.60 であるとする。セル（b）の光路長は，セル（a）と変わりはないが，試料濃度は 2 倍となり $2c$ である。この場合，セル（b）の透過率は $(0.60)^2 = 0.36$ となる。ランベルトの法則の場合と同様にして，次式をえる。

$$\log \frac{I}{I_0} = -k_2 c \tag{15.3}$$

この $\log (I/I_0)$ と濃度 c の関係式をベールの法則（Beer's law）という。

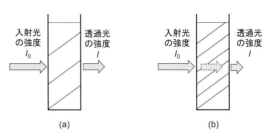

図 15.4　ベールの法則　(a) 濃度 c，(b) 濃度 $2c$

　式 (15.2) および式 (15.3) から，$\log (I/I_0)$ は，光路長 l だけでなく濃度 c にも比例していることが分かり，結局，$l \times c$ に比例する。

$$\log \frac{I}{I_0} = -k\, l\, c \tag{15.4}$$

この関係式は，ランベルト―ベールの法則（Lambert-Beer law）であるが，簡単にベール則（Beer's law）ともいわれる。光路長 l を cm 単位，濃度 c を mol dm^{-3}（mol/L）単位で表すとき，式 (15.4) は次式となる。

$$\log \frac{I}{I_0} = -\varepsilon\, l\, c$$

または

$$\log \frac{I_0}{I} = \varepsilon\, l\, c \tag{15.5}$$

ここで，$\log (I_0/I)$ は吸光度（absorbance: A），ε はモル吸光係数（molar absorptivity），I/I_0 は透過率（transmittance: T）である。式 (15.5) を書き直すと

$$A = \varepsilon\, l\, c$$

であり，吸光度は化学種のモル吸光係数 ε，濃度 c および光路長 l に依存している。

> **モル吸光係数 ε**
> 　モル吸光係数 ε は，化学種の光吸収能力を表し，光を吸収する面積にも関係する。単位は mol^{-1} dm^3 cm^{-1}（mol^{-1} L cm^{-1} または M^{-1} cm^{-1}）である。

15-1-3　吸収スペクトルと分光光度計

吸収セルへの入射光は，あらかじめプリズムや回折格子[*1]によって分光された単色光が用いられる。入射光に対する透過光の強度比（I/I_0）が測定されるのであるから，各波長における入射光の強度が特定な値である必要はない。しかし，入射光の強度が微弱であると，入射光および透過光を（光電子増倍管で）増幅しても，誤差が生じやすくなる。逆に，強すぎると，光強度を正しく測定しにくかったり，予期しない化学反応を誘発したりする恐れがあるだろう。

市販の分光光度計の光源として，紫外部にはD_2ランプ，可視部にはタングステンランプあるいはハロゲンランプが用いられている。試料の光吸収が強く，透過光の強度が微弱になるとノイズ（シグナルではない雑音）が増え，S/N 比[*2]が低下し，信号の信頼性がなくなる。このような場合には，光路長の短い吸収セル[*3]を用いることや，試料を適宜希釈することなどして調整する。平均的な分光光度計では，吸光度が 2.0 程度にまで近づくとノイズ（雑音）が大きくなる。

吸収セル中の試料溶液に対し，ある波長の単色光を入射し，その透過光を測定して，吸光度を計算する。その他の波長の単色光についても，同じ操作を繰り返し行い，広い範囲にわたる各波長における吸光度を求めていく。横軸に波長λ，縦軸に吸光度Aをプロットとし，線で結べば，スペクトル図が描ける（図 15.5 参照）。一般の分光光度計は，これらの操作をすべて自動的に行うことができる。

*1　実用的な分光光度計においては，プリズムではなく，回折格子が用いられている。

*2　信号（signal）と雑音（noise）の比

*3　吸収セルはキュベット（cuvette）ともいわれる。光路長 1.0 cm のセルが最もよく使用されるが，0.1 ～ 10 cm のセル，また，0.05 cm などやさらに薄いセルも市販されている。ガラスセルは紫外光を吸収する（「透明」ではない）ので，紫外部の測定には，石英セルが用いられる。

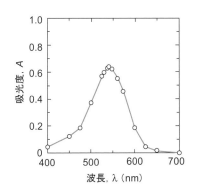

図 15.5　吸収スペクトル図の作成 [Cr(VI)-ジフェニルカルバジド錯体による赤紫色の呈色]

15-1-4　吸光光度法による定量分析

上述したように，水和遷移金属イオンに適当な配位子を加えると，強く発色するようになることがある。このような呈色反応を利用すると微量の金属イオンを定量することができる。

たとえば，吸光光度法による鉄の定量法がある（図 15.6 参照）。水中の 2

価および 3 価の鉄イオンをヒドロキシルアミン（NH_2OH）によって還元し，すべて 2 価の状態にする。Fe(II) は 1,10-フェナントロリンと特異的に反応し，錯イオン $[Fe(phen)_3]^{2+}$ が生成する。この錯イオンは, 508 nm に吸収極大 (λ_{max} = 508 nm) を示し，大きなモル吸光係数 (ε = 約 1.0×10^4) を持つ。

　一連の濃度の鉄イオンを同じ条件で呈色させ，適当な波長における吸光度により検量線を作成する（図 15.7）。未知濃度の試料についても，検量線作成時と同条件で呈色させ，吸光度の値から，未知試料の濃度を求めことができる。しかし，一般に，検量線の濃度範囲が広すぎると，モル吸光係数は一定値ではなくなり多少とも変動する。このようなとき，検量線は直線から変位し，凸型または凹型を示すことがある。

　検量線を作成するとき，一般的には最大吸収波長 (λ_{max}) の吸光度を利用する。それは次の 2 つの理由による。(1) 最も感度が高くなること，(2) スペクトルの極大付近では，仮に，波長が多少ずれても吸光度はほとんど変化しないからである。

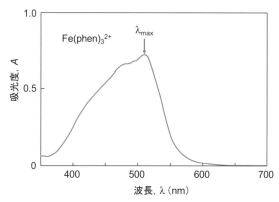

図 15.6　Fe(phen)$_3^{2+}$ 錯体（phen：1,10-フェナントロリン）の紫外・可視吸収スペクトル

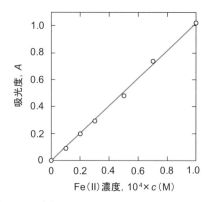

図 15.7　検量線の例―Fe(II) 濃度に対する吸光度 (λ = 510 nm) の関係（光路長 l = 1.0 cm）

無色の非金属無機イオンは化学反応により呈色させ，定量することができる。たとえば，ジアゾ化法による亜硝酸イオンの定量は，簡便で高感度な方法として広く用いられている。リン酸およびケイ酸イオン等は，モリブデンブルー法（～ 800 nm）により定量できる。官能基をもつ有機化合物は，比較的可視部に近い紫外部に大きな吸収を示すことが多いので，これらの化合物の同定や定量が行われる。

水以外の溶媒を用いたときには，紫外部での「透明性」が問題となる。水やアルコール類，エーテル類，飽和炭化水素は，紫外部においても透過性が良いが，ベンゼンなどの芳香族化合物やアセトンなどのカルボニル基を有する溶媒は，比較的長い波長の紫外光を吸収する（表 15.3 参照）。

15-2 原子吸光分析法

15-2-1 原子吸光分析法の原理

高温のバーナー炎の中に試料溶液を導入すると，金属イオン（M^{n+}）は原子化（M^0）され，さらに励起状態になった原子（M^*）は発光する。逆に，基底状態の原子は特定の波長の光を吸収する。一般に金属イオンを原子化するには，高いエネルギーが必要である。ICP（誘導結合プラズマ）は，多くの元素を原子化，励起するので，発光分析法に用いられる（15-3 節）。

原子吸光分析法（atomic absorption spectrometry, AAS）は，溶液試料中の金属イオン（元素）を高温で原子化し，その金属原子が特定波長の光（電磁波）を吸収する現象を利用して，金属濃度を定量する方法である。この電磁波（紫外から可視領域の波長）の吸収は，一般に単原子気体状原子（M^0）の最外殻にある電子のエネルギー準位が遷移する（$M^0 \rightarrow M^*$）ことによって起こる。吸収波長は各元素により異なり，またスペクトルの線幅はかなり狭い。このため，吸収波長によって元素の種類が特定できる。また，単原子気体状原子による電磁波の吸収は Lambert-Beer の法則（15-1-2 節参照）に従う。こうして，適当な構成の装置によって求めた吸光度は，単原子気体状原子の濃度に比例する[*]。

このように原子吸光分析法の原理そのものは単純であり，また，装置の構成が簡潔であるにもかかわらず，金属元素を比較的高感度（mg/L オーダー）に測定することができることから，汎用的な金属元素分析法として非常に幅広く普及している。ただし，測定対象元素の特性線を光源とすることが必要なため，多元素同時定量を行うことはできない。原子吸光分析法で測定される元素および主要な測定波長は，図 15.8 に示す通りである。

表 15.3 水および非水溶媒の紫外部透過性[†]

180 – 195 nm
硫酸（96%）
水
アセトニトリル
200 – 210 nm
シクロペンタン
ヘキサン
メタノール
210 – 220 nm
ブタノール
シクロヘキサン
ジエチルエーテル
245 – 260 nm
クロロホルム
酢酸エチル
265 – 275 nm
四塩化炭素
ジメチルスルホキシド
N,N-ジメチルホルムアミド
酢酸
280 – 290 nm
ベンゼン
トルエン
m-キシレン
300 nm 以上
ピリジン
アセトン

[†] $l = 1.0$ cm, $A = 0.50$ の値。G. W. Ewing, *Instrumental Methods of Chemical Analysis*, 5th ed., McGraw-Hill, New York (1985).

[*] 単原子気体状原子の濃度は，一定条件下で，試料溶液中の元素濃度に比例する。結局，吸光度は溶液濃度に比例する。

1	2	3	4	5	6	7	8	9	10	11	12	13	14	15	16	17	18
1 H																	2 He
3 Li 670.78	4 Be 234.86		原子番号 元素記号 分析線波長(最大吸収波長)/nm									5 B 249.68	6 C	7 N	8 O	9 F	10 Ne
11 Na 589	12 Mg 285.21											13 Al 309.27	14 Si 251.61	15 P 213.6*	16 S	17 Cl	18 Ar
19 K 766.49	20 Ca 422.67	21 Sc 391.18	22 Ti 364.27	23 V 318.4	24 Cr 357.87	25 Mn 279.48	26 Fe 248.33	27 Co 240.73	28 Ni 232	29 Cu 324.75	30 Zn 213.86	31 Ga 294.36	32 Ge 265.16	33 As 193.7	34 Se 196.03	35 Br	36 Kr
37 Rb 780.02	38 Sr 460.73	39 Y 410.23	40 Zr 360.12	41 Nb 334.91	42 Mo 313.26	43 Tc	44 Ru 348.89	45 Rh 343.49	46 Pd 244.79	47 Ag 328.07	48 Cd 228.8	49 In 303.94	50 Sn 224.61	51 Sb 217.58	52 Te 214.27	53 I	54 Xe
55 Cs 852.11	56 Ba 553.55	L	72 Hf 286.64	73 Ta 271.47	74 W 255.14	75 Re 346.05	76 Os 290.9	77 Ir 208.88	78 Pt 265.95	79 Au 242.8	80 Hg 253.65	81 Tl 276.78	82 Pb 217	83 Bi 223.06	84 Po	85 At	86 Rn
87 Fr	88 Ra	A	104 Rf	105 Db	106 Sg	107 Bh	108 Hs	109 Mt	110 Ds	111 Rg	112 Cn	113 Nh	114 Fl	115 Mc	116 Lv	117 Ts	118 Og

L	57 La 550.13	58 Ce 520.0*	59 Pr 495.13	60 Nd 492.45	61 Pm	62 Sm 429.67	63 Eu 459.4	64 Gd 422.58	65 Tb 432.64	66 Dy 404.59	67 Ho 410.38	68 Er 400.79	69 Tm 371.79	70 Yb 398.79	71 Lu 331.21
A	89 Ac	90 Th 371.9*	91 Pa	92 U 358.5*	93 Np	94 Pu	95 Am	96 Cm	97 Bk	98 Cf	99 Es	100 Fm	101 Md	102 No	103 Lr

図 15.8　原子吸光分析法で測定可能な元素と主要測定波長

（波長に＊を付した元素は Photron 社のカタログ，その他は浜松フォトニクス社のカタログから。）

15-2-2　装置の構成

　原子吸光分析装置の一般的な構成を図 15.9 に示す。以下に，各部の機能を解説する。

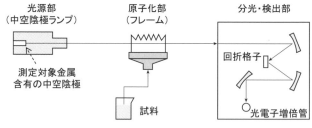

図 15.9　原子吸光分析装置の構成

（1）光源部

　光源からは，測定対象となる元素の特性スペクトルが発光される。一般には，測定対象となる元素（金属あるいは合金）を陰極に持つ中空陰極ランプ（hollow cathode lamp, HCL）が光源として用いられる。HCL は，明るく安定

な光源であり，発する輝線のスペクトル幅は 0.001 nm 程度と極めて狭いことが特徴である（図 15.10）。前者は感度の安定性に寄与し，後者は，分光器の分解能がそれほど高くなくてもよいことにつながり，装置の低コスト化に寄与する。

（2）原子化部

試料溶液中の測定対象元素（金属イオン）を単原子気体状に変える部分である。光源から出た光（単色光）は，この原子化部で原子吸光を受け，分光部に入る。試料中の金属元素を測定するとき，試料の均一化や対象元素の濃縮分離，試料の取扱いの便宜などのため，水溶液の形にすることが一般的である。このため，原子化部は水溶液試料を装置に導入することを前提として設計されている。原子化の方法によって装置の構成が大きく変わるので，原子化部については次節で詳しく解説する。

（3）分光部

一般の紫外可視分光器と同じ構成である。感度を安定化させるためにダブルビーム（2 光束）構成とすることもある。分光器には回折格子（grating）を用い，スペクトルバンド幅は 2 nm 程度に設定する。

（4）検出部—データ処理系

光源から発し，原子化部および分光部を通過してきた光（電磁波）の強度を測定する。原子吸光分析では，電磁波の波長域は紫外～可視領域（200 nm ～ 800 nm）なので，この波長領域で感度，応答特性が共に良好な光電子増倍管（photomultiplier, PM）が用いられる。PM 出力信号はディジタル処理した後に，数値（吸光度）として出力される。

15-2-3　原子化の方法と試料形状・試料導入法

原子吸光分析では，試料中の対象元素を単原子気体状態にすることが必要である。試料を高温で加熱（燃焼または電気炉）する方法が一般的であるが，少数の元素については，試料中の金属元素を水素化物として気化した後に，原子化する方法等もある。

（a）フレーム法

試料溶液は，噴霧[*]によってエアロゾル状になり，燃料ガスと助燃ガスによる燃焼反応により得られる化学炎（flame）に導入される。溶液中の金属元素は，高温のフレーム（表 15.4）中で，気体状の単原子に変わる。多くの元素の測定には空気－アセチレン炎で十分であるが，アルミニウムなど，難

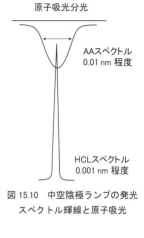

原子吸光分光

AAスペクトル
0.01 nm 程度

HCLスペクトル
0.001 nm 程度

図 15.10　中空陰極ランプの発光スペクトル輝線と原子吸光

[*]　噴霧法による試料導入部（ネブライザー）は，「霧吹き」に似た仕組みになっている。空気などの助燃ガスの気流によって，試料溶液は自然に吸引される。

解離性化合物を生じる元素を測定するときには，さらに高温の炎を用いなければならない場合がある。光路長を確保するため，バーナーには長さ10 cm程度のスリット型のものが用いられる。空気によってチャンバー内に噴霧されたエアロゾルのうち，サイズの小さいエアロゾル粒子のみがバーナーに導入される。通常，吸い上げられた溶液試料のうち10%程度がバーナーに導入され，残りはドレイン（廃液）として測定に使われないまま捨てられる。

表15.4　フレームの組成と温度

助燃剤	燃料	最高温度 /℃
空気	アセチレン	2300
空気	水素	2050
亜酸化窒素	アセチレン	2955
酸素	水素	2800
酸素	アセチレン	3060

　試料導入率を高くするとサイズの大きいエアロゾル粒子が導入されるため，出力信号の変動が大きくなり精度が低下してしまう。サイズの小さい粒子のみを導入すれば精度はよくなるが，試料の利用率が低下するため感度は低下する。このように精度と感度はトレードオフ（二律背反）の関係にある。原子吸光分析の場合は，導入率を比較的大きく設定して感度の方を優先するが，後述するICP発光分析（15-3節）の場合は精度の方を優先して，導入率を1%程度に抑えることが一般的である。フレーム法は以下に示す3法に比べて感度は劣るが，簡便で精度が高く，汎用性がある。

(b) 高温炉加熱法

　試料を電気炉で高温に加熱して，試料中の元素を単原子気体に変える方法である。電気炉の材質は，黒鉛（グラファイト）やタンタル，タングステンなどの高融点金属であり，大電流により発生するジュール熱を利用する。原子化に用いられる電気炉の構造の一例を図15.11に示す。溶液試料の一定量（10 ～ 50 μL）をマイクロピペットで炉の中央に注入した後，段階的に炉の温度を上昇させることにより，順に，脱溶媒 - 灰化 - 原子化する。脱溶媒の過程が必要なのは，突沸による試料の揮散を避けるためである。灰化は，原子化温度よりも低い温度で揮発する共存物質を気化して除去すると共に，目的元素を原子化の際に原子状気体に容易に解離する化学形（多くの場合，酸化物）に変えるための過程である。なお，加熱中は，大気中の酸素による酸化にともなう炉材の消耗を避けるため，アルゴンなどの不活性ガスを炉の周辺に流して大気をパージする。

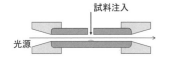

図15.11　グラファイト炉

　この方法では，炉内に注入した試料全部が原子化に利用されること，フレー

ム法とは異なり燃料ガスや助燃剤による希釈がないことから，ごく少量の試料で高い感度の測定が可能であり，一般にフレーム法に比べて2〜3桁程度高感度である。しかし，バックグラウンド（BKG）吸収が大きい，共存物質の影響を受けやすい，繰り返し測定精度が低い，感度のドリフトが発生しやすいなどの欠点がある。BKG吸収や共存物質の影響は，後述するバックグラウンド補正や加熱シーケンス（手順）を工夫することによってある程度まで解消することは可能である。精度の確保やドリフトに対しては，測定回数を増やす，感度補正用標準試料を適時に測定するなどで対応する。

（c）水素化物発生法

強酸性下で$NaBH_4$（テトラヒドロほう酸ナトリウム）によって気化性の水素化物にした後，キャリアガスによって（電熱線で加熱した）石英セルに導入し，原子化して測定する方法である。この方法の適用は安定な水素化物を生成する As, Se, Sb, Ge, Bi, Sn, Te, Pb の8元素に限られるが，共存物質の影響をほとんど受けない。また，液体窒素などによるコールドトラップを用いて水素化物の濃縮を併用すると極めて高感度になる[*]。さらに，コールドトラップ後に，ガスクロマトグラフ用カラムを通すことによって化学種の分離を行うことができるので，酸素酸元素のスペシエーションに用いられている。

*　H. Hasegawa, et al., *Anal. Chem.*, **66**, 3247 (1994).

（d）還元気化法

蒸気圧が高い Hg にのみ適用できる方法である。強酸性下で塩化スズ(II)によって試料中の水銀イオンを還元し，発生した水銀蒸気を石英セルに導入する。ここでは水銀は単原子気体状となっているので，加熱は不要である。

15-2-4　出力応答と濃度計算法

原子吸光分析法をはじめとする原子スペクトル分析法では，原理的には，測定装置の出力信号と試料濃度の間には正比例の関係が成り立つように設計されている。しかし，装置の状態や試料の組成などが出力応答に大きな影響を与える。このため，装置の出力信号強度を目的対象物質の濃度に変換するためには，濃度既知の試料を用いて測定のたびに出力応答を求めることが必要になる。ここでは，代表的な3方法を解説する。

（1）検量線法

測定対象元素の濃度が既知の溶液（標準溶液 standard solution）を一連の濃度で調製する。これら標準溶液の測定により得られた出力信号強度（吸光度）を，濃度に対してプロットした直線が検量線である。測定試料中の共存

物質（matrix component）が検出感度に影響を与える，あるいはその可能性があるときは，測定試料と共存物質が同一（または類似）となる標準溶液（matrix-matched standard solution）による検量線を用いる。

　検量線は直線であることが望ましいが，曲線であってもトレースできる程度に濃度間隔を細かく取れば適用可能である。また，試料中の濃度が一定の範囲内であることが分かっているときは，想定される下限と上限の濃度範囲の標準溶液を用いることで十分である。測定中に装置の感度がドリフトする可能性があるときは，いくつかの未知試料測定ごとに標準試料を測定して，感度がドリフトしていないことを確認する。感度がドリフトしていても，その大きさが確保したい精度に比べて小さいときは，時間（あるいは測定回数）に対して感度が線形にドリフトしていると仮定して補正を行う。複数の元素を含む多元素混合標準溶液（multi-element standard solution）を調製して用いることがある。こうすると標準溶液の調製と管理の手間を省くことができる。

（2）標準添加法

　未知試料の一定量を数個分取し，これらに標準溶液の異なる量をそれぞれ添加して，濃度が異なった一連の溶液を調製する。出力信号強度（吸光度）を，添加濃度に対してプロットし，出力信号強度が0となる点の値の絶対値を目的元素濃度とする方法である（第11章11-1-3節参照）。この方法は，共存物質の影響が除かれるので，共存物質組成が複雑または未知の場合に適している。

（3）内部標準法

　内部標準法（internal standard method）では，一連の濃度の標準溶液に，目的元素と物理的・化学的性質の類似した元素（内部標準元素 internal standard element）の溶液を一定量添加する。目的元素濃度 $(X_1, X_2, X_3, \cdots)$ に対して，2元素の吸光度の強度比 $(A_{X1}/A_{IS}, A_{X2}/A_{IS}, A_{X3}/A_{IS}, \cdots)$ をプロットした検量線を作成する。

　未知試料（X）にも，標準溶液に添加した量と同一量の内部標準元素を添加する。未知試料の2元素の吸光度比 (A_X/A_{IS}) に対応して，目的元素濃度が検量線から求められる。この方法は，目的元素と内部標準元素を同一条件で測定（可能な限り，同時測定）することが必要であるが，内部標準元素を適切に選択することによって，感度ドリフトの影響や共存物質の干渉による影響を低減させることができる。

15-2-5　干　渉

　共存物質（または測定条件）による測定値への影響を干渉（interference）

と呼ぶ。原子吸光分析では，分光学的干渉，物理的干渉，化学的干渉，イオン化干渉が主なものである。

（1）分光学的干渉　分光学的干渉には，吸収波長が近接している他元素の吸収による干渉と，エアロゾル粒子の散乱や分子の吸収による干渉があり，いずれも正誤差を与える。前者の干渉は，目的元素が持つ他の波長の吸収線を利用することによって避けることができる。後者の吸収をバックグラウンド吸収（background absorption）と呼ぶ。フレーム法，水素化物発生法，還元気化法はバックグラウンド吸収の影響をあまり受けないが，高温炉加熱法では灰化段階で除去しきれない塩類によるバックグラウンド吸収が大きく，また変動も大きいため，何らかの方法で補正することが必須である。補正方法は次節で述べる。

（2）物理的干渉　フレーム法では，試料溶液の物理的特性（密度，粘度，表面張力）の影響を受けて，試料溶液のバーナーへの導入率やエアロゾル粒子のサイズ分布が変化する。高温炉加熱法では，試料溶液の物理的特性が炉に注入した試料の液滴形状に影響を与えるため，原子化時の吸収波形（原子吸収の時間変化）に影響する。試料溶液の物理的特性は，水溶液中に共存する溶質が主な原因である。したがって，この干渉は，標準溶液の物理的特性を試料溶液と揃えることによって回避することができる。共存する溶質が低濃度の場合は，試料および標準溶液を 0.1 M 程度の塩酸または硝酸酸性に調製することで物理的特性を揃えるという方法が用いられる。

（3）化学的干渉　原子が難解離性の酸化物を形成したり，共存物と難解離性の化合物を形成したりすることによる干渉である。たとえば「耐火性」の元素である Ti, W, Zr, Mo, Al は，熱的に安定な酸化物を形成しやすい。このような元素の測定には，原子化温度を上げるためにフレームに亜酸化窒素（一酸化二窒素 N_2O）―アセチレンを用いる。その他，難分解性物質を構成するイオンをマスクする試薬を添加する方法もある。たとえば，リン酸イオンの共存により Ca^{2+} は安定なリン酸カルシウムを生成するため，Ca の信号強度は減少する。試料に干渉抑制剤 La^{3+} を添加すると，リン酸イオンは La^{3+} と強く結合し，Ca^{2+} への干渉はなくなる。

（4）イオン化干渉　イオン化干渉は，原子化温度が高温になるほど起こりやすい。基底状態の原子（M^0）がイオン化したり，イオン化した励起状態（M^+，M^{+*}）に変化すると，基底状態の原子の割合が減少することになり，原子吸光の信号強度は弱まる。アルカリ金属など，イオン化ポテンシャルの低い元素は，比較的低温のフレーム中でも，（自己）イオン化干渉を引き起こす。一般に，目的元素のイオン化干渉は，原子化温度を下げることにより低減するが，試料溶液に，イオン化しやすい元素の過剰量を添加することもある。フレーム中に多量の自由電子が生じると，目的元素のイオン化が抑制される

からである。K, Rb, Cs 塩がイオン化抑制剤として用いられる。

15-2-6 バックグラウンド吸収の補正

バックグラウンド（BKG）吸収の補正方法には，原子吸収と BKG 吸収のスペクトル線幅が大きく異なることを利用する方法（連続光源法，自己反転光源法）および磁場を利用する方法（偏光ゼーマン補正法）がある。

（1）連続光源法

光源として，HCL と共に連続スペクトル光源を併用して，それぞれの光源による吸収を同時に測定して補正する方法である。連続スペクトル光源には重水素ランプ（D_2 ランプ）が用いられる。HCL 光源では，原子吸収および BKG 吸収両方の和が測定される。しかし，D_2 ランプの光源では，分光器のスペクトルバンド幅を HCL の発光線幅よりも広くしておくと，原子吸収はほとんど無視できる程度に小さくなる。D_2 ランプで測定された吸収強度（すなわち BKG 強度）を差し引くことによって，BKG 吸収が補正できる。装置構成は簡素であるが，適用は D_2 ランプの十分な発光強度が得られる $200 \sim 400$ nm の波長域に限られる。

（2）自己反転光源法

通常電流と過剰電流で交互に HCL を点灯すると，発光強度だけでなく発光スペクトルも変化する。過剰電流で点灯したときには，発光強度が大きくなり同時に発光線幅も広くなるが，ランプ内に過剰に生じた気体状原子が発光線の中心部の波長の光だけを吸収するため中心部の波長の発光がその前後の波長よりも小さくなる。これを自己反転現象という。過剰電流で点灯したときの吸収の大部分は中心波長の前後の波長の光の吸収なので，これをBKG 吸収として測定して BKG 吸収を補正する。この方法では，過剰電流に耐える特殊な構造の HCL を用いることが必要である。

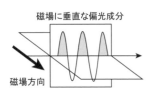

磁場に平行な偏光成分

磁場方向

磁場に垂直な偏光成分

磁場方向

図 15.12　ゼーマン効果による偏光

（3）偏光ゼーマン補正法

原子化部に設置した強い磁石で，単原子気体に磁場を加えると，原子の吸収スペクトルはゼーマン効果によって，2 つの成分に分裂する（図 15.12）。1 つ目は，磁場に平行な偏光の π 成分であり，2 つ目は，磁場に垂直な偏光の $\sigma_{\pm}$ 成分である。一方，BKG 吸収スペクトルは磁場の影響を受けないため，スペクトルの分裂や偏光特性は示さない。磁場に平行な偏光（P//）においては，測定元素の π 成分と BKG 吸収の両方が測定されるが，磁場に垂直な成分（P⊥）は BKG 吸収のみが測定されるので，両者の差から測定元素の吸収のみを求めることができる。この方法は BKG 吸収の大きな高温炉加熱

法だけでなく, フレーム法にも適用されている。装置の構成はやや複雑になるが, すべての元素に適用可能であり, 原子吸収と BKG 吸収を完全に同一の光路系で測定するため, BKG 吸収の補正法としては最も精度が高い。

15-3 ICP 発光分析法および ICP 質量分析法

15-3-1 ICP の特徴

誘導結合プラズマ (inductively coupled plasma, ICP) を用いた原子分析法には ICP 発光分析法と ICP 質量分析法がある。後者は分光分析法ではないが, ICP という優れた原子化源を用いている点が共通しているので, この節で一括して取り扱う。

ICP は, コイルに流した高周波で発生させた交流磁場を電離したガス (プラズマ) に印加し, 電離ガス内に電磁誘導で発生する誘導電流によって電離状態を維持させるプラズマである。高周波コイルを 1 次コイルとし, プラズマガスを 2 次コイルとするトランス (変圧器) として考えるとよい。連続的に流すガスに対して大電力の高周波を印加することによって, 大気圧下でプラズマを維持することが可能である。プラズマガスにはアルゴン, 高周波には 27.12 MHz, 1 〜 2 kW の交流を用いることが一般的である。ICP の発光部の構造を図 15.13 に示す。外径 20 mm 程度の石英ガラス製同軸 3 重管に適量のアルゴンガスを流し, 管上部のコイル (2 〜 4 回巻き) に高周波電流を流した状態で, テスラコイルによる初期放電でアルゴンをイオン化すると, ガスに誘導電流が流れ始め, その後はガス内を流れる誘導電流によってプラズマが加熱されて維持される。補助ガスは生成したプラズマを石英管に接触させないようにするためのものであり, キャリアガスは試料をプラズマ中に導入するためのものである。

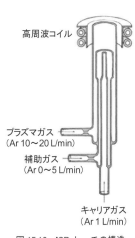

高周波コイル

プラズマガス
(Ar 10〜20 L/min)

補助ガス
(Ar 0〜5 L/min)

キャリアガス
(Ar 1 L/min)

図 15.13 ICP トーチの構造

ICP は, 以下のような特長を持つ。

(1) 最高温度 10,000 K に達する高温であり (図 15.14), 試料はほぼすべて熱分解されて単原子化され, ほとんどの元素は 90% 以上イオン化される。

(2) プラズマは誘導コイル上端から 30 mm 程度上部までアルゴンガスで覆われていて, プラズマ中心部が周囲の大気から遮断されているため, 周辺の影響をほとんど受けない。

(3) 大気圧で安定なプラズマを保持できるため, 試料導入部を大気開放形にすることができる。

(4) アークやスパークのような電極放電で発生させるプラズマと異なり, プラズマが電極などの他の部材と接触しないため, 部材による汚染がない。さらに, 通常用いられる 27.12 MHz の高周波では, プラズマ中の誘導電流が誘導コイルと同軸のドーナツ状に流れる (図 15.14)。このた

自己吸収

自己吸収：高温で励起された原子が励起されていない原子に取り囲まれていると，励起原子の発光が周囲の未励起原子に吸収される。この現象を自己吸収という。原子密度が高いと自己吸収による減光が顕著となり，濃度に対する発光強度の直線性が失われ，濃度が変化しても発光強度が変化しなくなる。

ダイナミックレンジ

ダイナミックレンジ：定量下限と定量上限で表される範囲をその測定方法のダイナミックレンジという。特に，試料濃度と信号強度の関係が一次の関係を示す範囲をリニアダイナミックレンジ（線形応答範囲）という。計測はリニアダイナミックレンジの範囲内で行うことが望ましい。

め，最高温度部がドーナツ状に分布し，相対的に温度が低いドーナツ中心部に試料を導入すると試料の拡散が抑えられて効率よい励起が行われる。また，発光分析に用いる場合には，自己吸収現象がほとんど起こらないため，極めて広いダイナミックレンジが得られる。

しかし，その一方で，プラズマの熱容量が小さいため溶媒を多量に導入するとプラズマが不安定になること，運転中は多量（装置にもよるが 10 〜 20 L/min 程度）のアルゴンガスを流し続ける必要があるためランニングコスト（運用経費）が高いことなどの欠点もある。プラズマトーチの小型化によるガス流量の削減や安価な窒素ガスでの代替えなどが試みられてきたが，実用化には至っていない。

ICP は以上に述べた特長を生かして，原子発光分析の原子化部，原子質量分析のための単原子イオン化部として利用されている。

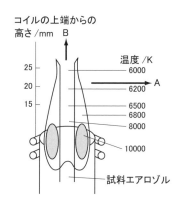

図 15.14　プラズマの構造と各部の温度
A: 半径方向からの測光，B: 軸方向からの測光

15-3-2　ICP 発光分析法（ICP-AES）

ICP 発光分析法（ICP atomic emission spectrometry, ICP-AES）は，ICP を励起源として用いた原子発光分析法である。ICP に導入された試料中の物質は，超高温によって単原子に分解され，さらにイオン化される。生成したイオンは低エネルギー状態または原子状態に遷移するときに発光する。発光の強度は励起原子の個数に比例するため，試料を一定速度でプラズマに導入すれば，発光強度はプラズマに導入された試料中の元素濃度に比例する。プラズマに導入されたすべての試料は原子化，励起されて発光するため，多元素同時定量が可能である。このため，定性分析，半定量分析，定量分析のいずれにも用いることができる。ほぼすべての金属元素と一部の非金属元素は，紫外可視領域に発光線を持つため大気圧下で測定が可能であり，また光路を窒素ガスでパージした装置を用いれば，発光線が真空紫外領域にあるハロゲ

ン元素を測定することも可能である。装置の構成図を図 15.15 に示す。

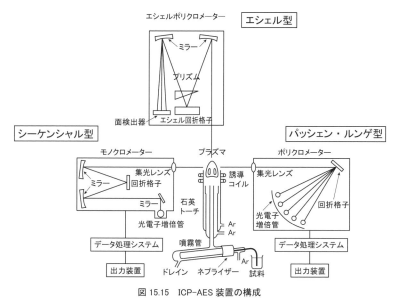

図 15.15　ICP-AES 装置の構成
代表的な 3 タイプの分光器の概略図も示した。

真空紫外領域

　紫外線のうち，波長が 200 nm 以下の紫外線は大気によって吸収されてしまうため，この波長域の紫外線を測定するには光路を真空にすることが必要である。このため，この波長域の紫外線を真空紫外線（vacuum ultra violet）と呼ぶ。また，大気中の酸素は 200 nm 以下，窒素は実質的には 100 nm 以下に吸収を持つため，100 - 200 nm の紫外線は光路を真空にしないで安価な窒素ガスでパージすることで測定可能となる。このため，100 - 200 nm の紫外線を（狭義の）真空紫外線と呼ぶこともある。

　ICP への試料の導入は，水溶液試料を噴霧してその一部をキャリアガスに乗せてプラズマ中心部に送り込みことによって行う。フレーム原子吸光分析装置における試料導入法と同じ方法であるが，プラズマを安定に保つため，できるだけ細かい霧状にする必要があることから，フレーム原子吸光分析装置よりも高精度なネブライザーが用いられる。噴霧した試料のうちプラズマに導入される割合は一般に 1〜数％程度である。

　ICP による発光線は，円筒型プラズマの半径方向（radial, 図 15.14 の A）または軸方向（axial, 図 15.14 の B）から分光器に導入する。前者はバックグラウンド発光が大きいため検出限界がやや高くなるが，自己吸収の影響を受けにくいため広いダイナミックレンジを持っている。一方，後者はバックグラウンド発光が小さいため検出限界は低くなり，励起部の光路長が長くなるため感度も高くなるが，自己吸収の影響を受けやすいためダイナミックレンジがやや狭くなる。それぞれに長短があるため，近年は両方の測光を切り替えて測定できる装置が多い。

　ICP 発光は，原子やイオンによる線幅の狭い輝線スペクトルに連続スペクトル発光が重畳した形になっている。さらに，各原子・イオンが多数の輝線を持つため，輝線どうしが隣接していることが多く，分光干渉を受けやすい。このため，ICP-AES 装置に用いる分光器は高分解能のものが要求される。また，多元素を同時に測定するためには，複数の輝線の波長を同時に，あるい

は短時間内で測定できることが必要である。さらに，バックグラウンド発光の強度を差し引いて輝線の強度のみを得るためには，輝線の発光強度と併せて輝線近傍のバックグラウンド発光の強度を測定することが必要である。かつては検出器に光電子増倍管（PM）を用いた分光器が一般的であったが，PM の物理的サイズを小さくするには限界があるため，多波長の発光を測定するためには，波長スキャンを行う（図 15.15 のシーケンシャル型）か，大型の分光器（図 15.15 のパッシェン・ルンゲ型）を用いることが必要であった。

近年は PM にかわって，高性能でかつ高密度なアレイ型半導体検出器の利用が一般的になった。アレイ型半導体検出器は，CCD などの超小型の半導体光検出器を直線状あるいは平面状に多数並べたものである。直線状検出器をモノクロメータに用いると，輝線とその周辺のバックグラウンド発光を同時に測定することができるので，バックグラウンド発光補正の高精度化を達成することができる。また，目的波長に狙いを定めて測光した後に次の目的波長に動かすという設定をするだけでよく，連続スキャンをする必要がないため，測定の短時間化が可能である。一方，平面状検出器とエシェル分光器（図 15.15）のような 2 次元分散型分光器を用いると，広い波長域の光を同時に測光することができるため，さらに効率がよい測定が可能となる。

ICP 発光分析法は溶液試料，しかも主として水溶液を対象にした方法であり，測定試料を水溶液化するという前処理が必須である。多くの元素で検出限界が μg/L オーダーとなっており，フレーム原子吸光分析法よりも高感度である。また，ダイナミックレンジが 5 〜 6 桁と非常に広く，さらに，励起源が高温なので化学干渉が少ない。濃度レベルが異なっている試料中の多元素を同時に測定できることは極めて有利な特性である。このため，ICP 発光分析法は材料分析から環境分析まで幅広く用いられている。しかし，溶液を噴霧して導入するという方式であることからフレーム原子吸光法と同様，物理干渉を受ける。また，有機溶媒を直接送り込むとプラズマが不安定になるため，水以外の溶媒の使用は制限される。

15-3-3　ICP 質量分析法（ICP-MS）

ICP 質量分析法（ICP mass spectrometry, ICP-MS）は，ICP をイオン源とする質量分析法である。ICP に導入された試料中の物質が，超高温によって分解されて生成した単原子イオンを質量分析部に導入して，元素の同定・定量を行う。ICP-AES と同様，多元素同時分析が可能であるが，ICP-MS は多くの元素について検出限界がサブ ng/L 程度と極めて高感度であり，また，質量分析部が十分な分解能を備えていれば同位体分析も可能である。装置の構成図を図 15.16 に示す。

エシェル分光器

分解能があまり高くない回折格子（エシェル回折格子）の高次回折光を，別の分散素子（プリズムや回折格子）を用いて高次回折光とは直角の方向に分散させることによって，平面状に分光する分光器である。高次回折光は低次回折光よりも波長分解能が高いが，複数の次数の回折光が同じ場所に現れるため，別の分散素子を用いて複数の次数の回折光を分離する。

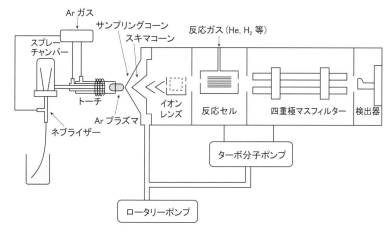

図 15.16　ICP-MS 装置（四重極型）の構成

　大気圧下で保持される ICP から流出する高温気体中のイオンを高真空（通常は 10^{-4} Pa 程度）の質量分析部に導入することが必要なため，そのインターフェース部分に特別な構造が必要である。インターフェース部は差動排気の真空チャンバー（三段差動排気が最も一般的である）で構成されている。イオンは，中央部が円錐状になった 2 枚の円板（サンプリングコーン，スキマーコーン）の頂点部にある直径 0.5 ～ 1 mm の細孔から引き込まれ，イオンレンズで収束されて，質量分析部に送られる。

　質量分析部には，四重極型または二重収束型が用いられる。四重極型は，正方形型に平行に並べた 4 本の直線電極に，交流を重畳させた直流電圧をかけて，特定の m/z のイオンみを通過させるようにしたものである。小型で安価であるが，同位体分析ができるほどの質量分解能はない。このため，多原子イオンや同重体*イオンの干渉が問題となることがある。一方，二重収束型は扇形電場と扇形磁場を組み合わせて特定の m/z のイオンみが検出器に収束するようにしたものである。大型で高価であるが，質量分解能が高いため同位体分析も可能である。

　イオン検出部には，感度，直線応答性ともに優れている二次電子増倍管が用いられる。イオン個数の測定には，イオン個数に対応する出力パルスの個数をカウントするパルス検出方式と，イオン個数に比例する出力電流を測定するアナログ検出方式がある。

　ICP-MS は多原子イオンや同重体イオンの干渉を受けない限りバックグラウンド信号がほとんど発生しない。このため，極めて高感度でダイナミックレンジが広い測定が可能である。一方，共存物質による干渉はかなり大きく，一般に共存元素の濃度が数十 ppm 以上あると感度が低下する。ICP と MS のインターフェース部分での干渉が原因であると考えられている。また，試

＊　同重体は質量数が等しいが，陽子や中性子の数が異なる核種のことである。たとえば ^{14}C と ^{14}N は同重体である。

二次電子増倍管
　イオンの衝突によって放出される電子を多段階で増倍させる検出器。光が当たって放出される光電子を増倍させる PM と原理的には同じしくみであり，非常に高い感度を得ることができる。

料溶液を噴霧して導入する方式を用いるので，ICP-AES と同様に物理干渉を受ける。

演習問題

15-1 試料溶液の入った光路長 1.0 cm の吸収セルに，ある波長の光を入射すると透過率は0.80であった。この透過率の値を吸光度に換算せよ。また，同じ試料溶液を光路長 2.0 cm および 3.0 cm セルで測定したときの透過率と吸光度を計算せよ。

15-2 銅(I)はバソクプロインジスルホン酸イオンと特異的に反応して，1：2の水溶性キレートを生成して着色する。このキレート錯体の最大吸光波長は 485 nm である。この溶液を光路長 2.0 cm の吸収セル中で測定すると，波長 485 nm において，吸光度 $A = 0.192$ であった。この試料溶液は何色に見えるであろうか。モル吸光係数 $\varepsilon = 1.2 \times 10^4$ として，この銅(I)錯体の濃度を計算せよ。

15-3 原子吸光分析法では中空陰極ランプの代わりに重水素ランプなどの連続スペクトル光源を用いることはほとんどない。その理由を答えよ。

15-4 フレーム原子吸光分析法または ICP 発光分析法で，海水中のアルカリ金属およびアルカリ土類金属イオンを測定する場合に，起こりうる問題点を考えよ。また，その対策として，どのような方法をとればよいか答えよ。

15-5 ICP 発光分析法で分光干渉が発生したときに，これを回避する方法を答えよ。

15-6 ICP 質量分析法で海水中の銅，亜鉛などの微量金属元素を直接測定することは感度上可能であるが，実際には困難である。その理由と対策を答えよ。

16 蛍光 X 線分析法

16-1 蛍光 X 線分析法とは

　蛍光 X 線分析法（x-ray fluorescence analysis, XRF）は，X 線を試料に照射し，発生した二次 X 線（蛍光 X 線）を利用した元素分析法である。軽元素を除く周期表のほとんどの元素について，主要成分から ppm オーダーの微量成分までを定性・定量分析できる。蛍光 X 線分析法は，金属・合金，化合物，混合物の固体または溶液を非接触・非破壊的に分析できる利点がある。細い照射 X 線を用いれば局所の元素濃度分布を知ることができ，逆に，大きな径の X 線の使用により正確な定量分析が可能である。試料の調製は比較的容易で，測定時間は短く迅速な分析が可能である。非破壊分析が求められる工業製品の品質管理，科学捜査，地球科学，考古学など様々な分野に広く用いられている。

　XRF 装置は波長分散（wavelength dispersive x-ray spectrometry, WDX）方式とエネルギー分散（energy dispersive x-ray spectrometry, EDX）方式とに区分される。WDX 方式は EDX 方式と比べると長い測定時間が必要だが，試料の正確な組成を測定するのに適している。一方，EDX 方式は迅速に多元素同時測定できるが，定量性は WDX 方式に劣る。測定に要する時間は EDX 方式では数分で足りるが，WDX 方式では数十分を要する。

　正確な分析値を得るには測定条件が適切でなければいけない。XRF 装置で測定する際のパラメータは，X 線管球の種類，加速電圧・管球電流，分光結晶の種類，検出器の種類，雰囲気，X 線ビームの大きさなど多岐にわたる。X 線管球は測定の度に交換することは現実的ではないが，その他のパラメータは測定ごとに自由に設定できる。正確な結果を得るには，測定する試料にとって最適なパラメータを選択する必要がある。

　本章では，蛍光 X 線分析法の概要と試料測定をする上で理解しておくべきポイントを述べる。

16-2 蛍光 X 線装置の構成

　蛍光 X 線分析は試料に連続 X 線や特性 X 線を照射して，試料から発生する蛍光 X 線を分光して検出・記録する。XRF 装置は，主に X 線光源，コリメータ，試料室，X 線分光器，X 線検出器，計数回路，コントロールパネルなど

で構成される。一般的な測定として，前処理をして均一にした試料に大きな径のX線を照射する場合と，試料中の元素濃度分布を有する領域に細いX線を照射する場合とに分かれる。

16-2-1　X線管球

蛍光X線分析では，X線管球から発生する連続X線と特性X線の両方を利用する。管球の窓は，X線の吸収が少ないベリリウムの薄板（厚さ0.1〜1 mm）でできている。ベリリウム薄板は有害で割れやすいので，注意が必要である。

A. X線管の基本構造

X線の発生は，通常，封入式管球を用いて行われる。基本構造を図16.1に示す。タングステンフィラメントを真空中で高温に加熱すると熱電子が放出される。この熱電子に高電圧を印加して加速し，ターゲット金属の陽極（anode）に衝突させるとX線が発生する。X線に変換されるエネルギーは，わずかに0.1%程度である。大部分の電子の運動エネルギーは熱に変換されるため，ターゲットは冷却が必要となる。大出力のX線管では水冷が用いられ，小型の小出力タイプであれば空冷で行われる。管球から発生するX線は，電子の制動放射による連続X線と，外殻電子が内殻に遷移するときに発生する特性X線からなる。

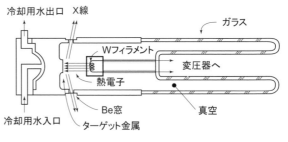

図 16.1　X線管球の基本構造

B. 連続X線

タングステン管球から発生する連続X線（白色X線）のスペクトルを図16.2に示す。X線の連続スペクトルは高速の電子が陽極に衝突し，急減速する過程で発生する。その際の電子の衝突の仕方や衝突で失うエネルギーは様々であるので，X線のスペクトルは連続となる。

連続X線の短波長側には明瞭な限界が存在する。これは電子の全運動エネルギーが1回の衝突でX線に変わるときの値である。連続X線の最短波

＊　オングストローム（Å）はSI単位系でないが，X線の分野では慣習的に用いられる（1 Å = 1 × 10⁻⁸ cm = 0.1 nm）。

長 $\lambda_{\min}$（Å）*は，X 線管の加速電圧 V で決まる。エネルギー E（keV）と波長 λ（Å）との間には式（16.1）が成り立つ。h はプランク定数，c は光速度である。

$$E = \frac{hc}{\lambda} = \frac{12.398}{\lambda} \tag{16.1}$$

さらに加速電圧 V（kV）と最短波長値 $\lambda_{\min}$（Å）の間には式（16.2）が成り立つ。

$$\lambda_{\min} = \frac{12.398}{V} \tag{16.2}$$

また，連続 X 線の強度 I は，加速電圧 V の 2 乗，ターゲット材料の原子番号 Z，管球電流 i に比例し，次式が成り立つ。

$$I = 1.4 \times 10^{-9} Z i V^2 \tag{16.3}$$

加速電圧が高いほど連続 X 線の強度が大きくなり，スペクトルは短波長側に移動する様子が図 16.2 から読み取れる。強度が最大になる波長は，最短波長値 $\lambda_{\min}$ の 1.3 〜 1.5 倍程度である。

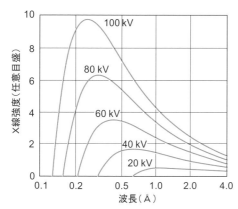

図 16.2　タングステンの連続 X 線スペクトル

C. 特性 X 線

X 線管球の加速電圧を高くしていくと，ターゲット材料を構成している元素種で決まる一定の電圧（励起電圧）以上で，連続 X 線に重なって数本の線スペクトルが現れる。これが特性 X 線である。Kα 線を高分解能の分光器を用いて調べると，Kα_1 と Kα_2 の二重線からできていることがわかる。Kβ 線の波長は Kα 線の波長よりもやや短い。L 線や M 線は K 線のはるか長波長側に現れる。この波長値を巻末付表 V に示す。この値は，X-Ray Data Booklet（http://xdb.lbl.gov/）から抜粋したものである。X 線分析を実施する上で参考になる。

特性 X 線の波長は，原子構造と密接に関係している。1913 年，イギリスのモーズリー（H. G. J. Moseley）は当時入手できた Al から Au までの 45 元素について実験を行い，特性 X 線の振動数 ν の平方根と原子番号 Z との間

に式（16.4）の直線関係があることを発見した。A, B はスペクトルの系列によって決まる定数である。図 16.3 はこれらの関係を示したものである。

$$\frac{1}{\sqrt{\nu}} = AZ - B \tag{16.4}$$

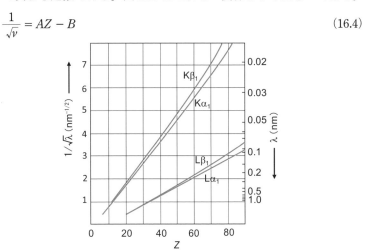

図 16.3　特性 X 線の振動数と原子番号との関係

　巻末付表 V に示すとおり，特性 X 線のスペクトルは波長の短い方から K, L, M などの系列がある。蛍光 X 線の発生機構の概念図を図 16.4 に示す。X 線が原子に衝突すると，原子核に近い内殻の電子が叩き出されて空孔を生じ，外側の殻を占めていた電子がこの軌道に落ち込む。エネルギーの高い軌道から低い軌道に遷移した電子は，エネルギー差を電磁波として放射する。これが特性 X 線である。K 殻の外側の殻にある電子が K 殻に遷移するときに放射される X 線が K 系列のスペクトルをつくる。同様に，L, M 系列と続いて，その順に波長が長くなる。たとえば，K 殻にある空孔が L 殻からの電子によって埋められて生ずる X 線を Kα 線，M 殻や N 殻からの電子によって埋められて生ずる X 線を Kβ 線という。Kβ 線は Kα 線よりも波長が短い。

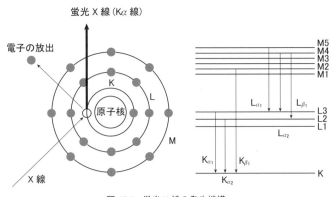

図 16.4　蛍光 X 線の発生機構

　マイナスの電荷を持つそれぞれの殻に属する電子は，プラスの原子核と
クーロン力によって結びついている。同列のスペクトルが放射されるには，
束縛電子を解放（励起）する必要がある。その解放に必要なエネルギーは，
原子からその電子 1 つを取り除くのに必要なエネルギーと等しい。このエネ
ルギーは，吸収端エネルギーまたは励起エネルギーと呼ぶ。たとえば，Ti
の K 線を測定したければ，巻末付表 V を参照し，K 吸収端の値 4.965 keV 以
上の X 線を試料に照射すればよいことがわかる。

D.　陽極の種類と管球の選択基準

　XRF 用管球のターゲット材料としては，Cu, W, Ag, Rh, Mo, Cr などが実用
化されている。X 線管球を選択する際は，分析試料に含有する元素を考慮し
て，適切な管球を選定する必要がある。特性 X 線のエネルギー値はターゲッ
ト元素によって決まり，重元素ほどエネルギーが高い。特性 X 線の強度は，
加速電圧の 2 乗に比例し，管球電流に比例する。たとえば，Cu 管球を用い
ると得られる主な特性 X 線は，Cu Kα 線 8.042 keV である。Co K 吸収端値
は 7.710 keV，Ni K 吸収端値は 8.332 keV なので，原子番号が Co 以下の元素
の K 線は励起できるが，Ni 以上の元素は励起できず分析できないことがわ
かる。ただし，特性 X 線で特定元素の蛍光 X 線を効率よく励起し，試料か
らのコンプトン散乱を避けて見やすい蛍光 X 線スペクトルを得るには，そ
の元素の吸収端値よりエネルギーがやや高い X 線を照射するのがよい。

　基本的には X 線管球は交換できるが，水冷のものは水漏れの対策が必要
であり，やや煩雑である。装置によっては，交換不可なものがある。測定の
前に以下の点を検討する必要がある。

① 分析する元素の特性 X 線を効率よく励起できる。
② 励起した X 線スペクトルの S/N 比が高い。
③ 分析する元素の特性 X 線が，X 線管球からの特性 X 線の干渉性散乱や
　　コンプトン散乱と重ならない。

16-2-2　試料室と試料容器

　XRF では，通常，真空下（1 mmHg 以下に減圧）で測定する。空気中に
存在するアルゴン（0.93%）の影響を取り除き，軽元素の蛍光 X 線の空気に
よる吸収をさけるためである。重元素は大気中でも測定できるが，軽元素の
特性 X 線はエネルギーが低く雰囲気による吸収が大きい。また，液体試料
は蒸発するので，真空下では測定できない。このようなときはヘリウム雰囲
気中で測定する。空気中およびヘリウム中で測定した場合の X 線透過率を
真空中と比較した結果を図 16.5 に示す。

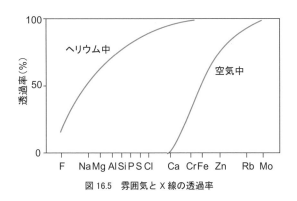

図 16.5 　雰囲気と X 線の透過率

16-2-3　X 線の分光方式

蛍光 X 線分析は，次の波長分散式（WDX）とエネルギー分散式（EDX）の 2 種類に大別される。

WDX 方式では，単結晶を用いた X 線の回折現象を利用して分光（波長を分別）する。幅広い元素を測定するには，LiF 結晶（重元素用）や　Ge 結晶，PET 結晶*（軽元素用）など数種類の単結晶を使用する。WDX 方式の装置は正確な定量分析に適している。

一方，EDX 方式では，マルチチャンネル波高分析器を使って電気的に分光し，半導体検出器（SSD）やシリコンドリフト検出器（SDD）を用いて測定を行う。EDX 方式の装置は，小型であり可動部分がないため，迅速な分析が可能であるが，WDX と比べるとエネルギー分解能が悪く，定量性に劣る。

*　PET（pentaerythritol）結晶

波長分散式（WDX）

A. 分光結晶

分光結晶は単結晶による X 線の回折現象を利用して，波長を分別する装置である。使用する分光結晶は分析する元素の蛍光 X 線に対して，反射率が高く分解能が優れていることが求められる。測定する全波長域で，これらの要求を満す結晶は存在しない。従って，数種の分光結晶を切り替えて使用する。図 16.6 に代表的な分光結晶と選択する際の目安を示す。ここで，最下段に記された TlAP は thallium acid phthalate の略号である。

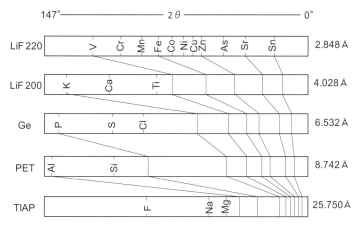

図 16.6　分光結晶の選択基準

B．波長分散式 X 線検出器

比例計数管

　比例計数管は，気体の電離作用を利用して X 線を検出する検出器である。比例計数管（proportional counter, PC）の基本構造を図 16.7 に示す。PC には，封入型とガスフロー型とがある。PC は，金属円筒の中心に 30 μm 程度の細いタングステン線を張って陽極とし，金属円筒を陰極とする。封入型 PC の窓は薄いベリリウム箔で作られ，キセノンガスが充填されている。ガスフロー型 PC は，長波長の X 線を測定する際に用いる。窓材がポリエステルやポリプロピレンの薄膜であるため，気密を保つのが難しく，PR ガス（アルゴン90%，メタン 10%の混合ガス）を流しながら測定する。PR ガスの密度を一定に保つため，ガス密度安定器が必要である。X 線が気体を通過すると光電子を叩き出してイオン化が起こることを利用して，X 線強度を計測することができる。

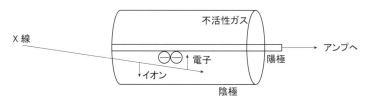

図 16.7　比例計数管の構造

シンチレーション計数管

　シンチレーション計数管（scintillation counter, SC）は固体の発光作用を利用している。シンチレータ（発光体 scintilator）には，微量のタリウムで活性化した NaI 単結晶が用いられる。X 線がこの単結晶に入射すると瞬間的に

青白い蛍光を発する。その際に生ずる光子数は，入射された X 線光子のエネルギーに比例する。この微弱な光を光電子増倍管により増幅する。発光体の光が光電陰極で電子に変換され，それに続く多段の二次電子面で電子がねずみ算式に増加する。SC の測定波長範囲は，0.2 ～ 3 Å（概ね Sc ～ U に相当）と幅広い。

C. 計数回路

　波長分散式 XRF 装置の信号処理の基本的回路を図 16.8 に示す。PC や SC の出力パルスは微弱であるため，検出器に直結しているプリアンプで増幅したのち，波形を整えて増幅器（メインアンプ）で比例増幅することにより数ボルトのパルスを得る。このパルスの波高は入射 X 線のエネルギーに比例する。

図 16.8　XRF 装置の信号処理の基本的回路

　波高分析器（pulse-height analyzer, PHA）は，パルスの波高の上限と下限を任意に設定して，その間にある波高のパルスだけを通過させる回路である。X 線強度は単位時間に検出器に入射するパルスの数（cps）に比例している。これを計数率（counting rate）という。X 線が強いということは，パルスの数が多いことを意味している。

エネルギー分散式（EDX）

A. エネルギー分散式 X 線検出器

半導体検出器（SSD）

p-i-n 型のシリコンダイオードに 1000 V 程度の逆電圧を印加し，これに X 線を入射すると電流が流れてパルスが発生する。半導体検出器（solid state detector, SSD）は，この現象を利用している。Si に微量の Li をドープしたリチウムドリフト型シリコン検出器，Si(Li) 型 SSD が一般的である。この原理を図 16.9 に示す。i 層に X 線が入射するとエネルギーに比例した電子－正孔対が生成する。SSD は生成する電子－正孔対の数が多く，X 線の検出効率がよいのが特徴である。Si(Li) 検出器では，常温では Li の移動が大きく容易に拡散してしまう。その拡散を防ぐため，増幅用トランジスター（電解効果型トランジスター：FET）を液体窒素で冷却する必要がある。

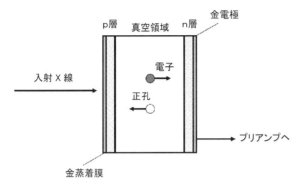

図 16.9　半導体検出器（SSD）の原理

シリコンドリフト検出器（SDD）

　SDD の基本原理図を図 16.10 に示す。p-i-n 型検出器の表面にリング状の電極を刻み，素子の中心に小さな陽極を配置して，その近傍の素子上に FET を作成した検出器である。素子中心の陽極に向かって電位勾配が形成されるようリング状電極にフィールド電圧を印加すると，すり鉢状の内部電界のため，X 線の照射により発生した電子は陽極に向かってドリフトして収集される。得られるパルス波高が大きく，熱等に由来するノイズが少ないため，SSD と比べてエネルギー分解能および計数率が高い。さらに，ペルチェ素子による冷却（〜 −20℃）で動作が可能なため，液体窒素による冷却が必要ない。しかし SDD の素子は非常に薄く，高エネルギーの X 線の検出効率が低いという欠点がある。液体窒素による冷却が不要で小型化が可能で利便性が高いため，現在販売されている一般的な XRF 装置では SDD が採用されている[*]。

* 　一般的な XRF 装置の SDD には，真空を保持するための窓材としてベリリウム膜が用いられている。高感度に分析するため試料を SDD に近づける際に，接触してベリリウム膜を破いてしまう事故には特に注意が必要である。

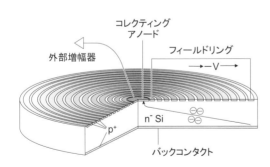

図 16.10　シリコンドリフト検出器（SDD）の原理

B. 計数回路

　エネルギー分散方式（EDX）では，検出器とマルチチャンネル波高分析器（multi-channel pulse-height analyzer, MCA）を組み合わせて電気的に波長

を分別する。EDX 方式の計数回路は WDX 方式の計数回路と等しいが，EDX では波長(エネルギー)が異なる X 線が同時に検出器に入射されるので，それらを瞬時に分別，計数，表示する必要がある。そのため，MCA が用いられる。マルチチャンネル波高分析器 MCA は多チャンネルの波高分析器を 1 つの回路にまとめた装置である。図 16.11 では，① Si Kα と Fe Kβ のパルスがつぎつぎに MCA に入射している。② それらのパルスはそれぞれのエネルギーに相当するチャンネルに分類されて積算される。③ その結果は直ちにディスプレー上に表示される。

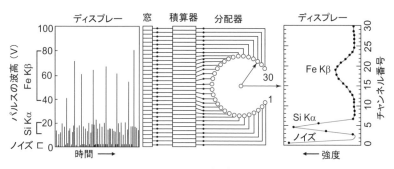

図 16.11　マルチチャンネル波高分析器（MCA）の原理

C. 検出器の数え落とし

検出器に X 線光子が入射されると，1 個のパルスを発生する。しかし，強い X 線が入射され，その直後に光子が入射してもパルスを発生しない。この時間を検出器の不感時間（dead time）という。不感時間があるため，検出器の能力以上に強い X 線を計数すると観測 X 線強度は実際の値よりも小さくなる。EDX 方式の装置の不感時間は，$1 \sim 10\ \mu\text{sec}$ 程度である。一方，波長分散式（WDX）の検出器 PC，SC の不感時間は $0.2\ \mu\text{sec}$ 程度であり，EDX 方式より数え落としが少ない。

16-3　定性分析

XRF による元素の定性分析は比較的容易である。しかし，多成分を含むサンプルを測定する場合，ピークが重なりスペクトルの読み方が複雑になる。その際は，ピークを分離したり，重ならないピークを選んだりする必要がある。スペクトルのバックグラウンドが高いと，小さなピークの検出は難しくなる。微量成分を測定する際には，バックグラウンドを抑える工夫が必要である。XRF 装置で定性分析する手順を以下に示す。

16-3-1　ピーク同定の手順

測定したスペクトルのすべてのピークは，正しく同定しなければならない。

巻末付表 V のエネルギー値と特性 X 線の強度比が同定のためのツールとなる。特性 X 線の強度比は概ねどの元素でも一定である。以下の強度比を参考にするとよい。

 K 線：Kα_1 100，Kα_2 50，Kβ_1 20，Kβ_2 10，Kβ_3 10　（Kα：Kβ = 5：1）
 L 線：Lα_1 100，Lα_2 10，Lβ_1 50，Lβ_2 20，Lγ_1 10　　（L$\alpha_{1,2}$：Lβ_1 = 5：4）
 M 線：Mα_1 100，Mα_2 100，Mβ_1 50

また，一次 X 線を試料に照射すると，管球からの特性 X 線が散乱され，スペクトルに現れる。散乱には干渉性（レイリー）散乱と非干渉性（コンプトン）散乱とがある。レイリー散乱ピークはシャープなピークで，散乱してもエネルギーが失われず，X 線管球由来の特性 X 線と同じエネルギーを持つ。レイリー散乱ピークのやや低エネルギー側に現れるブロードなピークがコンプトン散乱である。コンプトン散乱は軽元素ほど，そして高角度になるほど著しく観察される。

エスケープピークとサムピーク

　エスケープピーク（escape peak）は，検出器に特有なエネルギー値だけ，入射 X 線のエネルギーより低い位置に現れるピークである。Si(Li) 型 SSD および SDD では，1.740 keV（Si Kα 分）だけ低エネルギー側に，アルゴンガスフロー型比例計数管では 2.957 keV（Ar Kα 分）だけ低エネルギー側に小さなピークが現れる。

　サムピーク（sum peak）は，強い X 線強度により複数個の X 線光子がほぼ同時に入射したとき，検出器はそれらを別のパルスとして認識できないために起こるピークのことである。検出されるピーク波長は，強いピークのエネルギーの和となる。

手　順

① 最強ピークから同定を行う。巻末付表 V を参照し，ピークのエネルギー値を読み取る。まず，Kα 線で検索し，Kα と Kβ の強度比を考慮して Kβ 線のピークを確認する。Kα と Kβ の強度比の目安を約 5：1 とするとよい。
② K 系列 X 線で同定できない場合，L 系列 X 線でピークを同定する。Lα_1，Lβ_1，Lβ_2，Lγ_1 などの強度比を考慮して確定する。L$\alpha_{1,2}$ と Lβ_1 の強度比の目安を約 5：4 とするとよい。
③ 次に強いピークについて，①，②の手順で同定を行う。この繰り返しをすべてのピークについて行う。
④ X 線管球の特性 X 線による散乱ピーク，エスケープピーク・サムピークを調べる。
⑤ その他の要因を考える。

16-3-2　考慮すべきその他の要因

① 測定試料に含まれている不純物や試料調製時における混入物由来の可能性を検討する。

② 試料容器，試料マスク，フィルタ，コリメータ，分光結晶など，装置構成部に由来する蛍光 X 線が発生している可能性について検討する。

③ X 線管球の陽極がフィラメントのタングステンで汚染されている可能性を検討する。

④ 重元素由来の L 線，M 線について検討する。

弱いピークについて，正しく同定することは難しい。同定が難しい弱いピークがあれば，高純度シリコンのような不純物を含まない試料を測定すると，その原因が明らかになる場合がある。

16-4　定量分析

A．検量線法

検量線法は，多くの機器分析法で用いられる最も一般的な定量方法である。しかし蛍光 X 線強度は，特に，マトリックスの影響を強く受けやすいので，測定したい試料と類似した成分組成を持つ標準物質*（または標準試料）が必要となる。検量線作成には，目的元素の含有量が少しずつ異なる複数個の標準試料を用いる。未知試料の定量は，検量線の範囲内で行なわれる。正確な値を得るうえで重要なことは，未知試料に近いマトリックスを持つ標準物質を入手することである。

B．標準添加法

固体粉末および液体試料は，他の物質を添加して，均一に混合することが可能である。ある未知試料に対し，目的元素（を含む物質）の異なる量を添加し，複数個の測定試料を調製する。添加量に対して蛍光 X 線強度が直線性に増加することが，本法の前提条件である。含有量が多い場合には直線性が失われるので，未知試料中の目的物質が 5%以下の場合に利用するとよい。標準添加法においては，試料中のマトリックスは変化しないので，マトリックスの影響が除外された分析値がえられる。

C．内標準添加法

マトリックス効果を低減して定量する方法として，内標準添加法がある。吸収効果を小さくするため，内標準元素として，分析元素に近接した元素が選ばれる。たとえば，Mn の分析には内標準元素として，各試料に一定量の Co を混合する。ただし，試料中には含まれていない元素を選択する必要がある。内標準添加法の概念図を図 16.12 に示す。

マトリックス

マトリックスは試料中に含まれる（目的成分以外の）共存成分である。試料中に様々な元素が共存すると，試料から発生した蛍光 X 線が共存元素に吸収されたり，その蛍光 X 線によって 2 次励起が起こったりする。目的元素含有量が同じでも，共存元素が異なると蛍光 X 線の強度が異なって検出される。これを共存元素効果またはマトリックス効果と呼ぶ。

---

* 標準物質（または標準試料）については，第 11 章（11-3 節）を参照。

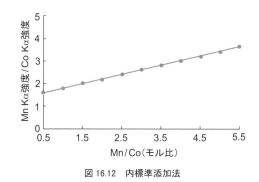

図 16.12　内標準添加法

D. 散乱 X 線内標準法

　散乱 X 線内標準法は，散乱を内標準として定量する方法である。上記の A ～ C は，他の機器分析と共通する定量法であるが，この方法は蛍光 X 線に特有の定量法である。散乱 X 線強度および蛍光 X 線強度は，試料を構成する原子の平均原子番号に反比例することが知られている。つまり，蛍光 X 線強度と散乱 X 線強度の比を取れば，試料の X 線吸収効果を補正することが可能になる。散乱 X 線としては，レイリー散乱強度，コンプトン散乱強度，対象元素ピークのバックグラウンド強度が用いられる。本法の分析精度は高くないが，試料量が微量であったり，非破壊で分析する必要があったりして，内標準物質を添加できない場合に特に有効である（図 16.13 参照）。

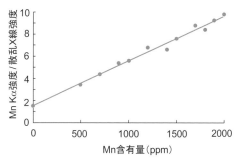

図 16.13　散乱 X 線内標準法

E. ファンダメンタルパラメータ法（FP）

　XRF で非常に正確な定量を行うには，標準物質を用意する必要がある。しかし，まったくの未知試料の分析では，分析する試料のマトリックスに近い標準物質の入手は困難である。XRF では，試料の組成，測定条件，ファンダメンタルパラメータ（物理定数）がわかっていれば，蛍光 X 線強度を関数として理論的に算出することが可能である。FP 法は，この理論強度計算を用いることで，計測された蛍光 X 線強度から試料の組成を求める定量

方法である。つまり，標準物質を使わないでも未知試料の組成を明らかにすることができる。FP法はファンダメンタルパラメータを使って，装置の感度定数とマトリックス補正定数を独立に算出して，未知試料の定量分析精度を向上させることにより，十分に正確な定量値を得ることができる[*]。

＊　詳細は中井　泉（編）「蛍光X線分析の実際」第2版，朝倉書店（2016）を参照。

演習問題

16-1　モリブデン管球を備え付けた蛍光X線分析装置を用いて，シリコン板上にプラスチック片を置いて，蛍光X線分析を行った。その際，試料室はポンプを用いて真空状態とした。図aは，プラスチック片から得られた蛍光X線スペクトルである。図bは，図aの低X線強度領域を拡大したものである。巻末付表Vを参照し，図a, bのA〜Jのピークを帰属せよ。

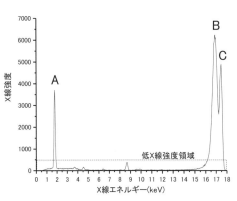

図a　プラスチック片の蛍光X線スペクトル

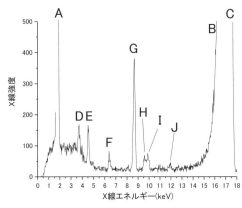

図b　プラスチック片の蛍光X線スペクトル（図aの低X線強度領域を拡大表示）

16-2　モリブデン管球を備え付けた蛍光X線分析装置を用いて，フィルム上に置いたガラス片について，蛍光X線分析を行った。その際，試料室はポンプを用いて真空状態とした。図cは，ガラス片から得られた蛍光X

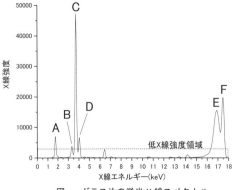

図c　ガラス片の蛍光X線スペクトル

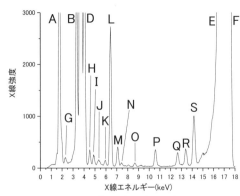

図d　ガラス片の蛍光X線スペクトル（図cの低X線強度領域を拡大表示）

線スペクトルである。図 d は，図 c の低 X 線強度領域を拡大したものである。巻末付表 V を参照し，図 c, d の A 〜 S のピークを帰属せよ。なお，ガラス片を置いたフィルムから，蛍光 X 線ピークは発生しないこととする。

16-3 ロジウム管球を備え付けた蛍光 X 線分析装置を用いて，セラミックス試料について，蛍光 X 線分析を行った。その際，試料室はポンプを用いて真空状態とした。図 e は，セラミックス試料から得られた蛍光 X 線スペクトルである。巻末付表 V を参照し，図 e の A 〜 Q のピークを帰属せよ。

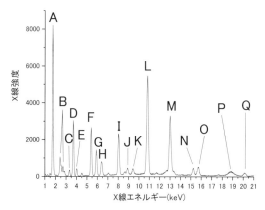

図 e　セラミックス試料の蛍光 X 線スペクトル

演習問題　解答例

第 1 章

(1-1)　$c = 2.55 \times 10^{-4}$ M, $c(NH_4^+) = 5.10 \times 10^{-4}$ M, $c(Fe^{2+}) = 2.55 \times 10^{-4}$ M, $c(SO_4^{2-}) = 2.55 \times 10^{-4}$ M

(1-2)　硝酸溶液 1 L 中の HNO_3 および H_2O の重量（質量）は $1000 \times 1.400 \times 0.653 = 914.2$ g および $1400 - 914.2 = 485.8$ g である。$c = 914.2/63.02 = 14.5$ mol dm^{-3}, $m = 14.51 \times 1000/485.8 = 29.9$ mol kg^{-1}, $x = 14.51/(14.51 + 26.96) = 0.350$

(1-3)　$1000 \times 1.19 \times 0.380/36.46 = 12.4$ M, $0.16 \times 20.0 \times 1000/12.4 = 258$ mL

(1-4)　1-3-2 節参照。

(1-5)　1-3-2 節参照。

(1-6)　PC 中に溶解する低濃度の水は孤立分子状態にあり，ドナー数 18。

第 2 章

(2-1)　省略

(2-2)　$K = A e^{-\Delta H^0/8.31T}$ より $\Delta H^0 = 63.4$ kJ mol^{-1}

(2-3)　(a) 0.05　(b) 0.06　(c) 0　(d) 0.1 M 酢酸の解離度を α とすると $\mu = 0.1\,\alpha$

(2-4)　(a) $\mu = 0.01, \gamma_{Na^+} = 0.90, \gamma_{Cl^-} = 0.90$　(b) $\mu = 0.04, \gamma_{Na^+} = 0.83, \gamma_{Cl^-} = 0.82$　(c) $\mu = 0.07, \gamma_{Na^+} = 0.79$, $\gamma_{Cl^-} = 0.78$

(2-5)　(a) $pK = pK - \dfrac{\sqrt{\mu}}{1 + \sqrt{\mu}}$　(b) $pK = pK - \dfrac{1 \times \sqrt{\mu}}{1 + \sqrt{\mu}}$　(c) $pK = pK - \dfrac{3 \times \sqrt{\mu}}{1 + \sqrt{\mu}}$　(d) $pK = pK - \dfrac{4 \times \sqrt{\mu}}{1 + \sqrt{\mu}}$

(e) $pK = pK - \dfrac{\sqrt{\mu}}{1 + \sqrt{\mu}}$　(f) $pK = pK$　(g) $pK = pK - \dfrac{\sqrt{\mu}}{1 + \sqrt{\mu}}$　(h) $pK = pK$

(2-6)　(a) $N = 1, N = 2$　(b) $N = 1, N = 2, N = 3$

(2-7)　$K^+, H_3PO_4, H_2PO_4^-, HPO_4^{2-}, PO_4^{3-}, H^+, OH^-$

電荷均衡式：$[K^+] + [H^+] = [OH^-] + [H_2PO_4^-] + 2[HPO_4^{2-}] + 3[PO_4^{3-}]$

プロトン均衡式：$[H^+] + [H_3PO_4] = [HPO_4^{2-}] + 2[PO_4^{3-}] + [OH^-]$

第 3 章

(3-1)　20%（w/w）：$[H^+] = [OH^-] = 4.9 \times 10^{-8}$ M, 中性 , 45%（w/w）：$[H^+] = [OH^-] = 1.35 \times 10^{-8}$ M, 中性

(3-2)　$HClO, HClO_2, HClO_3, HClO_4, m$ の増加により酸性は強くなる。

(3-3)　$H_2O + O^{2-} \rightleftarrows 2OH^-, H_2O + NH_2^- \rightleftarrows OH^- + NH_3$

(3-4)　$[H^+] = 1.62 \times 10^{-7}$ M, pH = 6.79, $[H^+] = 1.01 \times 10^{-6}$ (pH = 6.0) および 1.05×10^{-7} M (pH = 7.0)

(3-5)　式 (3.25), (3.26) および (3.27) を用いる。

(3-6)　(1) $\alpha = 0.371$　(2) $[H^+] = 3.71 \times 10^{-4}$ M　(3) 解離度は小さくなる（$\alpha = 0.137$）。

(3-7)　(a) $[H^+] = (0.1 \times 10^{-4.73})^{1/2} = 1.36 \times 10^{-3}$ M, pH = 2.87　(b) $[H^+]^2 + K_1[H^+] - K_1 c_a = 0$, $[H^+] = 2.56 \times 10^{-4}$ M, pH = 3.59　(c) $[H^+] = (K_a c_a + K_w)^{1/2} = 3.61 \times 10^{-7}$ M, pH = 6.44　(d) $[H^+] = (K_a c_a + K_w)^{1/2} = 1.18$

$\times 10^{-7}$ M, pH = 6.93

(3-8)　(a) pH = 5.12　(b) 8.72　(c) 7.58　(d) 10.76

(3-9)　(a) pH = 4.22　(b) 3.16　(c) 9.54　(d) 9.54

(3-10)　(a) pH = 4.5　(b) 2.06　(c) 2.23　(d) 4.18

(3-11)　(a) $pK_{B1} = 1.36$, pOH = 1.53　(b) $pK_{B1} = 1.74$, pOH = 3.02　(c) $pK_{B1} = 4.07$, pOH = 2.45　(d) pK_{B1} = 4.10, pOH = 3.61

(3-12)　$[H^+] = [H^+]_1 + K_2$, pH = 2.08

第 4 章

(4-1)　省略

(4-2)　(A) $(pK_a - \log c_a{}^0)/2 = 2.0$　(B) pH = pK_1 = 3.0　(C) $(pK_1 + pK_2)/2 = 5.0$　(D) pH = pK_2 = 7.0 (E) $[OH^-] = (K_{B1}c_b)^{1/2}$, pH = 9.8　(F) $[OH^-] = 0.025$ M, pH = 12.4

(4-3)　(a) [50% $CO_3{}^{2-}$ + 50% $HCO_3{}^-$]　(b) 100% $HCO_3{}^-$　(c) 50% $HCO_3{}^-$ + 50% H_2CO_3　(d) 100% H_2CO_3

(4-4)　(a) -0.95%　(b) 0%　(c) $+0.03\%$

(4-5)　(a) 0.046　(b) 0.115　(c) 0.115　(d) $c_a = 0.1$ M, $\beta = 0.0575$　(e) $c_a = 0.25$ M, pH = 8.64, $\beta = 0.092$

第 5 章

(5-1)　溶液中の $[ML^{n+}]$ を x とすると，$[M^{n+}] = 5.0 \times 10^{-5} - x$ であり，[L] に比べ，$[ML^{n+}]$ を無視することができるので [L] = $0.05 - x \simeq 0.05$。$K = x / (5.0 \times 10^{-5} - x) 0.05 = 2.0 \times 10^2$, $x = [ML^{n+}] = 4.5 \times 10^{-5}$ M

(5-2)　銅イオン濃度はアンモニア濃度より十分低いので，アンモニア濃度は一定と見なせる。$[NH_4{}^+]$ = $[OH^-] = (K_b \times 1.00)^{1/2}$, $[NH_3] = 1.00 - [NH_4{}^+] = 0.996$, 式 (5.15), (5.21) ～ (5.25) より $[Cu^{2+}] = 9.23 \times 10^{-17}$ M, $[Cu(NH_3)^{2+}] = 9.02 \times 10^{-13}$ M, $[Cu(NH_3)_2{}^{2+}] = 1.97 \times 10^{-9}$ M, $[Cu(NH_3)_3{}^{2+}] = 1.06 \times 10^{-6}$ M, $[Cu(NH_3)_4{}^{2+}] = 9.89 \times 10^{-5}$ M

(5-3)　式 (5.32) より $1/\alpha_{4Y} = 1 + (1.0 \times 10^{-10}) / (5.5 \times 10^{-11}) + (1.0 \times 10^{-10})^2 / (5.5 \times 10^{-11})(6.9 \times 10^{-7}) + (1.0 \times 10^{-10})^3 / (5.5 \times 10^{-11})(6.9 \times 10^{-7})(2.1 \times 10^{-3}) + (1.0 \times 10^{-10})^4 / (5.5 \times 10^{-11})(6.9 \times 10^{-7})(2.1 \times 10^{-3})(1.0 \times 10^{-2}) = 2.82$, 式 (5.35) より，$K' = K\alpha_{4Y} = 10^{18.6}/2.82 = 1.41 \times 10^{18}$

第 6 章

(6-1)　$(0.6573 / 100.1) \times 50.0 / 32.83 = 0.0100$ M

(6-2)　K' は十分に大きいので Mg^{2+} の大部分は EDTA と錯生成して MgY^{2-} となっている。フリーの Mg^{2+} の濃度を x とすると $K' = [MgY^{2-}] / [Mg^{2+}][Y^{4-}] = 0.010 / x^2 = 10^{5.4}$, $[Mg^{2+}] = x = 2.0 \times 10^{-4}$ M

(6-3)　(1) pH 13 では Mg^{2+} は水酸化物 $Mg(OH)_2$ として沈殿するので，Ca^{2+} のみが滴定できる。pH 10 では Mg^{2+}, Ca^{2+} 濃度の合計を定量する。　(2) pH 10, 13 の滴定値を基にして Mg^{2+} および Ca^{2+} の濃度を次のように求めることができる。$[Mg^{2+}] + [Ca^{2+}] = 14.35 \times 0.010 / 50.0 = 2.87 \times 10^{-3}$ M, $[Mg^{2+}] = 2.31 \times 0.010 / 50.0 = 4.62 \times 10^{-4}$ M, 従って $[Ca^{2+}] = ([Mg^{2+}] + [Ca^{2+}]) - [Mg^{2+}] = 2.41 \times 10^{-3}$ M　(3) $CaCO_3$ の式量は 100.1 であるから，硬度は $(14.35 \times 0.010 / 50) \times 100.1 \times 10^3 = 287$ mg/L

第 7 章

(7-1)　$AgIO_3 > Ag_2CrO_4 > AgCl > AgSCN > AgBr > AgI$

(7-2)　(a) $(0.01 + x)\, x \fallingdotseq 0.01x = 2.19\times10^{-10}$, $x = 2.2\times10^{-8}$ M　(b) $(0.01 + x)\, x \fallingdotseq 0.01x = 3.80\times10^{-8}$, $x = 3.8\times10^{-6}$ M　(c) $(0.01 + 2x)^2\, x \fallingdotseq 0.0001x = 4.47\times10^{-12}$, $x = 4.5\times10^{-8}$ M

(7-3)　1) $[Fe^{3+}] = K_{sp}/[OH^-]^3$ に $K_{sp}=1.6\times10^{-39}$, $[OH^-] = 10^{-8}$ を代入して計算，$[Fe^{3+}] = 1.6\times10^{-15}$ M　2) 共存する様々な配位子と Fe^{3+} が錯形成し，$[Fe^{3+}]$（水和イオン）が Fe^{3+} の全濃度 $c(Fe^{3+})$ よりも小さくなっている。

(7-4)　（省略）

(7-5)　塩酸を過剰に加えると，銀のクロロ錯体が生成して，AgCl 沈澱が再溶解する。上澄みに少量の塩酸を滴下して，AgCl の白沈が生じなくなったら添加をやめる。

第 8 章

(8-1)　(a) $E = E^0 - (0.059/2) \log (1/[Zn^{2+}])$　(b) $E = E^0_{AgBr(s)} - 0.059 \log [Br^-]$　(c) $E = E^0 - (0.059/2) \log ([Tl^+]/[Tl^{3+}])$　(d) $E = E^0 - (0.059/2) \log ([H_2O_2]/p_{O_2}[H^+]^2)$　(e) $E = E^0 - (0.059/5) \log ([Mn^{2+}]/[MnO_4^-][H^+]^8)$　(f) $E = E^0 - (0.059/3) \log (1/[MnO_4^-][H^+]^4)$

(8-2)　$\ln x = 2.303 \log x$

(8-3)　(a) 0.109 V　(b) -0.812 V　(c) -0.793 V　(d) 0.763 V　(e) 1.556 V

(8-4)　(a) 0.281 V　(b) 0.222 V　(c) 0.185 V

(8-5)　(a) $\log K = (1.44 - 0.68)/0.059 = 12.9$　(b) $\log K = (0.153 - 0.771)/0.059 = -10.5$　(c) $\log K = (0.799 - 0.771)/0.059 = 0.47$

(8-6)　$pK_{sp} = 16.1$

(8.7)　$2\times0.337 - 0.153 = 0.521$ V

第 9 章

(9-1)　$D_{HA} = [HA]_o /([HA] + [A^-]) = P_{HA}/(1 + K_a [H^+]^{-1})$，$\log D_{HA}$ と pH の関係を示す概略図は図 9.4 の右半分のようになる。

(9-2)　1) 式 (9.10) より $10^{-1.70} = 99\times0.01^2 / [HQ]_o^2$，$[HQ]_o = 0.70$ M　2) 式 (9.14) より $\log 10^{-1.70} = -2\, pH_{1/2} - 2 \log 0.70$，$pH_{1/2} = 1.01$

(9-3)　縦軸 $\log D$，横軸 pH とし，表の 5 点をプロットすると傾き 3 の直線。抽出錯体の組成 MA_3，式 (9.11) に $n = 3$ と表のデータを代入し，$K_{ex} = 5.25 \times 10^{-6}$。

(9-4)　式 (9.14) より $n\, pH_{1/2} = -\log K_{ex} - n \log [HA]_o$ である。この式を式 (9.12) に代入すると $\log D = -n\, pH_{1/2} + n\, pH$。99％以上抽出される金属イオン（A）および 1％以下の金属イオン（B）について，$2 = -n_A\, pH_{1/2(A)} + n_A\, pH$ および $-2 = -n_B\, pH_{1/2(B)} + n_B\, pH$ である。定量的に分離されるために必要な $pH_{1/2}$ の差（$\Delta pH_{1/2}$）は $\Delta pH_{1/2} = pH_{1/2(B)} - pH_{1/2(A)} = 2/n_B + 2/n_A$ となる。結局，2 価金属イオン同士の場合 $\Delta pH_{1/2} = 2$，2 価と 3 価の金属イオンの場合 $\Delta pH_{1/2} = 5/3 = 1.7$。

第 10 章

(10-1)　Li^+ はイオンサイズが小さく，強く水和されるため，陽イオン交換体への吸着力が低い。

(10-2)　過塩素酸イオンやヨウ化物イオンはイオンサイズが大きく，水和が弱いことから，陰イオン交換体への静電的吸着力が高くなる。

(10-3)　理由：イオン半径がほとんど同じであり，水和の強さもほぼ同じであるため，陽イオン交換体に対する選択係数の差が非常に小さく分離が難しい。解決策：$Co(II)$ が $Ni(II)$ よりも塩化物イオンと負電荷を有するクロロ錯体が生成しやすいことを利用して，陰イオン交換樹脂により分離する。

(10-4)　8.40×10^{-5} mmol g^{-1}（計算過程）イオン交換樹脂に導入した直後の Cu^{2+} 量：$1.00 \times 10^{-3} \times 1.00 = 1.00 \times 10^{-3}$ mmol，イオン交換樹脂を通過した後の Cu^{2+} 量：$8.00 \times 10^{-6} \times 20.0 = 0.16 \times 10^{-3}$ mmol，イオン交換樹脂に吸着された Cu^{2+} 量：$1.00 \times 10^{-3} - 0.16 \times 10^{-3} = 0.84 \times 10^{-3}$ mmol，イオン交換樹脂の単位質量あたりの Cu^{2+} の吸着量：$0.84 \times 10^{-3} \div 10.0 = 8.40 \times 10^{-5}$ mmol g^{-1}

(10-5)　有機塩の物質量：5.0×10^{-3} mmol，吸着率：50%（計算過程）溶液中の有機塩の物質量については，式（10-14）参照。イオン交換樹脂への有機塩の吸着量は，イオン交換樹脂に導入した直後の有機塩の量（$0.010 \times 1.0 = 0.010$ mmol）とイオン交換樹脂より溶出した有機塩の量（5.0×10^{-3} mmol）の差から，5.0×10^{-3} mmol。有機塩の 50% がイオン交換樹脂に吸着している。

(10-6)　(1) 532 mL，$V = 11.8 + 52.0 \times 10.0 = 531.8$ mL　(2) 11.1 μg，0.320 (μmol dm^{-3}) $\times$ 65.38 (g mol^{-1}) $\times 531.8 \times 10^{-3}$ (dm^3)　(3) イオン交換樹脂の量を減らす，溶離液濃度を上げる，溶離液に Zn^{2+} を錯形成するキレート試薬を用いる。

第 11 章

(11-1)　測定値として得られた値は，測定値の母集団（無限集合）から無作為抽出した標本集団であると考える。求めたい標準偏差は母集団の標準偏差であり，この値を標本集団から推定するためには，不偏分散の平方根である s を用いることが一般的である。

(11-2)　Dixon の方法，Grubbs の方法がよく用いられる。具体的な判定方法は各自で調べること。

(11-3)　シュウ酸の質量，シュウ酸の純度，シュウ酸の分子量，シュウ酸水溶液の体積，ビュレットの体積，終点検出の偏り

第 12 章

(12-1)　(a) pH $= 7.00 + (0.531 - 0.614)/0.059 = 5.59$　(b) 8.20

(12-2)　ΔpH $= 1.3/59 = 0.022$，$10^{0.022} = 1.05$ すなわち $[H^+]$ の 5%変化

(12-3)　(1) $\mu = 0.05$　(2) $[Ag^+] = 1.1 \times 10^{-5}$ M　(3) $K_{sp} = 1.2 \times 10^{-10}$

第 13 章

(13-1)　$k_1' = (2.6 - 0.3)/0.3 = 7.66$，$k_2' = (3.4 - 0.3)/0.3 = 10.33$，$N = 16(2.6/0.22)^2 = 2234$（段），$\alpha = k_2'/k_1' = 10.33/7.66 = 1.34$，$Rs = 2(t_2 - t_1)/(W_1 + W_2) = 2 \times 0.8/(0.22 + 0.24) = 3.48$

(13-2)　アセトニトリル濃度（分率）を下げる，pH を下げる，イオン対となる第 4 級アンモニウム塩などを添加する。

(13-3)　1）検出感度の向上（高感度化）。　2）官能基選択性＝その分子だけを捉えることができる：官能基認識能が高い程良い。　3）ジアステレオマーを形成させることで，鏡像異性体の分離（光学分割）が可能になる。　4）分離特性を変える＝疎水性あるいは親水性を上げる・下げる。　5）分析システムの自動化が可能になる。

第 14 章

(14-1)　分離カラムの保護，目的イオンの濃縮，共存成分の除去など。

(14-2)　フッ化物，塩化物，硝酸，硫酸イオンの順で検出される。理由：フッ化物イオンは，弱酸であり，水和の強いイオンであることから，陰イオン交換体に対する相互作用が，列記されたイオンの中で最も弱い。塩化物イオンは，硝酸イオンと比較するとイオンサイズが小さく，水和が強い。さらに，硫酸イオンは硝酸イオンよりもイオンサイズが大きく，電荷も大きいことから，他の陰イオンよりも陰イオン交換体に強く保持される。

(14-3)　溶離液の濃度を高くする，溶離液の流量を大きくする，カラム温度を高くする。

第 15 章

(15-1)　l =1.0 cm：$A = -\log (0.8) = 0.097$, l =2.0 cm：$T = (0.8)^2 = 0.64$, $A = -\log (0.8)^2 = 0.194$, l =3.0 cm：$T = (0.8)^3 = 0.512$, $A = -\log (0.8)^3 = 0.291$

(15-2)　橙色〜橙赤色，$A = \varepsilon l c$ から，$0.192 = 1.2 \times 10^4 \times 2c$, $c = 8.0 \times 10^{-6}$ M

(15-3)　原子化された金属の吸収線の線幅は非常に狭いため，連続光源を用いるときには，光源と原子化部の間に高分解能の分光器を置くことが必要になり，コストが高くなると共に光源の光量が弱くなる。

(15-4)　フレーム原子吸光分析法では，(1) アルカリ金属イオンのイオン化干渉，(2) 多量の共存塩によるBKG 吸収，(3) 試料溶液の粘度が大きいことによる噴霧効率の低下や噴霧器の詰まりの発生による感度低下，ICP 発光分析法では主に上記(3)。対策は，100〜1000 倍に希釈し，物理的干渉を抑えるため酸を添加して測定。

(15-5)　測定目的元素の他の波長の輝線を用いる。

(15-6)　共存する塩分（主要成分）による干渉が非常に大きいので，キレート抽出法などを用いて目的元素を主要成分から分離してから測定する。

第 16 章

(16-1)　A：1.740 keV, 試料を置いたシリコン板に由来。B：16.856 keV, コンプトン散乱に由来。C：17.446 keV（レイリー散乱，管球に由来，Mo Kα 線と同じ蛍光 X 線エネルギー）。D：3.691 keV, Ca Kα 線。E：4.509 keV, Ti Kα 線。F：6.400 keV, Fe Kα 線（Fe はコンタミネーションしやすい。少量の Fe の試料含有の判断には注意が必要）。G：8.632 keV, Zn Kα 線。H：9.572 keV, Zn Kβ 線（Zn Kα 線と Zn Kβ 線のピーク強度比が約 5:1）。I：9.876 keV, Ge Kα 線。J：11.909 keV, Br Kα 線。

(16-2)　A：1.740 keV, Si Kα 線。B：3.313 keV, K Kα 線。C：3.691 keV, Ca Kα 線。D：4.013 keV, Ca Kβ 線（Kα 線と Kβ 線のピーク強度比が約 5:1）。E：16.856 keV, コンプトン散乱に由来。F：17.446 keV, レイリー散乱（管球に由来，Mo Kα 線と同じ蛍光 X 線エネルギー）。G：2.308 keV, S Kα 線。H：4.466 keV, Ba Lα 線。

I：4.828 keV, Ba Lβ 線（Ba Lα 線と Ba Lβ 線のピーク強度が約 5:4）。J：5.412 keV, Cr Kα 線。Ba Lβ_2 と Ba Lβ_1 が重なって検出されているためブロードなピークになっている。K：5.895 keV, Mn Kα 線。L：6.400 keV, Fe Kα 線。M：7.058 keV, Fe Kβ 線（Kα 線と Kβ 線のピーク強度比が約 5:1）。N：7.382 keV（Ca Kα 線のサムピーク，Ca Kα 線（3.691 keV）の強度が強く，2 倍のエネルギーに検出）。O：8.632 keV, Zn Kα 線。P：10.552 keV, Pb Lα 線。Q：12.614 keV, Pb Lβ 線（Lα 線と Lα 線のピーク強度が約 5:4）。R：13.376 keV, Rb Kα 線。S：14.142 keV, Sr Kα 線。

（16-3）　A：1.740 keV, Si Kα 線。B：2.697 keV, Rh Lα 線および 2.835 keV, Rh Lβ 線（Rh 管球由来）。C：3.313 keV, K Kα 線。D：3.691 keV, Ca Kα 線。E：4.013 keV, Ca Kβ 線（Kα 線と Kβ 線のピーク強度比が約 5:1）。F：5.412 keV, Cr Kα 線。G：5.895 keV, Mn Kα 線。Cr Kβ が重なって検出されている。H：6.400 keV, Fe Kα 線。Mn Kβ が重なって検出されている。I：8.042 keV, Cu Kα 線。J：8.906 keV, Cu Kβ 線（Kα 線と Kβ 線のピーク強度比が約 5:1）。K：9.420 keV, Bi Ll（L イオタ）線（巻末付表 V には記載されていない，X-Ray Data Booklet（http://xdb.lbl.gov/）を参照）。L：10.839 keV, Bi Lα 線。M：13.024 keV, Bi Lβ 線（Lα 線と Lβ 線のピーク強度が約 5:4）。N：15.248 keV, Bi Lγ 線（巻末付表 V には記載されていない，X-Ray Data Booklet（http://xdb.lbl.gov/）を参照）。O：15.748 keV, Zr Kα 線。P：18.798 keV, コンプトン散乱由来。Q：20.170 keV, レイリー散乱（管球由来，Rh Kα 線と同じ蛍光 X 線エネルギー）。

参考文献

第1〜4章

1) 大橋弘三郎，鎌田薩男，小熊幸一，木原壮林「分析化学―溶液反応を基礎とする」三共出版（1992）．

2) 藤代亮一，和田悟朗，玉虫伶太「溶液の性質 II」現代物理化学講座8，東京化学同人（1968）．

3) L. ポーリング／関 集三，千原 秀昭，桐山良一（訳）「一般化学（上，下）」原著第3版，岩波書店（1974）．
   L. Pauling, *General Chemistry*, 3rd ed., W. H. Freeman & Co. (1970), Dover (1988), Kindle 版.

4) 藤原鎮男（監訳）「コルトフ分析化学1, 2」廣川書店（1975）．E. B. Sandell, E. J. Meehan, S. Bruckenstein, I.
   M. Kolthoff, *Quantitative Chemical Analysis*, 4th ed., Macmillan, London (1969).

5) H. A. Laitinen, W. E. Harris, *Chemical Analysis*, 2nd ed., McGraw-Hill, New York (1975).

6) J. G. Dick, *Analytical Chemistry*, McGraw-Hill, New York (1973).

7) 伊豆津公佑「非水溶液の電気化学」培風館（1995）．

8) V. グートマン／大滝仁志（訳）「ドナーとアクセプター―溶液反応の分子間相互作用」学会出版センター
   （1983）．V. Gutmann, *The Donor-Acceptor Approach to Molecular Interactions*, Springer, New York (1978).

9) H. フライザー，Q. フェルナンド／藤永太一郎，関戸栄一（訳）「イオン平衡―分析化学における」化
   学同人（1967）．H. Freiser, Q. Fernando, *Ionic Equilibria in Analytical Chemistry*, John Wiley, New York (1963).

10) 今任稔彦，角田欣一（監訳）「クリスチャン分析化学」原書7版，I 基礎編，丸善出版（2017）．G. D.
    Christian, P. K. Dasgupta, K. A. Schug, *Analytical Chemistry*, 7th ed., Wiley, New York (2014).

11) 宗林由樹，向井 浩「基礎分析化学」新・物質科学ライブラリ7，サイエンス社（2007）．

12) 姫野貞之，市村彰男「溶液内イオン平衡に基づく分析化学」第2版，化学同人（2009）．

13) 岡田哲男，垣内 隆，前田耕治「分析化学の基礎―定量的アプローチ」化学同人（2012）．

14) 本水昌二ほか「分析化学」基礎編，基礎教育シリーズ，東京教学社（2011）．

15) 井村久則，樋上照男（編）「基礎から学ぶ分析化学」化学同人（2015）．

16) 日本化学会編「化学の原典2（第 II 期）電解質の溶液化学」学術出版センター（1984）．

第5章，第6章および第9章

1) 大橋弘三郎，鎌田薩男，小熊幸一，木原壮林「分析化学―溶液反応を基礎とする」三共出版（1992）．

2) 田中元治，赤岩英夫「溶媒抽出化学」裳華房（2000）．

3) 上野景平「入門キレート化学」改訂第2版，南江堂（1988）．

4) 上野景平「キレート滴定」，南江堂 (1989).

5) 日本分析化学会（編）「錯形成反応」分析化学大系，丸善（1974）．

6) 日本分析化学会（編）「周期表と分析化学」分析化学大系，丸善（1975）．

7) H. フライザー，Q. フェルナンド／藤永太一郎，関戸栄一（訳）「イオン平衡―分析化学における」化
   学同人（1967）．H. Freiser, Q. Fernando, *Ionic Equilibria in Analytical Chemistry*, John Wiley, New York (1963).

8) 本水昌二ほか「分析化学」基礎編，基礎教育シリーズ，東京教学社（2011）．

9) 宗林由樹，向井 浩「基礎分析化学」新・物質科学ライブラリ7，サイエンス社（2007）．

10) 岡田哲男，垣内 隆，前田耕治「分析化学の基礎―定量的アプローチ」化学同人（2012）．

11) 角田欣一，渡辺 正「分析化学」化学はじめの一歩シリーズ，化学同人（2014）．

12) R. A. デイ，Jr.，A. L. アンダーウッド／鳥居泰男，康 智三（訳）「定量分析化学」培風館（1982）．R. A. Day, Jr., A. L. Underwood, *Quantitative Analysis*, 4th ed., Prentice-Hall, Englewood Cliffs, NJ (1980).

第 7 章

1) 藤永太一郎「基礎分析化学」朝倉書店（1979）．

2) 大橋弘三郎，鎌田薩男，小熊幸一，木原壯林「分析化学―溶液反応を基礎とする」三共出版（1992）．

3) W. Stumm, J. J. Morgan, *Aquatic Chemistry, Chemical Equilibria and Rates in Natural Waters*, 3rd ed., John Wiley, New York (1996).

4) 吉田仁志，分析化学，**22**, 609-614 (1973).

第 8 章

1) 大橋弘三郎，鎌田薩男，小熊幸一，木原壯林「分析化学―溶液反応を基礎とする」三共出版（1992）．

2) H. フライザー，Q. フェルナンド／藤永太一郎，関戸栄一（訳）「イオン平衡―分析化学における」化学同人（1967）．H. Freiser, Q. Fernando, *Ionic Equilibria in Analytical Chemistry*, John Wiley (1963).

3) 田村英雄，松田好晴「現代電気化学」培風館（1977）．

4) 岡田 哲男，前田 耕治，垣内 隆「分析化学の基礎―定量的アプローチ」化学同人（2012）．

5) D. A. Skoog, D. M. West, F. J. Holler, S. R. Crouch, *Fundamentals of Analytical Chemistry*, 9th ed., Cengage Learning, Boston (2014).

第 10 章

1) 大橋弘三郎，鎌田薩男，小熊幸一，木原壯林「分析化学―溶液反応を基礎とする」三共出版（1992）．

2) 角田欣一，渡辺 正「分析化学」化学はじめの一歩シリーズ，化学同人（2014）．

3) 赤岩英夫，柘植 新，角田欣一，原口紘炁「分析化学」丸善出版（1991）．

4) 大井健太「無機イオン交換体―選択的分離機能の発現と応用」NTS（2010）．

第 11 章　分析データの取り扱い

1) 飯塚幸三（監修），今井 秀孝（訳）「計測における不確かさの表現のガイド―統一される信頼性表現の国際ルール」ISO 国際文書，日本規格協会（1996）．原文：*Guide to the Expression of Uncertainty in Measurement*.

2) JIS 8404-1，測定の不確かさ―第 1 部：測定の不確かさの評価における併行精度，再現精度及び真度の推定値の利用の指針（2006）．

3) JIS 8404-2，測定の不確かさ-第 2 部：測定の不確かさの評価における繰返し測定及び枝分かれ実験の利用の指針（2008）．

4) S. L. R. エリソン，A. ウィリアムズ／日本分析化学会（監訳）「分析値の不確かさ―求め方と評価」丸

善出版 (2013)．S. L. R. Ellison, A. Williams (Eds), *Eurachem/CITAC guide: Quantifying Uncertainty in Analytical Measurement*, 3rd ed., (2012)．

5) 上本道久「分析化学における測定値の正しい取り扱い方」日刊工業新聞社（2011）．

6) 国際度量衡局（編）／産業技術総合研究所計量標準総合センター（訳）「国際文書第 8 版 (2006) 国際単位系 (SI)」日本語版（2006）．https://www.nmij.jp/library/units/si/R8/SI8J.pdf (2017/12/3 閲覧)．

7) 岩本振武，ぶんせき，**2017**(8), 340-346 (2017)．

第 12 章

1) 大橋 弘三郎 , 鎌田 薩男 , 小熊 幸一 , 木原 壮林「分析化学—溶液反応を基礎とする」三共出版（1992）．

2) D. C. ハリス／宗林由樹，岩元俊一（訳）「ハリス分析化学（上）」化学同人（2017）．D. C. Harris, C. A. Lucy, *Quantitative Chemical Analysis*, 9th ed., W. H. Freeman, New York (2016).

3) 田村英雄，松田好晴「現代電気化学」培風館（1977）．

4) E. A. M. F. Dahmen, *Electroanalysis* 7, Elsevier, Amsterdam (1986).

5) A. Evans, *Potentiometry and Ion Selective Electrodes* (Analytical Chemistry by Open Learning), John Wiley, Chichester, England (1987).

6) G. J. ムーディ，J. D. R. トーマス／宗森 信，日色和夫（訳）「イオン選択性電極」共立出版（1977）．G. J. Moody, J. D. R. Thomas, *Selective Ion-Sensitive Electrodes*, Merrow Publishing, Watford, England (1971).

第 13 章

1) 高木 誠（編著），「ベーシック分析化学」化学同人（2006）．

2) 蟻川芳子，小熊幸一，角田欣一（編）「ベーシックマスター 分析化学」オーム社（2013）．

3) 庄野利之，脇田久伸（編著）「新版 入門機器分析化学」三共出版（2015）．

4) 前田昌子，今井一洋（編著）「コアカリ対応 分析化学」第 3 版，丸善出版（2011）．

5) H. Minakuchi et al., *J. Chromatogr. A*, **828**, 83-90 (1998).

6) 宮崎将太，太田茂徳，森里 恵，中西和樹，大平真義，田中信男，*Chromatography*, **32** (No.2), 87-94 (2011).

7) 坊之下雅夫，鹿又健，Chromatography, **32** (No.1), 23-32 (2011).

8) K. Shimbo, A. Yahashi, K. Hirayama, M. Nakazawa, H. Miyano, *Anal. Chem.*, **81**, 4015-4020 (2009).

9) S. Iwatani, S. van Dien, K. Shimbo, K. Kubota, N. Kageyama, D. Iwahata, H. Miyano, K. Hirayama, Y. Usuda, K. Shimizu, K. Matsui, *J. Biotechnol.*, **128**, 93-111 (2007).

第 14 章

1) H. Small, W. C. Bauman, T. S. Steavens, *Anal. Chem.*, **47**, 1801-1809 (1975).

2) J. S. Fritz, D. T. Gjerde, R. M. Becker, *Anal. Chem.*, **52**, 1519-1522 (1980).

3) R. M. Wheaton, W. C. Bauman, *Ind. Eng. Chem.*, **45**, 228-233 (1953).

4) J. S. フリッツ , D. T. ジャード, C. ポーランド／斎藤紘一（訳）「イオンクロマトグラフィー」産業図書（1985）．J. S. Fritz, D. T. Gjerde, C. Pohlandt, *Ion Chromatography*, Alfred Hüthig, Heidelberg (1982).

5) J. S. Fritz, D. T. Gjerde, *Ion Chromatography*, 4th, Completely Revised and Enlarged Edition, Wiley-VCH,

Weinheim (2009).

第 15 章
15-1 節

1) H. H. Bauer, G. D. Christian, J. E. O'Reilly, *Instrumental Analysis*, Allyn and Bacon, Inc., Boston (1978).

2) G. W. Ewing, *Instrumental Methods of Chemical Analysis*, 5th ed., McGraw-Hill, New York (1985).

3) 今任稔彦, 角田欣一 (監訳)「クリスチャン分析化学 原書 7 版, II 機器分析編」丸善出版 (2017). G. D. Christian, P. K. Dasgupta, K. A. Schug, *Analytical Chemistry*, 7th ed., John Wiley, New York (2014).

4) 角田欣一, 渡辺正「分析化学」, 化学はじめの一歩シリーズ, 化学同人 (2014).

5) 庄野利之, 脇田久伸 (編著)「新版 入門機器分析化学」三共出版 (2015).

15-2 節

1) 不破敬一郎, 下村滋, 戸田昭三 (編)「最新 原子吸光分析 1—原理と応用 総論」廣川書店 (1980).

2) 日立ハイテクサイエンス, 原子吸光光度計基礎講座, https://www.hitachi-hightech.com/hhs/products/tech/ana/aa/basic/ (2018/2/1 閲覧).

3) D. C. ハリス／宗林由樹, 岩元俊一 (訳)「ハリス分析化学 (下)」化学同人 (2017). D. C. Harris, C. A. Lucy, *Quantitative Chemical Analysis*, 9th ed., W. H. Freeman, New York (2016).

15-3 節

1) 日本分析化学会 (編)「ICP 発光分析」分析化学実技シリーズ (機器分析編 4), 共立出版 (2013).

2) 日本分析化学会 (編)「誘導結合プラズマ質量分析」分析化学実技シリーズ (機器分析編 17), 共立出版 (2015).

第 16 章

1) 加藤誠軌 (編著)「X 線分光分析」内田老鶴圃 (1998).

2) 合志陽一, 佐藤公隆 (編)「エネルギー分散型 X 線分析—半導体検出器の使い方」日本分光学会, 測定法シリーズ 18, 学会出版センター (1989).

3) 早稲田嘉夫, 松原英一郎「X 線構造解析—原子の配列を決める」材料学シリーズ, 内田老鶴圃 (1998).

4) 中井 泉 (編) 日本分析化学会 X 線分析研究懇談会 (監修)「蛍光 X 線分析の実際」第 2 版, 朝倉書店 (2016).

5) 菊田惺志「X 線回折・散乱技術 (上)」物理工学実験 15, 東京大学出版会 (1992).

6) 伊藤真義, 谷田肇, 放射光, **21**, 221-228 (2008).

付表 I　酸解離定数（25 ℃）

酸	平　　衡	pK_a
亜硝酸	$HNO_2 \rightleftarrows NO_2^- + H^+$	3.29
アニリニウム（イオン）	$C_6H_5NH_3^+ \rightleftarrows C_6H_5NH_2 + H^+$	4.60
亜ヒ酸	$HAsO_2 \rightleftarrows AsO_2^- + H^+$	9.22
亜硫酸	$HSO_3 \rightleftarrows HSO_3^- + H^+$	1.76
	$HSO_3^- \rightleftarrows SO_3^{2-} + H^+$	7.19
安息香酸	$C_6H_5COOH \rightleftarrows C_6H_5COO^- + H^+$	4.21
アンモニウム（イオン）	$NH_4^+ \rightleftarrows NH_3 + H^+$	9.24
エチルアンモニウム（イオン）	$C_2H_5NH_3^+ \rightleftarrows C_2H_5NH_2 + H^+$	10.63
エチレンジアミン	$^+H_3N(CH_2)_2NH_3^+ \rightleftarrows {}^+H_3N(CH_2)_2NH_2 + H^+$	7.52
	$^+H_3N(CH_2)_2NH_2 \rightleftarrows H_2N(CH_2)_2NH_2 + H^+$	10.65
エチレンジアミン四酢酸（EDTA）	$H_4Y \rightleftarrows H_3Y^- + H^+$	2.0
	$H_3Y^- \rightleftarrows H_2Y^{2-} + H^+$	2.67
	$H_2Y^{2-} \rightleftarrows HY^{3-} + H^+$	6.16
	$HY^{3-} \rightleftarrows Y^{4-} + H^+$	10.26
塩酸	$HCl \rightleftarrows Cl^- + H^+$	(-7)*, (-3.9)*·**
過塩素酸	$HClO_4 \rightleftarrows ClO_4^- + H^+$	(-7.3)*
ギ酸	$HCOOH \rightleftarrows HCOO^- + H^+$	3.75
クエン酸	$H_3C_6H_5O_7 \rightleftarrows H_2C_6H_5O_7^- + H^+$	3.13
	$H_2C_6H_5O_7^- \rightleftarrows HC_6H_5O_7^{2-} + H^+$	4.76
	$HC_6H_5O_7^{2-} \rightleftarrows C_6H_5O_7^{3-} + H^+$	6.40
クロム酸 [Cr(VI)]	$H_2CrO_4 \rightleftarrows HCrO_4^- + H^+$	0.75
	$HCrO_4^- \rightleftarrows CrO_4^{2-} + H^+$	6.52
グリシニウム（イオン）	$^+H_3NCH_2COOH \rightleftarrows {}^+H_3NCH_2COO^- + H^+$	2.35
グリシン（α-アミノ酢酸）	$^+H_3NCH_2COO^- \rightleftarrows H_2NCH_2COO^- + H^+$	9.78
コハク酸	$H_2C_4H_4O_4 \rightleftarrows HC_4H_4O_4^- + H^+$	4.21
	$HC_4H_4O_4^- \rightleftarrows C_4H_4O_4^{2-} + H^+$	5.64
酢酸	$CH_3COOH \rightleftarrows CH_3COO^- + H^+$	4.76
サリチル酸	$HOC_6H_4COOH \rightleftarrows HOC_6H_4COO^- + H^+$	2.96
次亜塩素酸	$HClO \rightleftarrows ClO^- + H^+$	7.53
次亜臭素酸	$HBrO \rightleftarrows BrO^- + H^+$	8.60
次亜ヨウ素酸	$HIO \rightleftarrows IO^- + H^+$	10.4
シアン酸	$HOCN \rightleftarrows OCN^- + H^+$	3.66
シアン化水素酸	$HCN \rightleftarrows CN^- + H^+$	9.4
ジクロロ酢酸	$Cl_2CHCOOH \rightleftarrows Cl_2CHCOO^- + H^+$	1.26
ジメチルアンモニウム（イオン）	$(CH_3)_2NH_2^+ \rightleftarrows (CH_3)_2NH + H^+$	10.77
酒石酸	$H_2C_4H_4O_6 \rightleftarrows HC_4H_4O_6^- + H^+$	3.04
	$HC_4H_4O_6^- \rightleftarrows C_4H_4O_6^{2-} + H^+$	4.37
重クロム酸 [Cr(VI)]	$H_2Cr_2O_7 \rightleftarrows HCr_2O_7^- + H^+$	−1.4
	$HCr_2O_7^- \rightleftarrows Cr_2O_7^{2-} + H^+$	1.64

酸	平　衡	pK_a
シュウ酸	$H_2C_2O_4 \rightleftarrows HC_2O_4^- + H^+$	1.27
	$HC_2O_4^- \rightleftarrows C_2O_4^{2-} + H^+$	4.27
硝酸	$HNO_3 \rightleftarrows NO_3^- + H^+$	(−1.34)*
スルファミン酸	$HNH_2SO_3 \rightleftarrows NH_2SO_3^- + H^+$	1.0
炭酸	$H_2CO_3 \rightleftarrows HCO_3^- + H^+$	6.35
	$HCO_3^- \rightleftarrows CO_3^{2-} + H^+$	10.33
トリアゾ水素酸	$HN_3 \rightleftarrows N_3^- + H^+$	4.72
トリエタノールアンモニウム（イオン）	$(C_2H_4OH)_3NH^+ \rightleftarrows (C_2H_4OH)_3N + H^+$	7.76
トリクロロ酢酸	$Cl_3CCOOH \rightleftarrows Cl_3CCOO^- + H^+$	0.2
トリメチルアンモニウム（イオン）	$(CH_3)_3NH^+ \rightleftarrows (CH_3)_3N + H^+$	9.80
ヒ酸	$H_3AsO_4 \rightleftarrows H_2AsO_4^- + H^+$	2.22
	$H_2AsO_4^- \rightleftarrows HAsO_4^{2-} + H^+$	6.98
	$HAsO_4^{2-} \rightleftarrows AsO_4^{3-} + H^+$	11.4
ピリジニウム（イオン）	$C_5H_5NH^+ \rightleftarrows C_5H_5N + H^+$	5.22
フェノール	$C_6H_5OH \rightleftarrows C_6H_5O^- + H^+$	10.0
フッ化水素酸	$HF \rightleftarrows F^- + H^+$	3.17
プロピオン酸	$CH_3CH_2COOH \rightleftarrows CH_3CH_2COO^- + H^+$	4.87
ホウ酸	$B(OH)_3 + H_2O \rightleftarrows B(OH)_4^- + H^+$	9.23
メチルアンモニウム（イオン）	$CH_3NH_3^+ \rightleftarrows CH_3NH_2 + H^+$	10.62
モノクロロ酢酸	$ClCH_2COOH \rightleftarrows ClCH_2COO^- + H^+$	2.87
硫化水素	$H_2S \rightleftarrows SH^- + H^+$	7.0
	$SH^- \rightleftarrows S^{2-} + H^+$	12.9
硫酸／硫酸水素イオン	$H_2SO_4 \rightleftarrows HSO_4^- + H^+$	(−3.0)*
	$HSO_4^- \rightleftarrows SO_4^{2-} + H^+$	1.99
リン酸	$H_3PO_4 \rightleftarrows H_2PO_4^- + H^+$	2.15
	$H_2PO_4^- \rightleftarrows HPO_4^{2-} + H^+$	7.20
	$HPO_4^{2-} \rightleftarrows PO_4^{3-} + H^+$	12.4

* 完全解離するとされる場合，酸解離定数 $K_a = \infty$ として取り扱われる（3-5-3 節参照）。** *J. Chem. Educ.*, **78**, 116 (2001).

H. フライザー，Q. フェルナンド／藤永 太一郎，関戸栄一（訳）「イオン平衡―分析化学における」化学同人 (1967)．H. Freiser, Q. Fernando, *Ionic Equilibria in Analytical Chemistry*, John Wiley, New York (1963).

S. Kotrly, L. Sucha, *Handbook of Chemical Equilibria in Analytical Chemistry*, Ellis Horwood, Chichester, England (1985).

付表 II-1　無機配位子による金属錯体の生成定数（25 ℃）

金属イオン	$\log K_1$	$\log K_2$	$\log K_3$	$\log K_4$	$\log K_5$	$\log K_6$
アンモニア（NH₃）						
Ag^+	3.32	3.92				
Cd^{2+}	2.51	1.96	1.30	0.79		
Co^{2+}	2.11	1.63	1.05	0.76	0.18	-0.62
Cu^{2+}	3.99	3.34	2.73	1.97		
Hg^{2+}	8.8	8.7	1.00	0.78		
Ni^{2+}	2.67	2.12	1.61	1.07	0.63	-0.09
Zn^{2+}	2.18	2.25	2.31	1.96		
臭化物イオン（Br⁻）						
Ag^+	4.38	2.96	0.66	0.73		
Bi^{3+}	2.26	2.19	1.88	1.51	1.58	0.1
Cd^{2+}	2.23	0.77	−0.17	0.10		
Co^{2+}	−2.30					
Cu^{2+}	−0.03					
Fe^{3+}	0.49					
Hg^{2+}	9.05	8.28	2.41	1.26		
Pb^{2+}	1.77	0.15	1.4	−0.3		
Sn^{2+}	1.11	0.70	−0.35			
Zn^{2+}	−0.60	−0.37	−0.73	0.44		
塩化物イオン（Cl⁻）						
Ag^+	3.04	2.00	0.00	0.26		
Bi^{3+}	2.43	2.3	0.3	0.6	0.5	0.3
Cd^{2+}	2.00	0.70	−0.59			
Co^{2+}	−2.4					
Cu^{2+}	0.0	−0.7	−1.5	−2.3		
Fe^{3+}	1.48	0.65	−1.0			
Hg^{2+}	6.74	6.48	0.95	1.05		
Pb^{2+}	1.10	1.16	−0.40	−1.05		
Sn^{2+}	1.51	0.73	−0.21	−0.55		
Zn^{2+}	−0.50	−0.50	1.00	−1.00		
シアン化物イオン（CN⁻）						
Ag^+	$\log \beta_2 = 19.9$		0.70	−1.13		
Cd^{2+}	5.18	4.42	4.32	3.19		
Cu^+	$\log \beta_2 = 23.8$		4.61	2.12		
Fe^{2+}	$\log \beta_6 = 24$					
Fe^{3+}	$\log \beta_6 = 31$					
Hg^{2+}	18.00	16.70	3.83	2.98		
Ni^{2+}	$\log \beta_4 = 22$					

金属イオン	$\log K_1$	$\log K_2$	$\log K_3$	$\log K_4$	$\log K_5$	$\log K_6$
Zn^{2+}	$\log \beta_4 = 17$					
フッ化物イオン（F^-）						
Ag^+	0.36					
Al^{3+}	6.13	5.02	3.85	2.74	1.63	0.47
Cd^{2+}	0.46	0.07				
Cr^{3+}	4.36	3.34	2.48			
Cu^{2+}	1.23					
Fe^{3+}	5.21	3.95	2.70			
Hg^{2+}	1.56					
Mg^{2+}	1.82					
Zn^{2+}	1.26					
水酸化物イオン（OH^-）						
Ag^+	2.3	1.9				
Al^{3+}	9.15					
Ba^{2+}	0.64					
Bi^{3+}	12.15					
Ca^{2+}	1.30					
Cd^{2+}	6.38	3.09				
Co^{2+}	1.80					
Cr^{3+}	11.1	7.77				
Cu^{2+}	6.03					
Fe^{2+}	8.08					
Fe^{3+}	11.54	9.30				
Hg^{2+}	11.51	11.15				
Hg_2^{2+}	9.7					
Mg^{2+}	2.58					
Mn^{2+}	3.4					
Ni^{2+}	3.36					
Pb^{2+}	7.51					
Sr^{2+}	0.85					
Tl^+	0.49					
Zn^{2+}	4.36	$\log \beta_4 = 15.5$				
ヨウ化物イオン（I^-）						
Ag^+	8.13					
Cd^{2+}	2.28	1.64	1.08	1.10		
Hg^{2+}	12.87	10.95	3.78	2.23		
Pb^{2+}	1.26	1.54	0.62	0.50		

金属イオン	$\log K_1$	$\log K_2$	$\log K_3$	$\log K_4$	$\log K_5$	$\log K_6$
チオシアン酸イオン（SCN⁻）						
Ag^+	4.75	3.48	1.22	0.22		
Bi^{3+}	1.15	1.11	$\log K_3 K_4 = 1.15$		$\log K_5 K_6 = 0.82$	
Cd^{2+}	1.04	0.71	-0.97	1.00		
Co^{2+}	3.0	0.0	-0.7	-0.04		
Cr^{3+}	3.08	1.8	1.0	0.3	-0.7	-1.6
Cu^{2+}	$\log \beta_3 = 5.19, \log \beta_4 = 6.52$					
Fe^{3+}	2.94	1.19	0			
Hg^{2+}	$\log \beta_2 = 17.47$		1.68	0.62		
Ni^{2+}	1.18	0.46	0.17			
Pb^{2+}	1.09	1.43				
Zn^{2+}	1.7					
チオ硫酸イオン（$S_2O_3^{2-}$）						
Ag^+	$\log \beta_2 = 13.38$		0.55			
Cu^{2+}	$\log \beta_2 = 12.29$					
Fe^{3+}	3.25					
Hg^{2+}	$\log \beta_2 = 29.86$		2.4	1.4		
Pb^{2+}	$\log \beta_2 = 5.13$		1.22	0.8		

全生成定数 β_i と逐次生成定数 K_i との関係: $\beta_i = K_1 K_2 \cdots K_i$. 主に, H. フライザー, Q. フェルナンド／藤永 太一郎, 関戸栄一（訳）「イオン平衡—分析化学における」化学同人 (1967). H. Freiser, Q. Fernando, *Ionic Equilibria in Analytical Chemistry*, John Wiley (1963).

付表 II-2　有機配位子による金属錯体の生成定数 （25 ℃）

金属イオン	$\log K_1$	$\log K_2$	$\log K_3$
アセチルアセトン			
Cd^{2+}	3.8	2.8	
Co^{2+}	5.4	4.1	
Cu^{2+}	8.2	6.7	
Fe^{2+}	5.1	3.6	
Fe^{3+}	9.8	9.0	7.4
Mg^{2+}	3.6	2.5	
Mn^{2+}	4.2	3.1	
Ni^{2+}	5.9	4.5	2.1
Zn^{2+}	5.0	3.8	
2,2'-ジピリジル			
Ag^+	$\log \beta_2 = 6.8$		
Cd^{2+}	4.5	3.5	2.5
Cu^{2+}	$\log \beta_3 = 17.9$		
Fe^{2+}	$\log \beta_3 = 16.4$		
Mn^{2+}	$\log \beta_3 = 6.3$		
Zn^{2+}	5.4	4.4	3.7
ジチゾン			
Co^{2+}	5.3		
Ni^{2+}	4.8		
Zn^{2+}	5.2		
EDTA			
Ag^+	7.3		
Ba^{2+}	7.8		
Ca^{2+}	10.7		
Cd^{2+}	16.5		
Co^{2+}	16.3		
Cu^{2+}	18.8		
Fe^{2+}	14.3		
Fe^{3+}	25.1		
Hg^{2+}	21.8		
Mg^{2+}	8.7		
Mn^{2+}	14.0		
Ni^{2+}	18.6		
Pb^{2+}	18.0		
Sr^{2+}	8.6		
Zn^{2+}	16.5		
エチレンジアミン			
Ag^+	4.7	3.0	
Cd^{2+}	5.5	4.6	
Co^{2+}	5.9	4.7	

金属イオン	$\log K_1$	$\log K_2$	$\log K_3$
Cu^{2+}	10.6	9.0	
Fe^{2+}	4.3	3.3	
Mn^{2+}	2.7	2.1	
Ni^{2+}	7.5	6.2	
Zn^{2+}	5.7	4.7	
8-ヒドロキシキノリン			
Ba^{2+}	2.1		
Ca^{2+}	3.3		
Cd^{2+}	7.8	(6.8)	
Co^{2+}	9.1	8.1	
Cu^{2+}	12.2	11.2	
Fe^{2+}	8.0	7.0	
Fe^{3+}	12.3	11.3	
Mg^{2+}	4.7	(3.7)	
Mn^{2+}	6.8	5.8	
Ni^{2+}	9.9	8.8	
Pb^{2+}	9.0	(8.0)	
Sr^{2+}	2.6		
Zn^{2+}	8.5	(7.5)	
シュウ酸イオン			
Co^{2+}	4.7	2.0	3.0
Fe^{3+}	9.4	6.8	4.0
Mg^{2+}	2.6	1.8	
Mn^{2+}	3.8	1.5	
Ni^{2+}	$\log \beta_2 = 6.5$		
Pb^{2+}	$\log \beta_2 = 6.5$		
Zn^{2+}	5.0	2.4	0.7
1,10-フェナントロリン			
Cd^{2+}	6.4	5.2	4.2
Cu^{2+}	6.3	6.2	5.5
Fe^{2+}	$\log \beta_3 = 21.3$		
Fe^{3+}	$\log \beta_3 = 14.1$		
Mn^{2+}	$\log \beta_3 = 7.4$		
Ni^{2+}	$\log \beta_2 = 18.3$		
Zn^{2+}	6.4	5.7	4.9
Tren (2, 2', 2"-トリアミノトリエチルアミン)			
Ag^+	7.8		
Cd^{2+}	12.3		
Co^{2+}	12.8		
Cu^{2+}	18.8		
Fe^{2+}	8.8		

金属イオン	$\log K_1$	$\log K_2$	$\log K_3$
Hg^{2+}	25.8		
Mn^{2+}	5.8		
Ni^{2+}	14.8		
Zn^{2+}	14.7		
Trien [N, N'-ジ（2-アミノエチル）エチレンジアミン]			
Ag^+	7.7		
Cd^{2+}	10.8		
Co^{2+}	11.0		
Cu^{2+}	20.4		
Fe^{2+}	7.8		
Hg^{2+}	25.3		
Mn^{2+}	4.9		
Ni^{2+}	14.0		
Zn^{2+}	12.1		

全生成定数 β_i と逐次生成定数 K_i との関係：$\beta_i = K_1 K_2 \cdots K_i$.
主に，H. フライザー，Q. フェルナンド／藤永 太一郎，関
戸栄一（訳）「イオン平衡―分析化学における」化学同人
(1967). H. Freiser, Q. Fernando, *Ionic Equilibria in Analytical Chemistry*, John Wiley (1963).

付表 III 溶解度積

化学式	結晶形	（反応式）	pK_{sp}	備考
アジ化物イオン				
CuN_3			8.31	
AgN_3			8.56	
$Hg_2(N_3)_2$			9.15	
TlN_3			3.66	
$Pb(N_3)_2$	（α）		8.57	
臭素酸イオン				
$Ba(BrO_3)_2 \cdot H_2O$			5.11	(f)
$AgBrO_3$			4.26	
$TlBrO_3$			3.78	
$Pb(BrO_3)_2$			5.10	
臭化物イオン				
$CuBr$			8.3	
$AgBr$			12.30	
Hg_2Br_2			22.25	
$TlBr$			5.44	
$HgBr_2$			18.9	(f)
$PbBr_2$			5.68	
炭酸イオン				
$MgCO_3$			7.46	
$CaCO_3$	（方解石）		8.35	
$CaCO_3$	（あられ石）		8.22	
$SrCO_3$			9.03	
$BaCO_3$			8.30	
$Y_2(CO_3)_3$			30.6	
$La_2(CO_3)_3$			33.4	
$MnCO_3$			9.30	
$FeCO_3$			10.68	
$CoCO_3$			9.98	
$NiCO_3$			6.87	
$CuCO_3$			9.63	
Ag_2CO_3			11.09	
Hg_2CO_3			16.05	
$ZnCO_3$			10.00	
$CdCO_3$			13.74	
$PbCO_3$			13.13	
塩化物イオン				
$CuCl$			6.73	
$AgCl$			9.74	
Hg_2Cl_2			17.91	
$TlCl$			3.74	
$PbCl_2$			4.78	
クロム酸イオン				
$BaCrO_4$			9.67	
$CuCrO_4$			5.44	
Ag_2CrO_4			11.92	
Hg_2CrO_4			8.70	
Tl_2CrO_4			12.01	
シアン化物イオン				
$AgCN$			15.66	
$Hg_2(CN)_2$			39.3	
$Zn(CN)_2$			15.5	(h)
フッ化物イオン				
LiF			2.77	
MgF_2			8.13	
CaF_2			10.50	
SrF_2			8.58	
BaF_2			5.82	
LaF_3			18.7	
ThF_4			28.3	
PbF_2			7.44	
水酸化物イオン				
$Mg(OH)_2$	（アモルファス）		9.2	
$Mg(OH)_2$	（ブルーサイト結晶）		11.15	
$Ca(OH)_2$			5.19	
$Ba(OH)_2 \cdot 8H_2O$			3.6	
$Y(OH)_3$			23.2	
$La(OH)_3$			20.7	
$Ce(OH)_3$			21.2	
UO_2		（$\rightleftarrows U^{4+}+4OH^-$）	56.2	
$UO_2(OH)_2$		（$\rightleftarrows UO_2^{2+}+2OH^-$）	22.4	
$Mn(OH)_2$			12.8	
$Fe(OH)_2$			15.1	
$Co(OH)_2$			14.9	
$Ni(OH)_2$			15.2	
$Cu(OH)_2$			19.32	
$V(OH)_3$			34.4	
$Cr(OH)_3$			29.8	(d)
$Fe(OH)_3$			38.8	
$Co(OH)_3$			44.5	(a)
$VO(OH)_2$		（$\rightleftarrows VO^{2+}+2OH^-$）	23.5	
$Pd(OH)_2$			28.5	
$Zn(OH)_2$	（アモルファス）		15.52	
$Cd(OH)_2$	（β）		14.35	
HgO	（赤）	（$\rightleftarrows Hg^{2+}+2OH^-$）	25.44	
Cu_2O		（$\rightleftarrows 2Cu^++2OH^-$）	29.4	
Ag_2O		（$\rightleftarrows 2Ag^++2OH^-$）	15.42	
$Au(OH)_3$			5.5	
$Al(OH)_3$	（α）		33.5	
$Ga(OH)_3$	（アモルファス）		37	
$In(OH)_3$			36.9	
SnO		（$\rightleftarrows Sn^{2+}+2OH^-$）	26.2	

化学式	結晶形	(反応式)	pK_{sp}	備考
PbO	(黄)	($\rightleftarrows$ Pb^{2+}+2OH$^-$)	15.1	
PbO	(赤)	($\rightleftarrows$ Pb^{2+}+2OH$^-$)	15.3	
ヨウ素酸イオン				
Ca(IO$_3$)$_2$			6.15	
Sr(IO$_3$)$_2$			6.48	
Ba(IO$_3$)$_2$			8.81	
Y(IO$_3$)$_3$			10.15	
La(IO$_3$)$_3$			10.99	
Ce(IO$_3$)$_3$			10.86	
Th(IO$_3$)$_4$			14.62	(f)
UO$_2$(IO$_3$)$_2$		($\rightleftarrows$ UO$_2^{2+}$+2IO$_3^-$)	7.01	(e)
Cr(IO$_3$)$_3$			5.3	(f)
AgIO$_3$			7.51	
Hg$_2$(IO$_3$)$_2$			17.89	
TlIO$_3$			5.51	
Zn(IO$_3$)$_2$			5.41	
Cd(IO$_3$)$_2$			7.64	
Pb(IO$_3$)$_2$			12.61	
ヨウ化物イオン				
CuI			12.0	
AgI			16.08	
TlI			7.23	
Hg$_2$I$_2$			28.34	
SnI$_2$			5.08	(i)
PbI$_2$			8.10	
シュウ酸イオン				
CaC$_2$O$_4$			7.9	(b,d)
SrC$_2$O$_4$			6.4	(b,d)
BaC$_2$O$_4$			6.0	(b,d)
La$_2$(C$_2$O$_4$)$_3$			25.0	(b,d)
Th(C$_2$O$_4$)$_2$			21.38	(g)
UO$_2$C$_2$O$_4$		($\rightleftarrows$ UO$_2^{2+}$+C$_2$O$_4^{2-}$)	8.66	(b,d)
リン酸イオン				
MgHPO$_4$・3H$_2$O		($\rightleftarrows$ Mg^{2+}+HPO$_4^{2-}$)	5.78	
CaHPO$_4$・2H$_2$O		($\rightleftarrows$ Ca^{2+}+HPO$_4^{2-}$)	6.58	
SrHPO$_4$		($\rightleftarrows$ Sr^{2+}+HPO$_4^{2-}$)	6.92	(b)
BaHPO$_4$		($\rightleftarrows$ Ba^{2+}+HPO$_4^{2-}$)	7.40	(b)
LaPO$_4$			22.43	(f)
Fe$_3$(PO$_4$)$_2$・8H$_2$O			36.0	
FePO$_4$・2H$_2$O			26.4	
(VO)$_3$(PO$_4$)$_2$		($\rightleftarrows$ 3VO^{2+}+2PO$_4^{3-}$)	25.1	
Ag$_3$PO$_4$			17.55	
Hg$_2$HPO$_4$		($\rightleftarrows$ Hg$_2^{2+}$+HPO$_4^{2-}$)	12.40	
Zn$_3$(PO$_4$)$_2$・4H$_2$O			35.3	
Pb$_3$(PO$_4$)$_2$			43.53	(c)
GaPO$_4$			21.0	(g)

化学式	結晶形	(反応式)	pK_{sp}	備考
InPO$_4$			21.63	(g)
硫酸イオン				
CaSO$_4$			4.62	
SrSO$_4$			6.50	
BaSO$_4$			9.96	
RaSO$_4$			10.37	(b)
Ag$_2$SO$_4$			4.83	
Hg$_2$SO$_4$			6.13	
PbSO$_4$			6.20	
硫化物イオン				
MnS	(桃)		10.5	
MnS	(緑)		13.5	
FeS			18.1	
CoS	(α)		21.3	
CoS	(β)		25.6	
NiS	(α)		19.4	
NiS	(β)		24.9	
NiS	(γ)		26.6	
CuS			36.1	
Cu$_2$S			48.5	
Ag$_2$S			50.1	
Tl$_2$S			21.2	
ZnS	(α)		24.7	
ZnS	(β)		22.5	
CdS			27.0	
HgS	(黒)		52.7	
HgS	(赤)		53.3	
SnS			25.9	
PbS			27.5	
In$_2$S$_3$			69.4	
チオシアン酸イオン				
CuSCN			13.40	(j)
AgSCN			11.97	
Hg$_2$(SCN)$_2$			19.52	
TlSCN			3.79	
Hg(SCN)$_2$			19.56	

データ出典：D. C. Harris, C. A. Lucy, *Quantitative Chemical Analysis*, 9th ed., W. H. Freeman, New York（2016）．備考欄に特記なきものは25℃，イオン強度0，(a) 19℃，(b) 20℃，(c) 38℃，(d) 0.1 M，(e) 0.2 M，(f) 0.5 M，(g) 1 M，(h) 3 M，(i) 4 M，(j) 5 M．

付表 IV　標準酸化還元電位および式量電位 (25 ℃)

半反応（半電池反応）	標準電位 (V)	式量電位 (V)
$Ag^+ + e^- \rightleftarrows Ag$	+0.799	
$AgBr + e^- \rightleftarrows Ag + Br^-$	+0.071	
$AgCl + e^- \rightleftarrows Ag + Cl^-$	+0.222	
$Ag_2CrO_4 + 2e^- \rightleftarrows 2Ag + CrO_4^{2-}$	+0.45	
$Ag(CN)_2^- + e^- \rightleftarrows Ag + 2CN^-$	−0.31	
$AgI + e^- \rightleftarrows Ag + I^-$	−0.152	
$Ag(NH_3)_2^+ + e^- \rightleftarrows Ag + 2NH_3$	+0.37	
$Ag_2O + H_2O + 2e^- \rightleftarrows 2Ag + 2OH^-$	+0.342	
$Ag_2S + 2e^- \rightleftarrows 2Ag + S^{2-}$	−0.71	
$Ag(S_2O_3)_2^{3-} + e^- \rightleftarrows Ag + 2S_2O_3^{2-}$	+0.01	
$Al^{3+} + 3e^- \rightleftarrows Al$	−1.66	
$Al(OH)_4^- + 3e^- \rightleftarrges Al + 4OH^-$	−2.35	
$As + 3H^+ + 3e^- \rightleftarrows AsH_3$	−0.60	
$As_2O_3 + 6H^+ + 6e^- \rightleftarrows 2As + 3H_2O$	+0.234	
$H_3AsO_4 + 2H^+ + 2e^- \rightleftarrows HAsO_2 + 2H_2O$	+0.559	+0.577 (1 M HCl 中)
$Au^+ + e^- \rightleftarrows Au$	+1.83	
$Au^{3+} + 3e^- \rightleftarrows Au$	+1.52	
$Au(CN)_2^- + e^- \rightleftarrows Au + 2CN^-$	−0.6	
$AuCl_4^- + 3e^- \rightleftarrows Au + 4Cl^-$	+1.00	
$AuBr_4^- + 3e^- \rightleftarrows Au + 4Br^-$	+0.854	
$AuI_4^- + 3e^- \rightleftarrows Au + 4I^-$	+0.56	
$Ba^{2+} + 2e^- \rightleftarrows Ba$	−2.90	
$BiO^+ + 2H^+ + 3e^- \rightleftarrows Bi + H_2O$	+0.32	
$BiOCl + 2H^+ + 3e^- \rightleftarrows Bi + H_2O + Cl^-$	+0.16	
$Bi_2O_3 + 3H_2O + 6e^- \rightleftarrows 2Bi + 6OH^-$	−0.46	
$Br_2 + 2e^- \rightleftarrows 2Br^-$	+1.087	
$2HOBr + 2H^+ + 2e^- \rightleftarrows Br_2 + 2H_2O$	+1.6	
$2BrO_3^- + 12H^+ + 10e^- \rightleftarrows Br_2 + 6H_2O$	+1.52	
$C_2N_2 + 2H^+ + 2e^- \rightleftarrows 2HCN$	+0.37	
$Ca^{2+} + 2e^- \rightleftarrows Ca$	−2.87	
$Cd^{2+} + 2e^- \rightleftarrows Cd$	−0.402	
$Cd(CN)_4^{2-} + 2e^- \rightleftarrows Cd + 4CN^-$	−1.03	
$Cd(NH_3)_4^{2+} + 2e^- \rightleftarrows Cd + 4NH_3$	−0.597	
$Cd(OH)_2 + 2e^- \rightleftarrows Cd + 2OH^-$	−0.809	
$CdS + 2e^- \rightleftarrows Cd + S^{2-}$	−1.2	
$Ce^{4+} + e^- \rightleftarrows Ce^{3+}$	−	+1.28 (1 M HCl 中) +1.70 (1 M HClO_4 中) +1.60 (1 M HNO_3 中) +1.44 (1 M H_2SO_4 中)
$Cl_2 + 2e^- \rightleftarrows 2Cl^-$	+1.359	
$2HOCl + 2H^+ + 2e^- \rightleftarrows Cl_2 + 2H_2O$	+1.63	
$ClO_3^- + 2H^+ + e^- \rightleftarrows ClO_2 + H_2O$	+1.15	
$ClO_4^- + 2H^+ + 2e^- \rightleftarrows ClO_3^- + H_2O$	+1.19	
$Co^{2+} + 2e^- \rightleftarrows Co$	−0.28	

半反応（半電池反応）	標準電位（V）	式量電位（V）
$Co^{3+} + e^- \rightleftarrows Co^{2+}$	—	$+1.85$ (4 M HNO_3 中) $+1.82$ (8 M H_2SO_4 中)
$Co(NH_3)_6^{3+} + e^- \rightleftarrows Co(NH_3)_6^{2+}$	$+0.1$	
$Co(OH)_3 + e^- \rightleftarrows Co(OH)_2 + OH^-$	$+0.17$	
$Cr^{2+} + 2e^- \rightleftarrows Cr$	-0.56	
$Cr^{3+} + e^- \rightleftarrows Cr^{2+}$	-0.41	-0.37 (0.5 M H_2SO_4 中) -0.40 (5 M HCl 中)
$Cr(CN)_6^{3-} + e^- \rightleftarrows Cr(CN)_6^{4-}$		-1.13 (1 M KCN 中)
$Cr(OH)_4^- + 3e^- \rightleftarrows Cr + 4OH^-$	-1.2	
$CrO_4^{2-} + 2H_2O + 3e^- \rightleftarrows CrO_2^- + 4OH^-$		-1.2 (1 M NaOH 中)
$Cr_2O_7^{2-} + 14H^+ + 6e^- \rightleftarrows 2Cr^{3+} + 7H_2O$	$+1.33$	$+1.00$ (1 M HCl 中) $+0.92$ (0.1 M H_2SO_4 中) $+1.15$ (4 M H_2SO_4 中)
$Cs^+ + e^- \rightleftarrows Cs$	-2.92	
$Cu^+ + e^- \rightleftarrows Cu$	$+0.52$	
$Cu^{2+} + e^- \rightleftarrows Cu^+$	$+0.153$	$+0.01$ (1 M NM_3 + 1 M NH_4^+ 中)
$Cu^{2+} + Cl^- + e^- \rightleftarrows CuCl$	$+0.538$	
$Cu^{2+} + 2e^- \rightleftarrows Cu$	$+0.337$	
$2Cu^{2+} + 2I^- + 2e^- \rightleftarrows Cu_2I_2$	$+0.86$	
$CuCl + e^- \rightleftarrows Cu + Cl^-$	$+0.137$	
$Cu(CN)_3^{2-} + e^- \rightleftarrows Cu + 3CN^-$		-1.0 (7 M KCN 中)
$CuI + e^- \rightleftarrows Cu + I^-$	-0.185	
$F_2 + 2e^- \rightleftarrows 2F^-$	$+2.65$	
$Fe^{2+} + 2e^- \rightleftarrows Fe$	-0.440	
$Fe^{3+} + e^- \rightleftarrows Fe^{2+}$	$+0.771$	$+0.64$ (5 M HCl 中) $+0.735$ (1 M $HClO_4$ 中) $+0.46$ (2 M H_3PO_4 中) $+0.68$ (1 M H_2SO_4 中)
$Fe(CN)_6^{3-} + e^- \rightleftarrows Fe(CN)_6^{4-}$	$+0.356$	$+0.71$ (1 M HCl 中) $+0.72$ (1 M $HClO_4$ 中)
$Fe(edta)^- + e^- \rightleftarrows Fe(edta)^{2-}$		$+0.12$ (0.1 M EDTA, pH 4〜6 中)
$Fe(OH)_3 + e^- \rightleftarrows Fe(OH)_2 + OH^-$	-0.56	
$2H^+ + 2e^- \rightleftarrows H_2$	0	-0.005 (1 M HCl, $HClO_4$ 中)
$Hg_2^{2+} + 2e^- \rightleftarrows 2Hg$	$+0.792$	
$2Hg^{2+} + 2e^- \rightleftarrows Hg_2^{2+}$	$+0.907$	
$Hg_2Br_2 + 2e^- \rightleftarrows 2Hg + 2Br^-$	$+0.139$	
$Hg_2Cl_2 + 2e^- \rightleftarrows 2Hg + 2Cl^-$	$+0.268$	
$Hg_2I_2 + 2e^- \rightleftarrows 2Hg + 2I^-$	-0.040	
$HgS + 2e^- \rightleftarrows Hg + S^{2-}$	-0.72	
$I_2 + 2e^- \rightleftarrows 2I^-$	$+0.5355$	
$I_3^- + 2e^- \rightleftarrows 3I^-$	$+0.536$	
$HOI + H^+ + 2e^- \rightleftarrows I^- + H_2O$	$+0.99$	
$2IO_3^- + 12H^+ + 10e^- \rightleftarrows I_2 + 6H_2O$	$+1.19$	
$K^+ + e^- \rightleftarrows K$	-2.925	

半反応（半電池反応）	標準電位 (V)	式量電位 (V)
$Li^+ + e^- \rightleftarrows Li$	−3.01	
$Mg^{2+} + 2e^- \rightleftarrows Mg$	−2.37	
$Mn^{2+} + 2e^- \rightleftarrows Mn$	−1.19	
$Mn^{3+} + e^- \rightleftarrows Mn^{2+}$		+1.5 (7.5 M H_2SO_4 中)
$MnO_2 + 4H^+ + 2e^- \rightleftarrows Mn^{2+} + 2H_2O$	+1.23	
$MnO_4^- + 8H^+ + 5e^- \rightleftarrows Mn^{2+} + 4H_2O$	+1.51	
$MnO_4^- + 4H^+ + 3e^- \rightleftarrows MnO_2 + 2H_2O$	+1.69	
$MnO_4^- + e^- \rightleftarrows MnO_4^{2-}$	+0.56	
$Mn(OH)_2 + 2e^- \rightleftarrows Mn + 2OH^-$	−1.55	
$MnO_2 + 2H_2O + 2e^- \rightleftarrows Mn(OH)_2 + 2OH^-$	−0.05	
$MnO_4^- + 2H_2O + 3e^- \rightleftarrows MnO_2 + 4OH^-$	+0.59	
$Mo^{4+} + e^- \rightleftarrows Mo^{3+}$		+0.1 (4.5 M H_2SO_4 中)
$Mo^{6+} + e^- \rightleftarrows Mo^{5+}$	+0.45	+0.53 (2 M HCl 中)
$NO_3^- + 3H^+ + 2e^- \rightleftarrows HNO_2 + H_2O$	+0.94	
$2NO_3^- + 4H^+ + 2e^- \rightleftarrows N_2O_4 + 2H_2O$	+0.80	
$NO_3^- + 4H^+ + 3e^- \rightleftarrows NO + 2H_2O$	+0.96	
$NO_3^- + 6H^+ + 5e^- \rightleftarrows 1/2N_2 + 3H_2O$	+ 1.246	
$HNO_2 + H^+ + e^- \rightleftarrows NO + H_2O$	+1.00	
$NO_3^- + H_2O + 2e^- \rightleftarrows NO_2^- + 2OH^-$	+0.01	
$Na^+ + e^- \rightleftarrows Na$	−2.713	
$Ni^{2+} + 2e^- \rightleftarrows Ni$	−0.23	
$Ni(OH)_2 + 2e^- \rightleftarrows Ni + 2OH^-$	−0.72	
$H_2O_2 + 2H^+ + 2e^- \rightleftarrows 2H_2O$	+1.77	
$2H_2O + 2e^- \rightleftarrows H_2 + 2OH^-$	−0.828	
$O_2 + 4H^+ + 4e^- \rightleftarrows 2H_2O$	+1.229	
$O_2 + 2H_2O + 4e^- \rightleftarrows 4OH^-$	+0.401	
$O_2^{2-} + 2H_2O + 2e^- \rightleftarrows 4OH^-$	+0.88	
$H_3PO_3 + 2H^+ + 2e^- \rightleftarrows H_3PO_2 + H_2O$	−0.50	
$H_3PO_4 + 2H^+ + 2e^- \rightleftarrows H_3PO_3 + H_2O$	−0.276	
$Pb^{2+} + 2e^- \rightleftarrows Pb$	−0.126	
$PbO_2 + H_2O + 2e^- \rightleftarrows PbO + 2OH^-$	+0.28	
$PbO_2 + 4H^+ + 2e^- \rightleftarrows Pb^{2+} + 2H_2O$	+1.456	
$Pb(OH)_3^- + 2e^- \rightleftarrows Pb + 3OH^-$	−0.54	
$PbO_2 + SO_4^{2-} + 4H^+ + 2e^- \rightleftarrows PbSO_4 + 2H_2O$	+1.685	
$PbCl_2 + 2e^- \rightleftarrows Pb + 2Cl^-$	−0.268	
$PbI_2 + 2e^- \rightleftarrows Pb + 2I^-$	−0.365	
$PbSO_4 + 2e^- \rightleftarrows Pb + SO_4^{2-}$	−0.356	
$Pd^{2+} + 2e^- \rightleftarrows Pd$	+0.915	+0.987 (4 M $HClO_4$ 中)
$Pt^{2+} + 2e^- \rightleftarrows Pt$	+1.2	
$PtCl_4^{2-} + 2e^- \rightleftarrows Pt + 4Cl^-$	+0.758	
$PtCl_6^{2-} + 4e^- \rightleftarrows Pt + 6Cl^-$	+0.744	
$PtCl_6^{2-} + 2e^- \rightleftarrows PtCl_4^{2-} + 2Cl^-$		+0.720 (1 M NaCl 中)
$Rb^+ + e^- \rightleftarrows Rb$	−2.92	
$S + 2e^- \rightleftarrows S^{2-}$	−0.48	

半反応（半電池反応）	標準電位（V）	式量電位（V）
$S + 2H^+ + 2e^- \rightleftarrows H_2S$	+0.14	
$2SO_3^{2-} + 2H_2O + 2e^- \rightleftarrows S_2O_4^{2-} + 4OH^-$	−1.12	
$S_4O_6^{2-} + 2e^- \rightleftarrows 2S_2O_3^{2-}$	+0.09	
$SO_4^{2-} + 4H^+ + 2e^- \rightleftarrows SO_2 + 2H_2O$	+0.17	+0.07 (1 M H_2SO_4 中)
$2H_2SO_3 + 2H^+ + 4e^- \rightleftarrows S_2O_3^{2-} + 3H_2O$	+0.40	
$H_2SO_3 + 4H^+ + 4e^- \rightleftarrows S + 3H_2O$	+0.45	
$SO_4^{2-} + H_2O + 2e^- \rightleftarrows SO_3^{2-} + 2OH^-$	−0.93	
$(SCN)_2 + 2e^- \rightleftarrows 2SCN^-$	+0.77	
$Sb + 3H^+ + 3e^- \rightleftarrows SbH_3$	−0.51	
$Sb_2O_3 + 6H^+ + 6e^- \rightleftarrows 2Sb + 3H_2O$	+0.152	
$SbO_2^- + 2H_2O + 3e^- \rightleftarrows Sb + 4OH^-$		+0.65 (10 M KOH 中)
$SbO^+ + 2H^+ + 3e^- \rightleftarrows Sb + H_2O$	+0.212	
$Sb_2O_5 + 6H^+ + 4e^- \rightleftarrows 2SbO^+ + 3H_2O$	+0.58	
$Sb^{5+} + 2e^- \rightleftarrows Sb^{3+}$		+0.75 (3.5 M HCl 中)
$SbO_3^- + H_2O + 2e^- \rightleftarrows SbO_2^- + 2OH^-$		−0.589 (10 M NaOH 中)
$Sn^{2+} + 2e^- \rightleftarrows Sn$	−0.140	
$Sn^{4+} + 2e^- \rightleftarrows Sn^{2+}$	+0.154	+0.14 (1 M HCl 中)
$SnCl_6^{2-} + 2e^- \rightleftarrows Sn^{2+} + 6Cl^-$	+0.15	
$Sn(OH)_3^- + 2e^- \rightleftarrows Sn + 3OH^-$	−0.91	
$Sn(OH)_6^{2-} + 2e^- \rightleftarrows Sn(OH)_3^- + 3OH^-$	−0.90	
$Sr^{2+} + 2e^- \rightleftarrows Sr$	−2.89	
$Ti^{3+} + e^- \rightleftarrows Ti^{2+}$	−0.37	
$Ti^{4+} + e^- \rightleftarrows Ti^{3+}$		−0.05 (1 M H_3PO_4 中) −0.01 (0.2 M H_2SO_4 中) +0.12 (2 M H_2SO_4 中) +0.20 (4 M H_2SO_4 中)
$Ti^+ + e^- \rightleftarrows Ti$	−0.336	
$Ti^{3+} + 2e^- \rightleftarrows Ti^+$	+0.128	
$Tl^{3+} + 2e^- \rightleftarrows Tl^+$		+0.78 (1 M HCl 中)
$U^{4+} + e^- \rightleftarrows U^{3+}$		−0.64 (1 M HCl 中)
$UO_2^{2+} + 4H^+ + 2e^- \rightleftarrows U^{4+} + 2H_2O$		+0.41 (0.5 M H_2SO_4 中)
$Zn^{2+} + 2e^- \rightleftarrows Zn$	−0.763	
$ZnS + 2e^- \rightleftarrows Zn + S^{2-}$	−1.44	
$Zn(CN)_4^{2-} + 2e^- \rightleftarrows Zn + 4CN^-$	−1.26	
$Zn(OH)_4^{2-} + 2e^- \rightleftarrows Zn + 4OH^-$	−1.22	
$Zn(NH_3)_4^{2+} + 2e^- \rightleftarrows Zn + 4NH_3$	−1.03	

H. フライザー, Q. フェルナンド／藤永 太一郎, 関戸栄一 (訳)「イオン平衡―分析化学における」化学同人 (1967).

A. J. Bard, R. Parsons, J. Jordan, *Standard Potentials in Aqueous Solution*, (Monographs in Electroanalytical Chemistry and Electrochemistry), Marcel Dekker, New York (1985).

D. A. Skoog, D. M. West, F. J. Holler, S. R. Crouch, *Fundamentals of Analytical Chemistry*, 9th ed., Cengage Learning, Boston (2014).

付表 V　各元素の蛍光 X 線および吸収エネルギー（keV 単位）

番号	元素	蛍光 X 線エネルギー					吸収端エネルギー			
		Kα	Kβ1	Lα1	Lβ1	Mα1	K	L I	L II	L III
1	H									
2	He									
3	Li									
4	Be									
5	B	0.183					0.192			
6	C	0.277					0.284			
7	N	0.392					0.400			
8	O	0.525					0.532			
9	F	0.677					0.687			
10	Ne	0.849					0.867			
11	Na	1.041	1.067				1.072			
12	Mg	1.254	1.296				1.303			
13	Al	1.487	1.553				1.560			
14	Si	1.740	1.829				1.840			
15	P	2.013	2.136				2.144			
16	S	2.308	2.464				2.471			
17	Cl	2.622	2.816				2.820			
18	Ar	2.957	3.191				3.203			
19	K	3.313	3.590				3.608			
20	Ca	3.691	4.013	0.341	0.345		4.038		0.353	0.349
21	Sc	4.089	4.461	0.396	0.400		4.489			
22	Ti	4.509	4.932	0.452	0.458		4.965			
23	V	4.950	5.428	0.511	0.519		5.464			
24	Cr	5.412	5.947	0.573	0.583		5.989	0.742	0.693	0.599
25	Mn	5.895	6.491	0.638	0.649		6.538			
26	Fe	6.400	7.058	0.705	0.718		7.111		0.721	0.708
27	Co	6.925	7.650	0.776	0.791		7.710		0.794	0.779
28	Ni	7.473	8.265	0.852	0.869		8.332		0.871	0.854
29	Cu	8.042	8.906	0.930	0.950		8.981		0.953	0.933
30	Zn	8.632	9.572	1.012	1.035		9.661	1.198	1.045	1.022
31	Ga	9.243	10.265	1.098	1.125		10.368	1.303	1.145	1.117
32	Ge	9.876	10.983	1.188	1.219		11.104	1.413	1.249	1.217
33	As	10.532	11.727	1.282	1.317		11.865	1.529	1.359	1.324
34	Se	11.209	12.496	1.379	1.419		12.655	1.653	1.475	1.434
35	Br	11.909	13.292	1.481	1.526		13.471	1.782	1.599	1.553
36	Kr	12.634	14.113	1.586	1.637		14.325	1.916	1.730	1.677
37	Rb	13.376	14.961	1.694	1.752		15.204	2.064	1.866	1.807
38	Sr	14.142	15.837	1.807	1.872		16.108	2.217	2.009	1.941
39	Y	14.934	16.739	1.923	1.996		17.038	2.377	2.154	2.080
40	Zr	15.748	17.669	2.042	2.125		18.000	2.541	2.305	2.222
41	Nb	16.584	18.622	2.166	2.257		18.987	2.710	2.464	2.371
42	Mo	17.446	19.609	2.293	2.395		20.004	2.881	2.627	2.524
43	Tc	18.327	20.620	2.424	2.537		21.047	3.055	2.795	2.678
44	Ru	19.237	21.657	2.559	2.683		22.120	3.233	2.966	2.838
45	Rh	20.170	22.725	2.697	2.835		23.218	3.417	3.145	3.002
46	Pd	21.125	23.820	2.839	2.990		24.349	3.608	3.330	3.173
47	Ag	22.105	24.942	2.984	3.151		25.517	3.807	3.526	3.351

番号	元素	蛍光X線エネルギー					吸収端エネルギー			
		Kα	Kβ1	Lα1	Lβ1	Mα1	K	L I	L II	L III
48	Cd	23.110	26.097	3.134	3.317		26.715	4.019	3.728	3.538
49	In	24.140	27.279	3.287	3.487		27.943	4.237	3.939	3.730
50	Sn	25.195	28.489	3.444	3.663		29.194	4.465	4.157	3.929
51	Sb	26.279	29.725	3.605	3.844		30.486	4.699	4.382	4.132
52	Te	27.382	30.996	3.770	4.030		31.816	4.940	4.613	4.342
53	I	28.515	32.296	3.938	4.221		33.169	5.192	4.854	4.599
54	Xe	29.669	33.628	4.110			34.594	5.453	5.104	4.782
55	Cs	30.857	34.985	4.287	4.620		35.990	5.721	5.358	5.012
56	Ba	32.071	36.381	4.466	4.828		37.458	5.996	5.623	5.247
57	La	33.302	37.800	4.651	5.042	0.833	38.940	6.268	5.889	5.484
58	Ce	34.575	39.261	4.840	5.262	0.883	40.452	6.548	6.161	5.724
59	Pr	35.865	40.744	5.034	5.489	0.929	42.000	6.835	6.439	5.963
60	Nd	37.188	42.272	5.231	5.722	0.978	43.580	7.130	6.724	6.210
61	Pm	38.541	43.826	5.433	5.962		45.201	7.436	7.014	6.461
62	Sm	39.918	45.416	5.636	6.205	1.081	46.858	7.748	7.314	6.718
63	Eu	41.328	47.035	5.846	6.457	1.131	48.526	8.061	7.620	6.981
64	Gd	42.768	48.698	6.058	6.714	1.185	50.237	8.386	7.932	7.243
65	Tb	44.233	50.380	6.273	6.978	1.240	52.007	8.717	8.253	7.516
66	Dy	45.734	52.116	6.495	7.248	1.293	53.790	9.055	8.583	7.790
67	Ho	47.268	53.883	6.720	7.526	1.348	55.624	9.400	8.917	8.068
68	Er	48.813	55.674	6.949	7.811	1.406	57.480	9.758	9.262	8.358
69	Tm	50.421	57.507	7.180	8.102	1.462	59.380	10.121	9.617	8.650
70	Yb	52.051	59.380	7.416	8.402	1.522	61.318	10.491	9.976	8.944
71	Lu	53.696	61.288	7.656	8.709	1.581	63.290	10.874	10.345	9.249
72	Hf	55.400	63.225	7.899	9.023	1.645	65.324	11.274	10.737	9.558
73	Ta	57.110	65.221	8.146	9.343	1.710	67.420	11.682	11.133	9.877
74	W	58.872	67.237	8.398	9.673	1.776	69.498	12.100	11.539	10.200
75	Re	60.658	69.304	8.653	10.010	1.843	71.668	12.531	11.955	10.531
76	Os	62.492	71.420	8.912	10.355	1.914	73.845	12.972	12.381	10.868
77	Ir	64.341	73.582	9.175	10.709	1.980	76.111	13.424	12.820	11.212
78	Pt	66.267	75.739	9.443	11.071	2.050	78.372	13.883	13.273	11.563
79	Au	68.199	77.978	9.714	11.443	2.123	80.719	14.353	13.736	11.922
80	Hg	70.167	80.249	9.989	11.823	2.195	83.100	14.843	14.215	12.287
81	Tl	72.168	82.602	10.269	12.214	2.271	85.507	15.343	14.701	12.661
82	Pb	74.243	84.921	10.552	12.614	2.346	87.995	15.855	15.205	13.041
83	Bi	76.345	87.313	10.839	13.024	2.423	90.566	16.376	15.720	13.427
84	Po	78.472	89.779	11.131	13.447					
85	At	80.614	92.319	11.427	13.876					
86	Rn	82.878	94.862	11.728	14.315					
87	Fr	85.096	97.473	12.032	14.771					
88	Ra	87.437	100.149	12.341	15.235					
89	Ac	89.779	102.807	12.653	15.714					
90	Th	92.182	105.609	12.969	16.203	2.996	109.624	20.463	19.683	16.299
91	Pa	94.645	108.473	13.292	16.703	3.083		21.172	20.362	16.768
92	U	97.167	111.297	13.616	17.220	3.171	115.658	21.771	20.947	17.165
93	Np	99.427	113.748	13.945	17.750					

基礎物理定数 (2019)

名　　称	記　号	数　値[*1]	単　位	備考
普遍定数および電磁気定数				
真空中の光速	c, c_0	$2.997\ 924\ 58 \times 10^8$	$\mathrm{m\ s^{-1}}$	定義値
磁気定数 (真空の透磁率)	$\mu_0 = 4\pi\alpha\hbar/e^2 c$	$1.256\ 637\ 0612\ 12(19) \times 10^{-6}$	$\mathrm{N\ A^{-2}}$	*2
電気定数 (真空の誘電率)	$\varepsilon_0 = 1/\mu_0 c^2$	$8.854\ 187\ 8128(13) \times 10^{-12}$	$\mathrm{F\ m^{-1}}$	
万有引力定数	G	$6.674\ 30(15) \times 10^{-11}$	$\mathrm{N\ m^2\ kg^{-2}}$	
プランク定数	h	$6.626\ 070\ 15 \times 10^{-34}$	$\mathrm{J\ s}$	定義値
電気素量	e	$1.602\ 176\ 634 \times 10^{-19}$	C	定義値
原子定数および素粒子				
リュードベリ定数	$R_\infty = \alpha^2 m_e c/2h$	$1.097\ 373\ 156\ 8160(21) \times 10^7$	$\mathrm{m^{-1}}$	*2
ボーア半径	$a_0 = \alpha/4\pi R_\infty$	$5.291\ 772\ 109\ 03(80) \times 10^{-11}$	m	*2
電子の静止質量	m_e	$9.109\ 383\ 7015(28) \times 10^{-31}$	kg	
陽子の静止質量	m_p	$1.672\ 621\ 923\ 69(51) \times 10^{-27}$	kg	
中性子の静止質量	m_n	$1.674\ 927\ 498\ 04(95) \times 10^{-27}$	kg	
物理化学定数				
原子質量定数	m_u	$1.660\ 539\ 066\ 60(50) \times 10^{-27}$	kg	
アボガドロ定数	N_A, L	$6.022\ 140\ 76 \times 10^{23}$	$\mathrm{mol^{-1}}$	定義値
ボルツマン定数	k	$1.380\ 649 \times 10^{-23}$	$\mathrm{J\ K^{-1}}$	定義値
ファラデー定数	$F = N_A e$	$9.648\ 533\ 212\ 331 \cdots \times 10^4$	$\mathrm{C\ mol^{-1}}$	定義値
モル気体定数	$R = N_A k$	$8.314\ 462\ 618\ 153\ 24$	$\mathrm{J\ mol^{-1}\ K^{-1}}$	定義値
理想気体 1 モルの体積 (0 ℃, 1 atm)	V_m	$2.241\ 396\ 954\ 501 \cdots \times 10^{-2}$	$\mathrm{m^3\ mol^{-1}}$	定義値
その他の定数等				
標準大気圧	atm (単位記号)	$101\ 325$	Pa	定義値
標準重力加速度	g	$9.806\ 65$	$\mathrm{m\ s^{-1}}$	定義値
セルシウス温度のゼロ点	℃ (単位記号)	273.15	K	定義値

*1 数値は CODATA (Committee on Data for Science and Technology) 2018 推奨値による。

( ) 内の 2 桁の数字は表示されている値の末尾 2 桁の標準不確かさである。

　例えば，万有引力定数 G の数値は $(6.67430 \pm 0.00015) \times 10^{-11}$ を意味する。

*2 α は超微細構造定数である。$\alpha = e^2/4\pi\varepsilon_0\hbar c = 7.297\ 352\ 5693(11) \times 10^{-3}$

SI 基本単位の名称と記号

基本量	名称	記号
長さ	メートル	m
質量	キログラム	kg
時間	秒	s
電流	アンペア	A
熱力学的温度	ケルビン	K
物質量	モル	mol
光度	カンデラ	cd

SI 接頭語

大きさ	接頭語	記号	大きさ	接頭語	記号
10^{24}	ヨタ	Y	10^{-1}	デシ	d
10^{21}	ゼタ	Z	10^{-2}	センチ	c
10^{18}	エクサ	E	10^{-3}	ミリ	m
10^{15}	ペタ	P	10^{-6}	マイクロ	μ
10^{12}	テラ	T	10^{-9}	ナノ	n
10^9	ギガ	G	10^{-12}	ピコ	p
10^6	メガ	M	10^{-15}	フェムト	f
10^3	キロ	k	10^{-18}	アト	a
10^2	ヘクト	h	10^{-21}	ゼプト	z
10^1	デカ	da	10^{-24}	ヨクト	y

索 引

253

さ　行

編著者

北條正司 （ほうじょうまさし）

高知大学名誉教授　理学博士

1952年　愛媛県生まれ

1981年　京都大学大学院理学研究科博士課程修了

1979年　高知大学理学部助手着任，講師，助教授を経て，2001年教授，2017年より高知大学名誉教授

カナダ Calgary 大学および米国 Texas A&M 大学博士研究員

専　門：分析化学，電気分析化学，溶液化学

一色健司 （いっしきけんじ）

高知県立大学地域教育研究センター教授　理学博士

1958年　愛媛県生まれ

1985年　京都大学大学院理学研究科博士後期課程単位取得退学

高知女子大学講師，助教授を経て，2003年教授，大学名変更により2011年から高知県立大学教授

専　門：分析化学，海洋化学，環境化学

著　者

梅谷重夫 （うめたにしげお）

元京都大学准教授　理学博士

1953年　大阪府生まれ

1983年　京都大学大学院理学研究科博士課程修了

1983年　京都大学化学研究所助手，1995年同助教授

1985年　米国 Arizona 大学博士研究員

専　門：分析化学，分離化学

森勝伸 （もりまさのぶ）

高知大学理工学部教授　博士（地球環境科学）

1971年　北海道生まれ

2001年　北海道大学大学院地球環境科学研究科博士課程修了

2002〜2004年　（独）産業技術総合研究所博士研究員，

2005〜2016年　群馬大学准教授，2017年より高知大学教授

専　門：分析化学，環境材料化学，クロマトグラフィー

蒲生啓司 （がもうけいじ）

元高知大学教育学部教授　理学博士

1955年　福島県生まれ

1985年　東京工業大学大学院総合理工学研究科博士課程修了

島津製作所応用技術部を経て，1988年高知大学講師，助教授を経て，2003年教授

英国Glasgow大学文部省在外研究員（1991年）および日本学術振興会在外研究員（1999年）

専　門：天然物有機化学，分離化学，理科教育学

西脇芳典 （にしわきよしのり）

高知大学教育学部准教授　博士（理学）

1974年　埼玉県生まれ

2000年　東京理科大学大学院理学研究科修士課程修了

2009年　東京理科大学大学院理学研究科博士後期課程修了（社会人）

兵庫県警察本部刑事部科学捜査研究所主任研究員を経て，2012年高知大学講師，2019年准教授

専　門：分析化学，法化学，科学捜査

基本分析化学－イオン平衡から機器分析法まで－ （きほんぶんせきかがく－いおんへいこうからききぶんせきほうまで－）

2020年1月25日　初版第1刷発行

2022年4月10日　初版第2刷発行

© 編著者　北　條　正　司

　　　　　一　色　健　司

発行者　秀　島　　　功

印刷者　荒　木　浩　一

発行所　**三共出版株式会社**　東京都千代田区神田神保町3の2

郵便番号 101-0051 振替 00110-9-1065

電話 03-3264-5711 FAX 03-3265-5149

https://www.sankyoshuppan.co.jp/

一般社団法人**日本書籍出版協会**・一般社団法人**自然科学書協会・工学書協会**　会員

印刷・製本　アイ・ピー・エス

JCOPY ＜（一社）出版者著作権管理機構 委託出版物＞

本書の無断複写は著作権法上での例外を除き禁じられています。複写される場合は，そのつど事前に，（一社）出版者著作権管理機構（電話 03-5244-5088，FAX 03-5244-5089，e-mail: info@jcopy.or.jp）の許諾を得てください。

ISBN 978-4-7827-0787-6